数值分析

张愿章　王培珍　李建磊　邓　方　王彩霞　编

科学出版社
北　京

内 容 简 介

本书是为高等院校理工科专业本科生的数值分析或计算方法课程编写的教材，内容包括非线性方程(组)的数值解法、线性方程组的数值解法、线性方程组的迭代解法、插值、曲线拟合与函数逼近、数值积分与数值微分、常微分方程的数值解法、矩阵特征值与特征向量的计算等常用数值算法的基本方法和理论. 本书在兼顾理论讲解的同时，重视算法的应用和数学软件的实现，各章均配有小结与MATLAB应用实例，同时配有适量的例题和习题，且以二维码链接部分重要知识点的讲解视频，读者可扫码观看.

本书可作为高等院校理工科专业本科生的数值分析或计算方法课程的教材,也可作为工科专业研究生的数值分析教材，并可供科技与工程技术人员参考.

图书在版编目(CIP)数据

数值分析/张愿章等编. —北京：科学出版社, 2020.8

ISBN 978-7-03-065795-4

Ⅰ. ①数…　Ⅱ. ①张…　Ⅲ. ①数值分析　Ⅳ. ①O241

中国版本图书馆 CIP 数据核字(2020) 第 144074 号

责任编辑：胡海霞　李　萍／责任校对：杨聪敏
责任印制：赵　博／封面设计：蓝正设计

科学出版社出版
北京东黄城根北街 16 号
邮政编码：100717
http://www.sciencep.com
北京天宇星印刷厂印刷
科学出版社发行　各地新华书店经销
*
2020 年 8 月第　一　版　开本: 720 × 1000　B5
2024 年11月第十四次印刷　印张: 14　3/4
字数: 300 000

定价: 49.00 元

(如有印装质量问题，我社负责调换)

前　　言

数值分析是数学类专业的重要基础课, 也是计算机科学与技术等许多工科专业本科生、研究生的重要基础课. 本书内容主要包括非线性方程 (组) 与线性方程组的数值解法、线性方程组的迭代解法、插值、曲线拟合与函数逼近、数值积分与数值微分、常微分方程的数值解法、矩阵特征值与特征向量的计算等, 涉及内容比较广泛且分散, 各章节之间内容相互独立, 但也有比较强的内在规律可循, 各章节在内容编排上遵循提出问题、解的存在唯一性、求解问题、误差分析等理论结构, 并给出实例帮助读者理解基本理论, 每章最后给出本章小结和 MATLAB 在本章的应用, 希望读者通过 MATLAB 应用加深对基本理论的理解, 从而提高学习兴趣和应用技能.

学习本书需要具备高等数学和线性代数的基本知识. 通过本书的学习, 读者可以加深对诸如序列收敛、以直代曲 (线性化) 等概念的理解, 也能提高应用数学知识解决实际问题的能力. 本书可作为理工科专业本科生的数值分析或计算方法课程的教材, 也可作为工科专业研究生的数值分析教材, 建议 48 学时学完本书内容. 本书还可供科技与工程技术人员参考.

本书编写分工为：第 1 章由张愿章编写, 第 2, 7 章由王培珍编写, 第 3, 4 章由李建磊编写, 第 5, 6 章由邓方编写, 第 8, 9 章由王彩霞编写, 全书由张愿章统稿.
感谢华北水利水电大学数学与统计学院及研究生院的领导和老师们给予的大力帮助和支持, 感谢科学出版社胡海霞编辑等给予的大力帮助和支持. 另外, 编者参考了李庆扬、张韵华等许多专家的成果, 在此一并表示感谢!

由于编者水平有限, 书中不妥之处在所难免, 恳请读者批评指正!

编　者

2019 年 11 月

目　　录

第1章　绪　　论

本章对数值分析研究对象、误差来源、绝对误差、相对误差以及 MATLAB 软件等进行简单介绍.

1.1　数值分析研究对象

随着科学技术的发展, 科学计算越来越显示出其重要性, 其与实验、理论三足鼎立, 成为科学研究的三大手段之一, 其应用范围渗透到诸如航空航天、水利建筑、机械制造、交通运输和核能技术等所有的科技领域. 数值计算也成为科学与工程计算的重要数学方法, 从 20 世纪 80 年代起, 数值分析课程就相继成为高等院校理工专业本科生、硕士研究生的必修课.

数值分析可以理解为"借助计算机求解数学问题的数值方法和理论", 它的研究对象主要是理论上有解、手工不易或无法求解的数学问题, 其主要研究内容包括: 非线性方程的数值解、线性方程组的数值解、插值与拟合、数值积分与数值微分、常微分方程的数值解等.

本课程需要用到高等数学 (数学分析)、线性 (高等) 代数等先修课程的知识. 通过对本课程的学习, 学生既能加深对高等数学、线性代数等基础知识的理解, 也能直接应用其解决一些实际问题, 同时也为继续学习偏微分方程的数值解以及工科有关专业课等后继课程或从事专业技术工作打下必要的基础, 从而提高应用数学基本理论解决实际问题并进行分析与计算的能力.

1.2　误 差 分 析

1.2.1　误差的来源

针对一个实际问题, 首先需要建立实际问题的数学模型, 然后用数值方法并通过编写计算机程序描述相应算法和上机运算求出结果, 最后还要验证结果的正确性. 在上述求解过程中, 误差是难免的, 其来源或种类主要有以下四类.

1. 模型误差

在将实际问题转化为数学问题的过程中, 为了使数学模型尽量简单, 便于分析或计算, 往往要进行合理的简化, 忽略一些次要因素. 这样, 实际问题与数学模型之间就产生了误差, 这种误差称为**模型误差**. 由于这类误差难以作定量分析, 所以在数值分析课程中, 总是假定所研究的数学模型是合理的, 对模型误差不作讨论.

2. 观测误差

在研究实际问题时, 其数据一般通过观测 (或实验) 得到, 如温度、速度、电流等, 这些数据的取得受仪器本身的精度和使用者的经验所限, 会产生一定的误差, 这类误差称为**观测误差**. 通常根据测量工具或仪器本身的精度, 可以知道这类误差的上限值, 所以无须在数值分析课程中作过多的讨论.

3. 截断误差 (方法误差)

许多数学问题的解, 不可能经过有限次算术运算得出, 当数学模型得不到精确解时, 要用数值方法求它的近似解, 其近似解与精确解之间的误差称为**截断误差**或**方法误差**. 譬如在对非线性方程求根时, 通常将其化为线性方程求近似解, 方法是通过对非线性函数进行泰勒展开, 舍去二次及二次以上的高次项, 这样就产生了截断误差.

4. 舍入误差 (计算误差)

受计算机的字长、原始数据的输入所限, 以及在浮点运算的过程中, 都只能用有限位小数来代替无穷小数或较多的有限小数, 从而产生误差, 这种误差称为**舍入误差**或**计算误差**. 例如, 用 1.732 近似代替 $\sqrt{3}$, 产生的误差 $R=\sqrt{3}-1.732=0.0000508\cdots$ 就是舍入误差.

在实际计算时, 往往要进行成千上万次四则运算, 因而就会有成千上万个舍入误差产生, 这些误差经叠加或传递, 对精度会有较大的影响. 所以, 对舍入误差应予以足够的重视.

上述四类误差都会影响计算结果的正确性, 但模型误差和观测误差往往需要同各有关学科的科学工作者共同研究, 因此, 在数值分析课程中, 主要研究截断误差和舍入误差对计算结果的影响.

1.2.2 绝对误差和绝对误差限

定义 1.1 假设某一研究对象的精确值为 x^*, 近似值为 x, 则 x^* 与 x 之差称为近似值 x 的**绝对误差**(简称**误差**), 记为 $\varepsilon(x)$, 即

$$\varepsilon(x)=x^*-x\ . \tag{1.1}$$

$|\varepsilon(x)|$ 的大小在一定程度上标志着 x 的精确度高低. 一般地, 在 x^* 的不同近似值 x 中, $|\varepsilon(x)|$ 越小, x 的精确度越高.

由于精确值 x^* 一般未知, 误差 $\varepsilon(x)$ 的精确值也就无法求得, 但在实际计算时, 可根据实际情况给出它的取值范围, 即给定适当小的正数 ε, 使

$$|\varepsilon(x)| = |x^* - x| \leqslant \varepsilon , \tag{1.2}$$

称 ε 为近似值 x 的绝对误差限.

在实际问题中, 绝对误差一般是有量纲的.

1.2.3 相对误差和相对误差限

实际问题中, 对不同的研究对象, 单凭近似值的绝对误差的大小并不能准确描述近似程度的高低. 例如, 一瓶 500 ml 的矿泉水和一支 50 ml 的化妆品, 假定其绝对误差限分别是 5 ml 和 1 ml, 从表面上看, 前者的绝对误差限是后者的 5 倍, 但是, 前者平均每毫升产生了 0.01 ml 的误差, 而后者每毫升则产生了 0.02 ml 的误差. 可见, 一个量的近似程度的高低, 除了要看绝对误差的大小, 还要考虑该量本身的大小. 据此, 引入相对误差的概念.

定义 1.2 称绝对误差与精确值的商

$$\varepsilon_r(x) = \frac{\varepsilon(x)}{x^*} \tag{1.3}$$

为近似值 x 的**相对误差**.

由于精确值 x^* 通常是未知的, 因此在实际应用中, 当 $|\varepsilon_r(x)|$ 较小时, 常取

$$\varepsilon_r(x) = \frac{\varepsilon(x)}{x}, \quad x \neq 0.$$

同样, 在实际计算中, $\varepsilon(x)$ 与 x^* 都不能准确地求得, 因此相对误差 $\varepsilon_r(x)$ 也不可能准确地得到, 只能估计或给定它的大小范围, 即给定适当小的正数 η, 使 $|\varepsilon_r(x)| < \eta$, η 称为相对误差限.

1.2.4 有效数字

为了衡量一个近似值的准确程度, 引入有效数字的概念.

定义 1.3 若近似值 x 的绝对误差限是某一位上的半个单位, 则称 x 精确到该位; 若从该位到 x 的左面第一位非零数字一共有 n 位, 则称近似值 x 有 n 位**有效数字**.

之所以精确值有无穷多位有效数字, 是因为精确值的绝对误差为 0.

例 1.1 设 $x^* = \sqrt{2} = 1.4142135\cdots$, 分别取 $x_1 = 1$, $x_2 = 1.41$, $x_3 = 1.4142$ 作为 x^* 的近似值, 试求它们各有多少位有效数字?

解 $x_1 = 1$, $|\varepsilon_1(x)| = 0.4142\cdots \leqslant 0.5 \times 10^0$, 其绝对误差限是 10^0 位 (即个位) 上的半个单位, 所以 x_1 精确到个位, 它有 1 位有效数字.

$x_2 = 1.41$, $|\varepsilon_2(x)| = 0.0042135\cdots \leqslant 0.5 \times 10^{-2}$, 所以 x_2 精确到 10^{-2}, 从这一位到左面第一位非零数字 1 共有 3 位, 因此 x_2 有 3 位有效数字.

$x_3 = 1.4142$, $|\varepsilon_3(x)| = 0.0000135\cdots \leqslant 0.5 \times 10^{-4}$, 所以 x_3 精确到 10^{-4}, 它有 5 位有效数字.

实际上, 用四舍五入法从精确值 x^* 的左面第一位非零数字起取前 n 位作为 x^* 的近似值 x 时, x 有 n 位有效数字. 这是因为绝对误差限不超过 x 末位上的半个单位.

例 1.2　设 $x^* = 2.25962$, 按四舍五入原则, 分别取 $x_1 = 2.3$, $x_2 = 2.26$, $x_3 = 2.260$, 则它们各有几位有效数字?

解　x_1 有 2 位有效数字, x_2 有 3 位有效数字, x_3 有 4 位有效数字.

需要注意的是, 近似值后面的零不能随便省去, 如上例中的 2.26 和 2.260, 前者精确到 0.01 有 3 位有效数字, 后者精确到 0.001 有 4 位有效数字.

1.2.5　设计算法应遵循的原则

为有效控制误差, 要选用数值稳定的计算公式, 以保证算法的数值稳定性. 这里给出设计算法的若干原则.

1. 要避免相近两数相减

例如, 对于充分大的 x, $\sqrt{x+1}-\sqrt{x}$ 可化为 $\dfrac{1}{\sqrt{x+1}+\sqrt{x}}$.

2. 要防止"大吃小"

在数值运算中, 参与运算的数有时数量级相差很大, 如不注意运算次序就可能出现大数"吃掉"小数的现象, 影响计算结果的可靠性.

3. 注意简化计算步骤, 减少运算次数, 避免误差积累

同一个计算问题, 如果能减少运算次数, 不但可以提高计算速度, 而且能减少误差的积累. 这是数值计算必须遵循的原则.

4. 要避免绝对值小的数作除数

当除数接近于零时, 商的绝对误差就可能很大. 因此, 在数值计算中要尽量避免绝对值小的数作除数, 避免的方法是把算式变形或改变计算顺序.

5. 设法控制误差的传播

许多算法常常具有递推性, 如计算多项式值的秦九韶算法、求方程根的牛顿迭代法等. 利用递推关系进行计算时, 运算过程比较规律, 相当方便, 但多次递推, 必须注意误差的积累.

1.3 MATLAB 简介

MATLAB(Matrix Laboratory) 是由 MathWorks 公司开发的数学软件, 是目前常用的数学软件之一, 主要面向科学计算、可视化、交互式程序设计的高性能计算环境, 集成数值分析、矩阵计算、数据可视化以及非线性动态系统建模和仿真等诸多功能于一体, 较好地解决了科学研究、工程计算与设计等重要的实践问题.

本节仅对 MATLAB 的基本命令窗口、变量、运算符、作图及在微积分方面的简单应用等做了介绍, 有关分支结构、循环语句、工具箱等内容请参看专业书籍.

1.3.1 MATLAB 窗口与菜单

MATLAB 启动后, 进入其集成环境, 包括 MATLAB 主窗口、命令窗口 (Command Window)、工作区窗口 (Workspace)、当前文件夹窗口 (Current Directory)、历史命令窗口 (Command History)、编辑器与图形窗口等.

MATLAB 窗口

MATLAB 主窗口 主要工作界面, 它嵌入了一些子窗口, 也包括菜单栏和工具栏. 常用菜单栏见表 1.1, 工具栏提供了多个命令按钮, 这些按钮均有对应的菜单命令, 但使用起来比菜单命令更快捷、方便.

表 1.1 菜单栏

File 菜单项	实现有关文件的操作
Edit 菜单项	用于命令窗口的编辑操作
Debug 菜单项	用于调试 MATLAB 程序
Desktop 菜单项	用于设置 MATLAB 的集成环境的显示方式
Help 菜单项	用于提供帮助信息

命令窗口 MATLAB 的主要交互窗口, 用于输入命令并显示除图形之外的所有运行结果, 命令窗口中的“>>”为命令提示符, 在其后输入命令, 回车后, MATLAB 就会解释、执行所输入的命令, 并给出计算结果.

一般来说, 一个命令行输入一条命令, 并以回车结束. 但一个命令行也可以输入多条命令, 各命令之间以逗号 (显示运行结果) 或分号 (不显示运行结果) 分开.

如果一个命令行很长, 一行之内写不下, 可以在该行最后加“…”回车换行, 续写命令. 例如,

```
>>x=1+2+3+4+5+6+...
+7+8+9;
```

工作区窗口 MATLAB 用于存储变量和结果的内存空间. 该窗口显示工作空间中所有变量的名称、大小、字节数和变量类型说明, 可对变量进行观察、编辑、保

存和删除.

当前文件夹窗口　位于默认 (Default) 界面左上方窗口后台, 用鼠标单击可切换到前台. 当前文件夹是指 MATLAB 运行文件时的工作目录, 只有在当前文件夹或搜索路径下的文件、函数可以运行或调用, 可以改变当前文件夹, 也可以显示当前文件夹下的文件并提供搜索功能.

在 MATLAB 命令窗口输入一条命令后, MATLAB 按照一定次序寻找相关文件, 基本的搜索过程是, 检查该命令是否是一个变量、内部函数、当前目录下的 m 文件、MATLAB 搜索路径中其他目录下的 m 文件.

用户可以将自己的工作目录加入 MATLAB 搜索路径, 从而将用户目录纳入 MATLAB 系统统一管理. 设置的方法: ① 用 path 命令设置搜索路径, `path(path, 'c:\ mydir')`; ② 用对话框设置搜索路径, 在 MATLAB 的 File 菜单中选择 Set Path 命令或在命令窗口执行 pathtool 命令, 将出现搜索路径设置对话框. 通过 Add Folder 或 Add with Subfolder 命令按钮将指定路径添加到搜索路径表中, 在修改搜索路径后, 需要保存搜索路径.

历史命令窗口　会自动保留自安装起所用过命令的历史记录, 且标明了使用时间, 从而方便用户查询, 通过双击命令可进行历史命令的再运行. 如果要清除这些历史记录, 可在 Edit 菜单中单击 Clear Command History 命令.

编辑器与图形窗口　在命令窗口的菜单中直接单击 File-New-m-file, 打开一个编辑窗口. 通常, MATLAB 程序在这个窗口编写 m 文件, 保存后, 可在命令窗口输入文件名进行运算.

在命令窗口单击 File-New-Figure, 可以打开一个图形窗口, 但通常在执行绘图命令时, 自动打开图形窗口. 这些窗口都有菜单栏和工具栏, 其功能与 Word 等软件类似, 这里不再一一介绍.

1.3.2　变量与符号

MATLAB 变量分系统变量和用户变量两类.

变量与数学运算符

系统变量又称特殊变量 (表 1.2). 系统变量在工作区窗口观察不到, 系统启动后, 这些变量即时赋值, 可直接调用.

用户变量总是以字母开头, 由字母、数字或下划线组成, 中间不能有空格, 字母区分大小写. 例如, A2b 与 a2b 是两个不同的变量.

用户变量不能与系统变量及内部函数名相同 (如果同名, 则系统变量以及内部函数将改变其值). 用户变量保存在工作区窗口, 可随时调用, 用命令 who 或 whos 能查到它们的信息.

表 1.2 系统变量

变量名	说明	变量名	说明
i 或 j	虚数单位 $\sqrt{-1}$	Inf	无穷大
pi	圆周率 π	NaN	无意义的数, 如 $\frac{0}{0}$ 等
eps	浮点数识别精度 $2^{-52}=2.2204\times10^{-16}$	ans	表示结果的缺省变量名
realimin	最小正实数 $2^{-2^{10}}=2.2251\times10^{-308}$	nargin	所用函数的输入变量数目
realmax	最大正实数 $2^{2^{10}}=1.7977\times10^{308}$	nargout	所用函数的输出变量数目

数学运算符、常用标点符号与命令、关系与逻辑运算符分别见表 1.3 — 表 1.5.

表 1.3 数学运算符

运算符	含义
+,−,*	加法、减法、乘法运算, 数与数、数与矩阵、矩阵与矩阵之间的相加、相减与相乘
/	除法运算, a/b 表示为 $\frac{a}{b}$ 或 ab^{-1}(对矩阵而言)
\	左除运算, $a\backslash b=\frac{b}{a}$ 或 $a^{-1}b$(对矩阵而言)
.*	点乘运算, 数组运算, 表示同型数组 (矩阵) 之间对应元素相乘
./	点除运算, 数组运算, 表示同型数组 (矩阵) 之间对应元素相除
.\	点左除运算, 数组运算, 表示同型数组 (矩阵) 之间对应元素相除
.^	点幂运算, 数组运算, $a.\hat{}k$ 表示数组 (矩阵)a 中每个元素取 k 次幂
^	幂运算, a,k 为数时表示 a^k, a 为方阵时表示矩阵的 k 次幂

表 1.4 常用标点符号与命令

标点	意义
:	$a:b$ 表示生成公差为 1 的数组; $a:c:b$ 表示生成公差为 c 的数组
;	数组的行分隔符, 用于语句末尾, 表示不显示运算结果
,	变量、选项、语句之间的分隔符, 用于语句句末, 显示运算结果
( )	数组援引, 函数命令输入列表
[ ]	数组记号
{ }	元胞数组记述符
…	续行符, 用于句末, 表示本行输入未结束, 接下一行
%	注释符, 其后内容用于解释, 不参与运算
=	赋值符号
clear	清理内存命令
dir	显示目录下的文件
type	显示文件内容
clf	清理图形内容
clc	清理工作窗口
save	保存内存变量到指定文件

注意, 数组的“.”运算, 当运算对象有“数”时, 结果仍然成立.

关系与逻辑运算是元素之间的操作, 结果是特殊的逻辑数组 (矩阵). 值得注意的是, "=" 表示赋值, "==" 表示等于, 不可混淆. 在 MATLAB 中, "真" (True) 用 1 表示, "假" (False) 用 0 表示.

表 1.5　关系与逻辑运算符

关系运算符	含义	关系运算符	含义	逻辑运算符	含义
<	小于	>	大于	&	逻辑与
<=	小于等于	>=	大于等于	|	逻辑或
==	等于	~=	不等于	~	逻辑非

1.3.3　函数与 m 文件

在 MATLAB 中, 除三角函数正常表示外, 通常反正弦、反余弦和反正切函数分别表示为 asin(x), acos(x), atan(x), 其他常用数学函数见表 1.6.

表 1.6　常用数学函数

函数	意义	函数	意义	函数	意义
exp(x)	指数函数 e^x	fix(x)	向 0 取整	ceil(x)	向 ∞ 取整
sqrt(x)	开方	floor(x)	向 $-\infty$ 取整	real(x)	复数实部
abs(x)	绝对值	round(x)	按四舍五入方式取整	image(x)	复数虚部
log(x)	自然对数	log10(x)	十进对数	angle(x)	复数幅值
sign(x)	符号函数	sum(x)	元素求和	conj(x)	复数共轭

另外, mod(m,n) 表示 m 除以 n 得到的在 0 与 $n-1$ 之间的余数, rem(m,n) 表示 m 除以 n 得到的余数, 余数符号同 m.

复杂的程序在命令窗口调试, 保存很不方便, 一般使用程序文件. 最常见的是 m 文件, 它可以在编辑器编写保存, 也可以在任何文本编辑软件中编写, 以 "m" 作为扩展名存盘, 即 "文件名.m".

m 文件

m 文件分为两类: 脚本文件 (Script File) 和函数文件 (Function File). 将多条 MATLAB 语句按要求写在一起, 并以扩展名 "m" 存盘即构成一个 m 脚本文件. 如果利用 MATLAB 的编辑器编写并存盘, MATLAB 自动加上扩展名 "m". 需要注意的是, m 脚本文件的命名与变量命名规则相仿, 但文件名不区分大小写; 要防止文件名与已有变量名、函数名和 MATLAB 系统保留名等冲突.

MATLAB 建立 m 文件有三种方法: 一是从 MATLAB 主窗口 File 菜单中选择 New 菜单项, 再选择 m-file 命令, 出现 MATLAB 文本编辑器窗口; 二是在 MATLAB 命令窗口输入命令 edit, 启动 MATLAB 文本编辑器; 三是单击 MATLAB 主窗口工具栏上的 New-M-File 命令按钮, 启动 MATLAB 文本编辑器.

打开已建立的 m 文件同样有三种方法: 一是 MATLAB 主窗口中的 File 菜单

中选择 Open 命令, 在对话框中选中并打开 m 文件; 二是在 MATLAB 命令窗口输入命令 edit 文件名, 则打开指定的 m 文件; 三是单击 MATLAB 主窗口工具栏上 Open File 命令按钮, 再从弹出的对话框中选中所需文件.

另外, 也可以在 Windows 下双击 m 文件启动 MATLAB 并打开相应的程序.

例 1.3 建立 $f(x)=\dfrac{x^3-2x^2+x-6.3}{x^2+0.05x-3.14}$ 的 m 文件 fun0.m, 并计算 $f(1)f(2)+f^2(3)$.

解
```
function Y=fun0(x)
Y=(x^3-2*x^2+x-6.3)/(x^2+0.05*x-3.14);
```
在命令窗口输入下面文字并运行:
```
fun0(1)*fun0(2)+fun0(3)*fun0(3)
ans= -12.6023
```
在建立函数文件时, 文件名必须与函数名相同, 如上例的“fun0”.

1.3.4 MATLAB 绘图

MATLAB 绘图命令为 plot(x,y), 三维绘图基本命令为 plot3(x,y,z). mesh(x,y,z,c) 为画出颜色由 c 指定的三维网格图, 也可以用格式 plot(x1,y1,x2,y2,⋯) 把多条曲线画在同一坐标系下.

在执行 plot 函数时, 显示的图像需要标记标题、坐标轴、网格线等, 其命令分别为 title, xlabel, ylabel, grid 等, 其中 grid on 代表在图像中出现网格线, grid off 代表去除网格线. 关于图形颜色和线型命令见表 1.7.

表 1.7 plot 绘图函数的参数

字元	y	k	w	b	g	r	c	m	
颜色	黄色	黑色	白色	蓝色	绿色	红色	亮青色	锰紫色	
字元	·	o	x	+	*	-	:	-.	- -
线型	点	圆	x 形	+	*	实线	点线	点虚线	虚线

例如, 绘制 $y=x^2-10x+15$ 在区间 $[0,10]$ 上具有标题、标签和网格线的函数图像.

```
x=[0:1:10];  % 产生 x 轴数据
y=x.^2-10*x+15;  % 产生 y 轴数据
plot(x,y)
title('函数 y=x^2-10*x+15 的图像');  % 添加标题
xlabel('x');  % 添加横坐标
ylabel('y');  % 添加纵坐标
grid on    %绘制网格图
```

MATLAB 其他绘图命令还有: bar,barh——绘制条形图; pie——绘制饼图; area——二维图形的填充区域; stem——绘制离散序列数据图; stairs——绘制梯形图; hist——绘制柱状图等.

1.3.5 MATLAB 在一元函数微积分的应用

1. MATLAB 极限有关的命令

```
syms x   % 将 x 定义为符号变量
limit(f,x,a)   % 当 x→a 时函数 f 的极限
limit(f,x,inf)   % 当 x→∞ 时函数 f 的极限
limit(f,x,a,'right')   % 当 x→a+ 时函数 f 的(右)极限
limit(f,x,a,'left')   % 当 x→a- 时函数 f 的(左)极限
```

例 1.4　求极限 $\lim\limits_{x\to\infty} x\left(1+\dfrac{a}{x}\right)^x \sin\dfrac{b}{x}$.

解

```
syms x a b;
f=x*(1+a/x)^x*sin(b/x);
limit(f,x,inf)
```

计算结果为 exp(a)*b.

2. MATLAB 求导命令

```
syms x; diff(f)   % 对函数 f 求一阶导数
diff(f,x,n)   % 对函数 f 关于 x 求 n 阶导数
```

如果没有 syms 的定义, diff 表示数值差分运算.

例 1.5　求 $y=x^3\exp(5x)$ 的一阶和五阶导数.

解

```
syms x y;
y=x^3*exp(5*x);
y1=diff(y); y2=diff(y,x,5);
simplify(y1); simplify(y2);   % 分别化简一阶导数和五阶导数
```

计算结果为 y1=x^2*exp(5*x)*(5*x+3), y2=125*exp(5*x)*(25*x^3+75*x^2+60*x+12).

3. MATLAB 积分有关的命令

```
syms x;
int(f)   % 函数 f 关于默认变量 t 的不定积分
int(f,x)   % 函数 f 关于变量 x 的不定积分
int(f,x,a,b)   % 函数 f 关于积分变量 x 的定积分, a 为积分下限, b 为积分上限
```

quad(f,a,b,tol) % 抛物线积分法, f 为被积函数, a,b 分别为积分下限和积分上限, tol 为积分精度, 缺省为 10^{-3}

必须指出的是, 在初等函数范围内, 不定积分有时是不存在的. 例如, $\dfrac{\sin x}{x}$, $\dfrac{e^x}{x}$ 等, 其不定积分均无法利用初等函数表达出来. 输入命令 `int(sin(x)/x,x)`, 显示结果为 `sinint(x)`.

例 1.6 计算定积分:

$$y_1=\int_0^b \cos ax\mathrm{d}x,\ y_2=\int_4^{+\infty}\frac{1}{x^2+2x+1}\mathrm{d}x, y_3=\int_{-1}^1 \mathrm{e}^{-x^2}\mathrm{d}x.$$

解 输入命令

```
syms x a b;
y1=int(cos(a*x),x,0,b); y2=int(1/(x^2+2*x+1),x,4,inf);
y3=int(exp(-x^2),x,-1,1);
```

计算结果 `y1=sin(a*b)/a,y2=1/5,y3=pi^(1/2)*erf(1)`.

第 3 个积分无法用初等函数表示, 如果想得到它的 10 位有效数字近似值, 可以输入命令 vpa(y3,10), 得到 1.493648266.

4. MATLAB 求解常微分方程命令

`dsolve('eq1,eq2,...','cond1,cond2,...','v')`, 其中 eq1, eq2, $\cdots$ 为给定的方程, cond1,cond2,$\cdots$ 为给定的定解条件, v 为方程的自变量 (如果没有指定, 系统默认自变量为 t).

注意 $y^{(n)}(x)$ 表示为 Dny, 如 $y''(2)=3$ 表示为 `D2y(2)=3`.

例 1.7 求微分方程的解.

(1) $\dfrac{\mathrm{d}y}{\mathrm{d}x}+2xy=x\mathrm{e}^{x^2}$; (2) $xy'+y-\mathrm{e}^x=0, y(1)=2\mathrm{e}$; (3) $y''-\mathrm{e}^{2y}y'=0$.

解 (1) 输入 `dsolve('Dy+2*x*y=x*exp(x^2)','x')`, 得到 `C1*exp(-x^2)+exp(x^2)/4`.

(2) 输入 `dsolve('x*Dy+y-exp(x)=0','y(1)=2*exp(1)','x')`, 得到 `(exp(1)+exp(x))/x`.

(3) 输入 `dsolve('D2y-exp(2*y)*Dy=0','x')`, 得到 `C1*log((2*C1)/(exp(-4*C1*(C2+x/2))-1))/2`.

1.3.6 MATLAB 在线性代数的应用

MATLAB 关于矩阵的主要命令:

A±k 表示矩阵 $\boldsymbol{A}$ 的每个元素加或减数 k;

A.*B 表示矩阵 $\boldsymbol{A}$ 的对应元素与矩阵 $\boldsymbol{B}$ 的对应元素相乘;

A./B 表示矩阵 $\boldsymbol{A}$ 的对应元素与矩阵 $\boldsymbol{B}$ 的对应元素相除;

`A'` 表示矩阵 $\boldsymbol{A}$ 的共轭转置;

`inv(A)` 求矩阵 $\boldsymbol{A}$ 的逆, 也可表示为 `A^(-1)`;

`sqrt(A)` 表示矩阵 $\boldsymbol{A}$ 的每个元素开方;

`A(i,:)` 表示提取 $\boldsymbol{A}$ 的第 i 行, `A(:,j)` 表示提取 $\boldsymbol{A}$ 的第 j 列;

`rank(A)` 表示得到矩阵 $\boldsymbol{A}$ 的秩;

`rref(A)` 表示得到矩阵 $\boldsymbol{A}$ 的行最简形;

`null(A)` 表示得到系数矩阵为 $\boldsymbol{A}$ 的齐次方程组基础解系;

`null(A,'r')` 表示得到系数矩阵为 $\boldsymbol{A}$ 的齐次方程组有理形式的基础解系;

`eig(A)` 表示求矩阵 $\boldsymbol{A}$ 的特征值;

`[a,b]=eig(A)` 表示得到矩阵 $\boldsymbol{A}$ 的全部特征向量矩阵和对应的特征值组成的对角矩阵.

例 1.8 解方程组 $\begin{cases} x_1+x_2+x_3+x_4=5, \\ x_1+2x_2-x_3+4x_4=-2, \\ 2x_1-3x_2-x_3-5x_4=-2, \\ 3x_1+x_2+2x_3+11x_4=0. \end{cases}$

解 原方程组简写为 $\boldsymbol{Ax}=\boldsymbol{b}$, 输入命令

```
clear;
A=[1 1 1 1;1 2 -1 4;2 -3 -1 -5;3 1 2 11];
b=[5;-2;-2;0]; B=[A,b];
rank(A); rank(B)
```

得到矩阵 $\boldsymbol{A}$ 与 $\boldsymbol{B}$ 的秩均为 4, 方程组有唯一解, 再输入 `inv(A)*b` 得到解为: 1.0000, 2.0000, 3.0000, −1.0000. `[u,v]=eig(A)` 用于求 $\boldsymbol{A}$ 的特征值和特征向量.

1.3.7 MATLAB 帮助系统

进入帮助窗口有三种方式: 一是单击工具栏 Help 按钮; 二是命令窗口输入 helpwin,helpdesk 或 doc; 三是选择 help 菜单中的 MATLAB Help 选项.

MATLAB 帮助命令包括 help, lookfor 和模糊查询.

直接输入 help 命令将会显示当前帮助系统中包含的所有项目以及搜索路径中所有的目录名称. 同样, 可以通过 help 加函数名显示该函数的帮助说明.

help 命令仅搜索出那些关键字完全匹配的结果, lookfor 命令对搜索范围内的 m 文件进行关键字搜索, 条件比较宽松, lookfor 只对 m 文件的第一行进行关键字搜索.

1.4 小结与 MATLAB 应用

1.4.1 本章小结

本章从数值分析课程的研究对象入手, 介绍了数值计算过程中误差的概念, 并

对误差的来源或误差分类、绝对误差 (限)、相对误差 (限)、有效数字等概念进行了介绍, 指出了实际算法设计时应遵循的原则, 1.3 节介绍了 MATLAB 软件的一般操作方法和常用命令、函数、运算符等, 对 MATLAB 在一元函数绘图、微积分和线性代数等方面的应用也做了简单介绍.

1.4.2 MATLAB 应用

下面再举几个 MATLAB 在多元函数中的应用.

1. 二元函数求极限

求 $\lim\limits_{(x,y)\to(0,0)} \dfrac{1-\cos(x^2+y^2)}{(x^2+y^2)\mathrm{e}^{x^2y^2}}$.

输入下面命令, 得到结果为 0.

```
syms x y;
y1=1-cos(x^2+y^2); y2=(x^2+y^2)*exp(x^2*y^2);
limit(limit(y1/y2,0),0)
```

2. 绘制函数曲面

绘制 $z=\dfrac{1}{3\sqrt{4\pi}}\mathrm{e}^{-\frac{x^2+y^2}{5}}$ 在矩形区域 $D:-4\leqslant x\leqslant 4,-5\leqslant y\leqslant 5$ 内的图形.

输入下面命令, 绘出图 1.1.

```
clear;a=-4:0.2:4; b=-5:0.2:5; [x,y]=meshgrid(a,b);
z=exp(-(x.^2+y.^2)/5)/(3*sqrt(4*pi)); plot3(x,y,z)
```

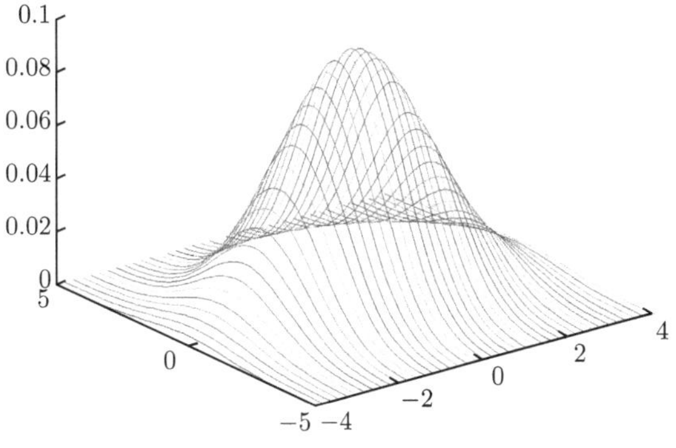

图 1.1 曲面图形

将函数 plot3(x,y,z) 改为 mesh(x,y,z), 则可以得到网状线表示的曲面; 若改为 surf(x,y,z), 则可以得到不同网状线表示的曲面.

如, $z=x^3+y^3-6x-6y$ 在矩形区域 $D:-4\leqslant x\leqslant 4,-4\leqslant y\leqslant 4$ 内的图形.

输入下面命令, 结果如图 1.2 所示.

```
clear;clf;[x,y]= meshgrid(-4:0.2:4);
z=x.^3+y.^3-6*x-6*y;
mesh(x,y,z)
```

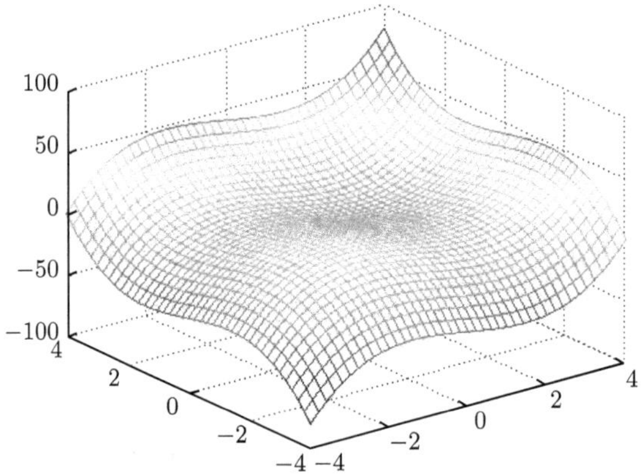

图 1.2 网状曲面图形

3. 绘制等高线

绘制 $z=x^3+y^3-6x-6y$ 在 $-4\leqslant x,y\leqslant 4$ 内的各种等高线.

输入命令

```
clear;clf
[x,y]=meshgrid(-4:0.2:4);z=x.^3+y.^3-6*x-6*y;
figure(1),mesh(x,y,z)
figure(2),[c,h]=contour(x,y,z);
clabel(c,h)
figure(3)
hl=[-28 -16 -8 0 6 18 26];cl=contour(z,hl);
clabel(cl)
figure(4),contour(z)
figure(5),contour3(z,10)
```

绘图效果见图 1.3—图 1.6.

为避免一些常见错误, 给出以下提醒:

(1) 所有输入 (除注释符%后的内容) 内容必须是在英文状态下的字母、符号和数字;

(2) 进行新的运算或运行新的程序应当用 clear 清除以前留存在工作空间的变量;

(3) 需要用数组运算的场合 (如用 plot 作图时的函数表达式) 必须用点运算;

(4) 在循环中, 条件判断表达式的值要及时更新;

(5) 各种括号必须配对使用;

(6) 逻辑表达式相等应当用“==”, 而不是“=”.

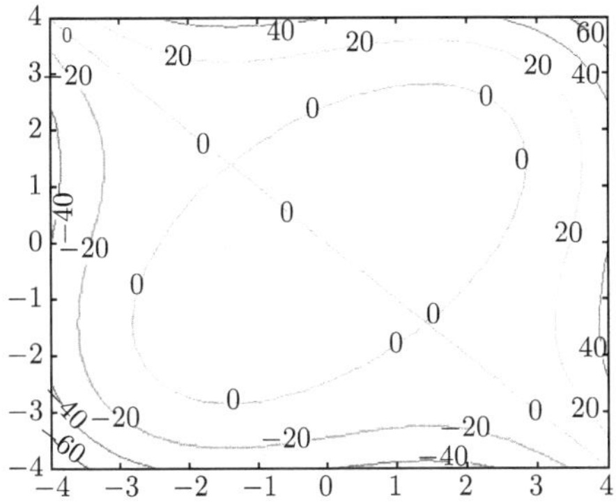

图 1.3　等高线图

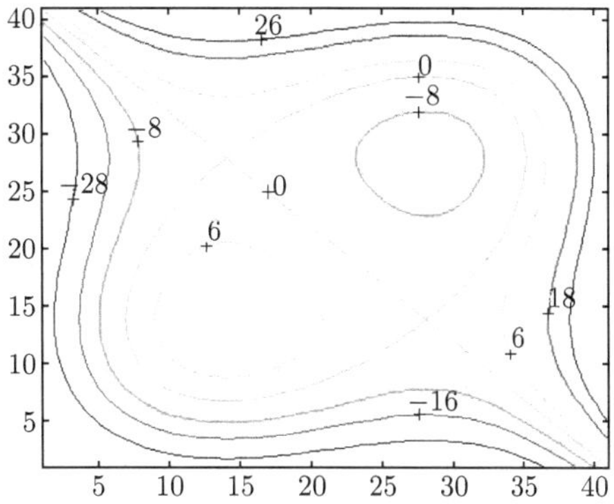

图 1.4　等高线图

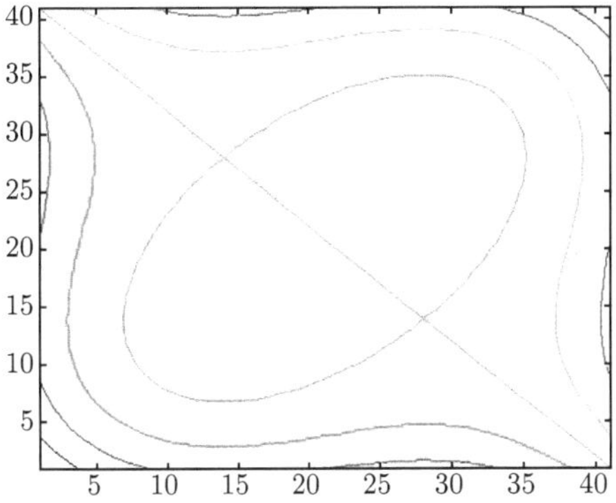

图 1.5　等高线填充图

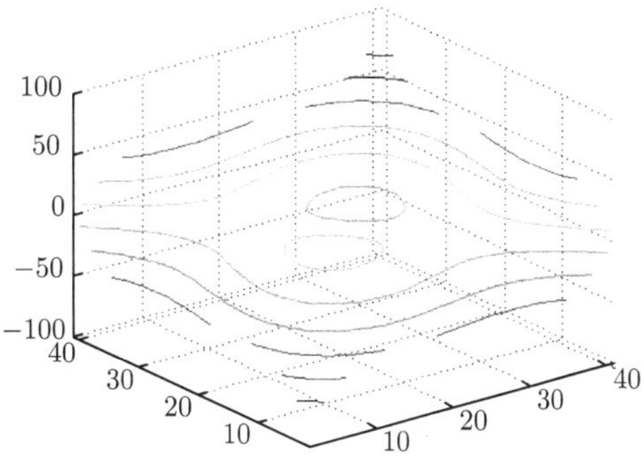

图 1.6　三维等高线图

习　题　1

1. 求 $\sqrt{3}$ 和 $\sqrt{5}$ 的近似值, 使其相对误差限 $\eta \leqslant 0.00235$.

2. 设 $x^* = \pi = 3.1415926\cdots$, 分别取 $x_1 = 3$, $x_2 = 3.14$, $x_3 = 3.1416$ 作为 x^* 的近似值, 它们各有多少位有效数字?

3. 设 $x = 2990 \pm 10$, $y = 2.99 \pm 0.001$, $z = 0.000299 \pm 0.000001$, 试问这三个数哪一个精确度高, 为什么?

4. 按四舍五入原则, 写出下列各数具有 5 位有效数字的近似数.

$$18.34260,\ 368.7865,\ 8.000009,\ 0.000123459,\ 0.8000400.$$

5. 下面是圆周率 π 的三个近似值, 求各值的绝对误差限和有效数字.

(1) 3.15; (2) $\dfrac{223}{71}$; (3) $\dfrac{355}{113}$.

6. 试改变下列表达式, 使其计算结果比较精确.

(1) $\dfrac{1}{1+2x}-\dfrac{1-x}{1+x}, |x| \ll 1$; (2) $\sqrt{x+\dfrac{1}{x}}-\sqrt{x-\dfrac{1}{x}}, x \gg 1$.

7. 列出几种不同的得到 MATLAB 帮助的方法.

8. 怎样清空 MATLAB 工作区内的内容?

9. 有一分数序列: $\dfrac{2}{1}, \dfrac{3}{2}, \dfrac{5}{3}, \dfrac{8}{5}, \dfrac{13}{8}, \dfrac{21}{13}, \cdots$, 求前 15 项的和.

10. 分别利用 rand() 和 randn() 函数产生 50 个随机数, 求出这一组数的最大值、最小值、均值和方差.

11. 计算.

(1) $\lim\limits_{x\to 0^+}\dfrac{\mathrm{e}^{x^3}-1}{1-\cos(\sqrt{x-\sin x})}$;

(2) 求 $y=x^{x^x}$ 和 $y=\sin(2x)(3x^2-3)$ 的三阶导数;

(3) 计算不定积分 $\displaystyle\int \mathrm{e}^{3x}\sin(5x)\mathrm{d}x$;

(4) 计算定积分 $y=\displaystyle\int_1^2 \frac{\sin(x-1)}{x-1}\mathrm{d}x$.

12. 绘制函数 $y=\mathrm{e}^{-x^2}$ 和函数 $y=1-(1-\mathrm{e}^{-1})x^2$ 在区间 $[-1,1]$ 上具有标题、坐标轴和网格线的函数图像.

第 2 章　非线性方程 (组) 的数值解法

2.1　引　　言

在科学研究和工程技术领域, 常常需要求解高阶多项式方程或含有指数、三角函数等超越方程的根的问题. 二次及二次以上的多项式方程或超越方程统称为非线性方程, 记为

$$f(x) = 0. \tag{2.1}$$

对于二次多项式方程, 可以用熟悉的求根公式求解; 对于三次、四次多项式方程, 虽然也有求根公式, 但并不实用; 而高于四次的多项式方程, 数学家阿贝尔已经证明不存在根的一般解析表达式, 至于一般的超越方程, 更没有求根公式可言.

例如, 5 次方程 $5x^5 - x^3 + x - 3 = 0$ 或超越方程 $\mathrm{e}^{-x} - x = 0$, 这些方程看似简单, 却不易求根的精确解. 而在实际问题中, 只要能求得满足一定精确度要求的近似根就可以了, 所以研究适用于实际计算的求非线性方程近似根的数值方法, 具有重要的实际意义.

若常数 x^* 使 $f(x^*) = 0$, 则称 x^* 为方程 (2.1) 的根, 或称 x^* 是函数 $f(x)$ 的零点.

如果 $f(x)$ 能写成

$$f(x) = (x - x^*)^m g(x), \tag{2.2}$$

其中 m 是正整数, $g(x^*) \neq 0$, 则称 x^* 为 $f(x) = 0$ 的 m **重根**, 或称 x^* 为函数 $f(x)$ 的 m 重零点, 当 $m = 1$ 时, 称 x^* 为方程 (2.1) 的**单根**.

求非线性方程 (2.1) 的根的问题, 通常分为三个步骤:

(1) 根的存在性, 即方程 (2.1) 是否有根? 有几个根?

(2) 根的分离, 即分离出方程的含单根或复根的区间;

(3) 根的精确化, 已知根的初始近似值, 利用某种方法将此近似值逐步精确化, 直至求出满足精度要求的近似根为止.

本章将对非线性方程 (2.1) 介绍几种常用的求其近似根的有效方法.

2.2　二　分　法

二分法是求解非线性方程 (2.1) 最直观、最简单的方法, 也称**对分法**.

2.2.1 二分法的构造

设函数 $f(x)$ 在区间 $[a,b]$ 上连续, 且 $f(a)f(b) < 0$, 则方程 $f(x) = 0$ 在区间 $[a,b]$ 内至少有一个实根, 记为 x^*.

二分法的基本思想是: 将方程的含根区间平分为两个小区间, 判断根在哪个小区间内, 舍去无根的区间, 把含根区间再一分为二, 并判断根含于哪个更小的区间, 如此循环, 直到求出满足精度要求的根 x^* 的近似值. 具体计算方法如下.

对给定的精度 $\varepsilon > 0$ 或 $\eta > 0$, 令 $a_0 = a, b_0 = b$, 依次对 $k = 0, 1, 2, \cdots$ 进行如下操作:

(1) 计算 $x_k = \dfrac{1}{2}(a_k + b_k)$.

(2) 若 $b_k - a_k \leqslant \varepsilon$ 或 $|f(x_k)| \leqslant \eta$, 则停止计算, 取 $x^* \approx x_k$, 否则转 (3).

(3) 若 $f(a_k)f(x_k) < 0$, 则令 $a_{k+1} = a_k, b_{k+1} = x_k$; 若 $f(a_k)f(x_k) > 0$, 则令 $a_{k+1} = x_k, b_{k+1} = b_k$.

(4) 重复 (1), (2).

2.2.2 二分法的误差估计

由于对任何一个 k 都有

$$x^* \in (a_k, b_k), \quad x_k = \frac{a_k + b_k}{2},$$

所以

$$|x_k - x^*| < \frac{b_k - a_k}{2} = \frac{b-a}{2^{k+1}}, \tag{2.3}$$

故

$$\lim_{k\to\infty} x_k = x^*.$$

二分法的优点是对函数性质要求较低, 即只要求 $f(x)$ 在区间上连续, 并且计算简单, 由式 (2.3) 知, 二分法产生的序列 $\{x_k\}$ 必收敛于方程 (2.1) 在 (a,b) 内的根 x^*, 收敛速度与公比为 $1/2$ 的等比数列的收敛速度相同; 其缺点是收敛速度较慢, 不能求偶数重根 (如 $f(x) = (x-1)^2$) 和复根等.

例 2.1 对精度 $\varepsilon = 10^{-3}$, 用二分法求方程 $f(x) = x^3 + x^2 - 1 = 0$ 在 $[0,1]$ 上的根.

解 (1) 因为 $f(0) = -1 < 0, f(1) = 1 > 0$, 所以连续函数 $f(x)$ 在区间 $(0,1)$ 内有根.

又 $f'(x) = 3x^2 + 2x > 0, x \in (0,1)$, 所以 $f(x)$ 在区间 $(0,1)$ 上严格单增, 故有唯一根.

(2) 令 $a_0 = 0, b_0 = 1$, 计算得 $x_0 = 0.5$, $f(0.5) = -0.625 < 0$, 含根区间为 $[0.5,\ 1]$.

(3) 令 $a_1 = 0.5, b_1 = 1$, 计算得 $x_1 = 0.75, f(0.75) = -0.01563 < 0$, 含根区间是 $[0.75, 1]$.

如此继续, 直到 $|x_k - x_{k-1}| < 10^{-3}$ 时停止, 计算结果见表 2.1.

表 2.1 二分法计算结果

k	a_k	b_k	x_k	$f(x_k)$	$x_k - x_{k-1}$
0	0	1	0.50000	−0.62500	
1	0.50000	1	0.75000	−0.01563	0.25000
2	0.75000	1	0.87500	0.43555	0.12500
3	0.75000	0.87500	0.81250	0.19654	−0.06250
4	0.75000	0.81250	0.78125	0.08719	−0.03125
5	0.75000	0.81250	0.76563	0.03499	−0.01562
6	0.75000	0.76563	0.75782	0.00950	−0.00781
7	0.75000	0.75782	0.75391	−0.00311	−0.00391
8	0.75391	0.75782	0.75587	0.00320	0.00196
9	0.75391	0.75587	0.75489	0.00004	−0.00098
...	...	...	...	...	...

由表 2.1 知

$$|x_9 - x_8| = 0.00098 < 10^{-3},$$

所以, 原方程在 $[0, 1]$ 内的根 $x^* \approx x_9 \approx 0.75489$.

事实上, 由公式 (2.3), 只要

$$\frac{1-0}{2^{k+1}} < \varepsilon = 10^{-3},$$

解得

$$k > 3\frac{\ln 10}{\ln 2} - 1 \approx 8.966,$$

同样得到 $x^* \approx x_9$ 即可满足精度要求.

2.3 迭 代 法

2.3.1 迭代法的基本思想

将非线性方程 $f(x) = 0$ 化为等价方程

$$x = \varphi(x), \tag{2.4}$$

取定初始近似值 x_0, 按式 (2.4) 构造迭代公式

$$x_{k+1} = \varphi(x_k), \quad k = 0, 1, 2, \cdots, \tag{2.5}$$

计算可以得到数列

$$x_0, x_1, x_2, \cdots, x_k, \cdots,$$

称 $\{x_k\}$ 为迭代序列, 函数 $\varphi(x)$ 称为迭代函数. 如果迭代序列 $\{x_k\}$ 是收敛的, 不妨设收敛于 x^*, 则当 $\varphi(x)$ 连续时, 在 (2.5) 式两边取 $k \to \infty$ 的极限, 即有

$$x^* = \varphi(x^*), \tag{2.6}$$

从而有

$$f(x^*) = 0.$$

由于迭代法 (2.5) 计算简单, 又称**简单迭代法**, 而由式 (2.6) 可知, x^* 是迭代函数 $\varphi(x)$ 的不动点, 故又称 (2.5) 为**不动点迭代法**.

例如, 方程 $x^3 - x - 1 = 0$, 容易判断其在区间 $(1, 1.5)$ 内有唯一根 x^*, 其迭代函数或等价方程可以有多种形式, 譬如

$$x = x^3 - 1, \quad x = \frac{2x+1}{x^2+1}, \quad x = \sqrt[3]{x+1},$$

那么由迭代公式 (2.5) 生成的迭代序列 $\{x_k\}$ 是否均收敛于其根 x^* 呢?

2.3.2 迭代法的收敛性

定理 2.1 设函数 $\varphi(x)$ 在 $[a,b]$ 上连续, 在 (a,b) 内可导, 如果

(1) 当 $x \in (a,b)$ 时, 总有 $\varphi(x) \in (a,b)$;

(2) 存在正数 $L < 1$, 使得对任意 $x \in (a,b)$ 都有

$$|\varphi'(x)| \leqslant L < 1, \tag{2.7}$$

则

(a) 方程 $f(x) = 0$ 在 (a,b) 内有唯一根;

(b) 对 (a,b) 内的任意初值 x_0, 迭代公式(2.5)均收敛于方程的根;

(c) 成立误差估计式

$$|x^* - x_k| \leqslant \frac{1}{1-L}\left|x_{k+1} - x_k\right|, \tag{2.8}$$

$$|x^* - x_k| \leqslant \frac{L^k}{1-L}\left|x_1 - x_0\right|. \tag{2.9}$$

定理 2.1 的证明

证明 (a) 由已知条件知, $f(x) = x - \varphi(x)$, 则 $f(x)$ 在 $[a, b]$ 上连续, 在 (a, b) 内可导, 容易验证 $f(a) \leqslant 0$ 且 $f(b) \geqslant 0$. 又由于

$$f'(x) = 1 - \varphi'(x) > 0, \quad x \in (a,b),$$

所以, 方程 $f(x) = 0$ 在 (a,b) 内有唯一根, 仍记为 x^*.

(b) 由条件 (1), 对 $\forall x_0 \in (a,\ b)$, 有 $x_k \in [a,\ b],\quad k=1,2,\cdots$, 根据微分中值定理及式 (2.7) 得

$$|x_{k+1}-x^*| = |\varphi(x_k)-\varphi(x^*)| = |\varphi'(\xi)(x_k-x^*)| \leqslant L|x_k-x^*|, \tag{2.10}$$

其中, ξ 介于 x_k, x^* 之间, 由式 (2.10) 递推, 得

$$|x_{k+1}-x^*| \leqslant L^{k+1}|x_0-x^*|,$$

因为正数 $L<1$, 当 $k\to\infty$ 时, $L^{k+1}\to 0$, 即有 $|x_{k+1}-x^*|\to 0$, 所以

$$\lim_{k\to\infty} x_k = x^*.$$

再由 $\varphi(x)$ 的连续性, 迭代公式 (2.5) 两边取 $k\to\infty$ 的极限, 即得 $(a,\ b)$ 内任意初值 x_0 迭代公式 (2.5) 均收敛.

(c) 因为

$$|x^*-x_k| = |x^*-x_{k+1}+x_{k+1}-x_k| \leqslant |x_{k+1}-x^*| + |x_{k+1}-x_k|,$$

由 (2.10) 式及 $L<1$, 得

$$|x^*-x_k| \leqslant \frac{1}{1-L}\left|x_{k+1}-x_k\right|.$$

同理, 可得

$$|x_{k+1}-x_k| = |\varphi(x_k)-\varphi(x_{k-1})| = |\varphi'(\xi)(x_k-x_{k-1})| \leqslant L|x_k-x_{k-1}|,$$

结合 (2.8) 式递推即得

$$|x^*-x_k| \leqslant \frac{L^k}{1-L}\left|x_1-x_0\right|.$$

说明: (1) 条件中 $L<1$ 非常重要, 否则不能保证迭代收敛, 并且由 (2.9) 式可见, L 越小, 收敛速度越快, 对给定的求解精度, (2.9) 式还可用来估计迭代次数.

(2) 对于收敛的迭代过程, 误差估计式 (2.8) 说明当 $|x_{k+1}-x_k|$ 充分小时, 就能保证迭代误差 $|x^*-x_k|$ 足够小. 实际计算中, 在有解的条件下通常用 $|x_{k+1}-x_k|<\varepsilon$ 来控制迭代是否结束.

(3) 若在一个含根区间 $(a,\ b)$ 内, 对一切 x 都有 $|\varphi'(x)|\geqslant 1$, 则迭代公式发散, 因为当 $x_k\in(a,\ b)$ 时, 有 $|x_{k+1}-x^*|\geqslant|x_k-x^*|$, 误差并不会缩小 (也会破坏定理条件 (1)).

例 2.2　已知方程 $x^3-x-1=0$, 给出下列三种迭代方程:

(1) $x=x^3-1$;　(2) $x=\dfrac{2x+1}{x^2+1}$;　(3) $x=\sqrt[3]{x+1}$.

对区间 $(1,2)$ 内的任意初值, 简单迭代法是否收敛? 若收敛, 对 $\varepsilon=10^{-3}$ 及区间 $(1,2)$ 内的任意初值 x_0, 估计迭代次数.

解　(1) 令 $\varphi(x)=x^3-1$, 则 $\varphi'(x)=3x^2$, 所以

$$|\varphi'(x)|=3x^2>3>1,\quad x\in(1,\ 2),$$

故此迭代方程不收敛.

(2) $\varphi(x)=\dfrac{2x+1}{x^2+1}$, 则 $\varphi'(x)=-\dfrac{2(x^2+x-1)}{(x^2+1)^2}$. 经计算得

$$|\varphi'(x)|\leqslant 0.6<1,\quad x\in(1,\ 2),$$

故此迭代方程收敛.

由 (2.9) 式, 对任意初值 $x_0\in(1,\ 2)$, 成立

$$|x^*-x_k|\leqslant\frac{0.6^k}{1-0.6}|x_1-x_0|\leqslant\frac{0.6^k}{0.4}\cdot 1,$$

所以, 只要

$$\frac{0.6^k}{0.4}<10^{-3},$$

解得 $k>15.32$, 故求满足精度 $\varepsilon=10^{-3}$ 要求的解, 需至少迭代 16 次.

(3) $\varphi(x)=\sqrt[3]{x+1}$, 则 $\varphi'(x)=\dfrac{1}{3}(x+1)^{-\frac{2}{3}}$. 所以

$$|\varphi'(x)|\leqslant\frac{1}{3}\cdot 2^{-\frac{2}{3}}<\frac{1}{3}<1,\quad x\in(1,\ 2),$$

故此迭代方程收敛.

同理, 当

$$|x^*-x_k|\leqslant\frac{3^{-k}}{1-3^{-1}}|x_1-x_0|<\frac{3^{-k}}{0.6}<10^{-3},$$

解得 $k>6.75$, 这时只需迭代 7 次就可以满足精度要求 $\varepsilon=10^{-3}$ 了.

2.3.3　迭代法的几何意义

把方程 $f(x)=0$ 求根的问题, 化为等价方程 $x=\varphi(x)$, 从而变成求迭代序列 $\{x_k\}$ 的极限, 实际上是把求根问题转化为求两条曲线 $y=x$ 和 $y=\varphi(x)$ 的交点 P^*, P^* 的横坐标 x^* 就是方程 $f(x)=0$ 的根, 见图 2.1.

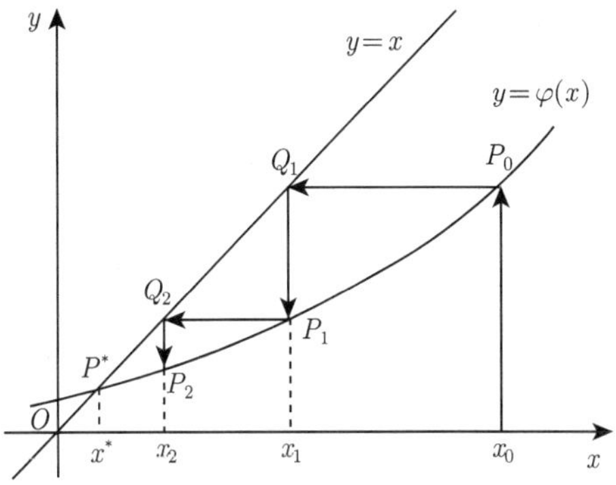

图 2.1　$0 < \varphi'(x) < 1$

迭代公式 (2.5) 是在 x 轴上取初值 x_0, 过 x_0 作 y 轴的平行线交曲线 $y=\varphi(x)$ 于 $P_0(x_0,\varphi(x_0))$, 令 $x_1=\varphi(x_0)$, 即 $P_0(x_0,x_1)$; 再过 P_0 引平行线于 x 轴的直线交 $y=x$ 于 $Q_1(x_1,x_1)$, 过 Q_1 引平行于 y 轴的直线交曲线 $y=\varphi(x)$ 于 $P_1(x_1,x_2)$, 令 $x_2=\varphi(x_1)$, 按图 2.1 中箭头所示的路径继续作下去, 在曲线 $y=\varphi(x)$ 上得到点列

$$P_0(x_0,x_1),P_1(x_1,x_2),P_2(x_2,x_3),\cdots.$$

如果点列 $\{P_k\}$ 趋向于点 P^*, 则迭代序列 $\{x_k\}$ 收敛到所求的根 x^*, 亦即迭代法收敛; 否则迭代法发散, 见图 2.2.

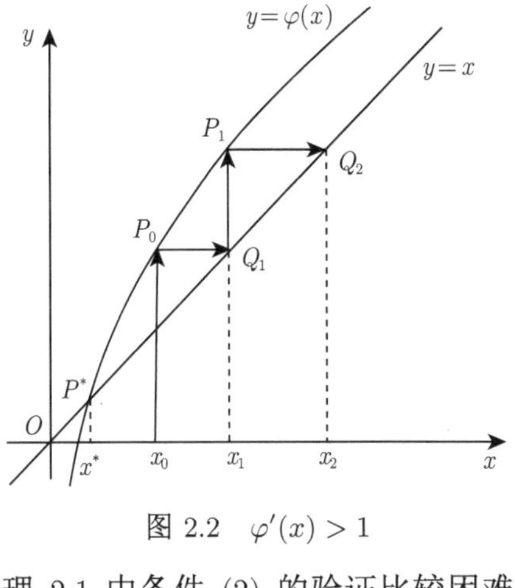

图 2.2　$\varphi'(x) > 1$

在实际应用中, 定理 2.1 中条件 (2) 的验证比较困难, 下面引进局部收敛的概念.

2.3.4　局部收敛性及收敛速度

定义 2.1　对于 $x^*=\varphi(x^*)$, 若存在 x^* 的某邻域 $U(x^*,\delta)$, 迭代公式 $x_{k+1}=\varphi(x_k)$ 对于任意初值 $x_0\in U(x^*,\delta)$ 均收敛于 x^*, 则称迭代法(2.5)在 x^* 处**局部收敛**.

定理 2.2　设 x^* 是迭代函数 $\varphi(x)$ 的不动点, $\varphi(x)$ 在 x^* 的某邻域有连续一阶导数, 且有 $|\varphi'(x^*)|<1$, 则迭代法(2.5) 是局部收敛的.

证明　由于 $|\varphi'(x^*)|<1$, 且 $\varphi'(x)$ 在 x^* 的某邻域连续, 由极限的保号性知, 存在 $0<L<1$ 及充分小的邻域 $U(x^*,\delta)$, 使得对任意 $x\in U(x^*,\delta)$, 有

$$|\varphi'(x)|\leqslant L<1.$$

又对任意 $x\in U(x^*,\delta)$, 有

$$|\varphi(x)-x^*|=|\varphi(x)-\varphi(x^*)|=|\varphi'(\xi)(x-x^*)|\leqslant|x-x^*|<\delta,$$

即 $\varphi(x)$ 也落在 $U(x^*,\delta)$ 内, 由定理 2.1 知, 迭代 $x_{k+1}=\varphi(x_k)$ 对于任意初值 $x_0\in U(x^*,\delta)$ 均收敛, 即在 x^* 具有局部收敛性.

例 2.3　求方程 $x\mathrm{e}^x-1=0$ 在 $x=0.5$ 附近的根 $(\varepsilon=10^{-4})$.

解　为求导方便, 方程化为同解方程 $x=\mathrm{e}^{-x}$, 令

$$f(x)=x-\mathrm{e}^{-x},$$

由于 $f(0.5)\approx-0.1065<0$, $f(0.6)\approx0.0512>0$, 故所求的根在区间 $(0.5, 0.6)$ 内, 又

$$|(\mathrm{e}^{-x})'|\leqslant\mathrm{e}^{-0.5}<0.61<1,$$

因此, 迭代公式 $x_{k+1}=\mathrm{e}^{-x_k}$ 必收敛, 其迭代结果见表 2.2.

表 2.2　不动点迭代法计算结果

k	x_k	x_k-x_{k-1}	k	x_k	x_k-x_{k-1}
0	0.5		6	0.56486	−0.00631
1	0.60653	0.10653	7	0.56844	0.00358
2	0.54524	−0.06129	8	0.56641	−0.00203
3	0.57970	0.03446	9	0.56756	0.00115
4	0.56007	−0.01963	10	0.56691	−0.00065
5	0.57117	0.01110	11	···	···

由表 2.2 知, $x^*\approx x_{10}\approx0.56691$ 为方程 $x\mathrm{e}^x=1$ 满足精度要求的根.

由于在实际应用中, x^* 事先并不知道, 故条件 $|\varphi'(x^*)|<1$ 无法验证, 若已知初值 x_0 在 x^* 的邻近, 又根据 $\varphi'(x)$ 的连续性, 则可采用条件 $|\varphi'(x_0)|<1$ 来代替 $|\varphi'(x^*)|<1$.

一种迭代法要具有实用价值, 不但要求是收敛的, 还要求收敛得比较快. 下面引进迭代法收敛阶的概念.

定义 2.2 设迭代过程 $x_{k+1}=\varphi(x_k)$ 收敛于方程 $x=\varphi(x)$ 的根 x^*, 记迭代误差为 $e_k=x^*-x_k$, 若存在常数 $p(\geqslant 1)$ 和非零常数 c, 使得

$$\lim_{k\to\infty}\frac{e_{k+1}}{e_k^p}=c,$$

则称迭代 $x_{k+1}=\varphi(x_k)$ 是 p **阶收敛**的或 p 阶方法. 特别地, 当 $p=1$ 时称为**线性收敛**, 当 $p>1$ 时称为**超线性收敛**, 当 $p=2$ 时称为**平方收敛**.

定理 2.3 设函数 $\varphi(x)$ 在其不动点 x^* 邻近有连续的二阶导数, 且 $|\varphi'(x^*)|<1$, 则有

(1) 当 $\varphi'(x^*)\neq 0$ 时, 迭代 $x_{k+1}=\varphi(x_k)$ 是线性收敛的;

(2) 当 $\varphi'(x^*)=0$, $\varphi''(x^*)\neq 0$ 时, 迭代 $x_{k+1}=\varphi(x_k)$ 是平方收敛的.

证明 由 $|\varphi'(x^*)|<1$ 知, 迭代 $x_{k+1}=\varphi(x_k)$ 具有局部收敛性.

(1) $x^*-x_{k+1}=\varphi(x^*)-\varphi(x_k)=\varphi'(\xi)(x^*-x_k)$, 其中, ξ 介于 x_k 与 x^* 之间, 上式即

$$\frac{e_{k+1}}{e_k}=\varphi'(\xi),$$

取极限有

$$\lim_{k\to\infty}\frac{e_{k+1}}{e_k}=\varphi'(x^*),$$

所以, 当 $\varphi'(x^*)\neq 0$ 时, 迭代 $x_{k+1}=\varphi(x_k)$ 是线性收敛的.

(2) 当 $\varphi'(x^*)=0$, $\varphi''(x^*)\neq 0$ 时, $\varphi(x_k)$ 在 x^* 处泰勒 (Taylor) 展开,

$$\varphi(x_k)=\varphi(x^*)+\varphi'(x^*)(x_k-x^*)+\frac{\varphi''(\eta)}{2!}(x_k-x^*)^2,$$

其中, η 介于 x_k 与 x^* 之间, 整理得 $x_{k+1}=x^*+\dfrac{\varphi''(\eta)}{2!}(x_k-x^*)^2$, 即

$$\frac{e_{k+1}}{e_k^2}=\frac{\varphi''(\eta)}{2}\to\frac{\varphi''(x^*)}{2}\neq 0\quad(k\to\infty),$$

故迭代 $x_{k+1}=\varphi(x_k)$ 是平方收敛的.

根据定理 2.3, 可以验证例 2.3 的迭代法为线性收敛的.

2.3.5 艾特肯加速方法与斯特芬森迭代法

对于收敛的迭代过程, 只要迭代次数足够多, 就可以使迭代结果达到满意的精度要求, 但有时迭代过程收敛缓慢, 增大了计算量, 因此很有必要探讨迭代法的加速问题. 下面介绍在实际计算中常用的具有加速收敛效果的艾特肯 (Aitken) 加速方法.

设 x_k 为方程 (2.1) 的一个近似根, 用迭代公式 (2.5) 计算一次得 $\tilde{x}_{k+1}=\varphi(x_k)$, x^* 为方程 (2.1) 的一个实根, 即 $x^*=\varphi(x^*)$, 由拉格朗日 (Lagrange) 中值定理得

$$\tilde{x}_{k+1}-x^*=\varphi(x_k)-\varphi(x^*)=\varphi'(\xi)(x_k-x^*),$$

其中, ξ 介于 x^* 与 x_k 之间.

假定 $\varphi'(x)$ 在求根区间内改变不大, 可取某个定值 L 近似地代替 $\varphi'(x)$, 则

$$\tilde{x}_{k+1}-x^*\approx L(x_k-x^*), \tag{2.11}$$

将迭代值 $\tilde{x}_{k+1}=\varphi(x_k)$ 再迭代一次, 记为 $\bar{x}_{k+1}=\varphi(\tilde{x}_{k+1})$, 则

$$\bar{x}_{k+1}-x^*=\varphi(\tilde{x}_{k+1})-\varphi(x^*)\approx L(\tilde{x}_{k+1}-x^*), \tag{2.12}$$

将 (2.11) 式与 (2.12) 式联立消去 L, 得

$$\frac{\tilde{x}_{k+1}-x^*}{\bar{x}_{k+1}-x^*}\approx\frac{x_k-x^*}{\tilde{x}_{k+1}-x^*},$$

解得

$$x^*\approx\frac{x_k\bar{x}_{k+1}-\tilde{x}_{k+1}^2}{x_k-2\tilde{x}_{k+1}+\bar{x}_{k+1}}=\bar{x}_{k+1}-\frac{(\bar{x}_{k+1}-\tilde{x}_{k+1})^2}{\bar{x}_{k+1}-2\tilde{x}_{k+1}+x_k}, \tag{2.13}$$

公式 (2.13) 可产生 x^* 的近似序列, 称为艾特肯加速方法. 由此得迭代公式

$$\begin{cases}\text{迭代} & \tilde{x}_{k+1}=\varphi(x_k),\ \bar{x}_{k+1}=\varphi(\tilde{x}_{k+1}),\\ \text{改进} & x_{k+1}=\bar{x}_{k+1}-\dfrac{(\bar{x}_{k+1}-\tilde{x}_{k+1})^2}{\bar{x}_{k+1}-2\tilde{x}_{k+1}+x_k}.\end{cases} \tag{2.14}$$

这种迭代法称为斯特芬森 (Steffensen) 迭代法. 公式中不含导数信息, 但它需要对两次迭代的值进行加工.

例 2.4　本节例 2.2 的迭代函数 $\varphi(x)=x^3-1$, 用斯特芬森迭代法求 $x^3-x-1=0$ 在 $(1,1.5)$ 内的根.

解　原迭代公式为

$$x_{k+1}=x_k^3-1,\quad k=0,1,2,\cdots, \tag{2.15}$$

由例 2.2 知, 迭代公式 (2.15) 是发散的.

由式 (2.14), 斯特芬森迭代法的计算公式为

$$\begin{cases}\tilde{x}_{k+1}=x_k^3-1,\ \bar{x}_{k+1}=\tilde{x}_{k+1}^3-1,\\ x_{k+1}=\bar{x}_{k+1}-\dfrac{(\bar{x}_{k+1}-\tilde{x}_{k+1})^2}{\bar{x}_{k+1}-2\tilde{x}_{k+1}+x_k},\end{cases}$$

取 $x_0=1.5$, 计算得

$$\tilde{x}_1=x_0^3-1=2.37500,\quad \bar{x}_1=\tilde{x}_1^3-1=12.3965,$$

求得 $x_1=\bar{x}_1-\dfrac{(\bar{x}_1-\tilde{x}_1)^2}{\bar{x}_1-2\tilde{x}_1+x_0}=1.41629.$

类似可求 x_2, $x_3,\cdots$, 计算结果见表 2.3.

经 5 步计算:

$$|x_5 - x_4| = |1.32472 - 1.32480| = 0.00008,$$

故可取 $x^* \approx x_5 \approx 1.32472$.

表 2.3 斯特芬森迭代法计算结果

k	$\tilde{x}_k$	$\bar{x}_k$	x_k
0			1.5
1	2.37500	12.3965	1.41629
2	1.84092	5.23888	1.35565
3	1.49140	2.31728	1.32895
4	1.34710	1.44435	1.32480
5	1.32518	1.32714	1.32472

这个例子说明, 一个不收敛的迭代格式用艾特肯加速法后成为收敛的迭代方法, 确实起到了"加速"收敛的作用.

2.4 牛顿迭代法

2.3 节学习了求解非线性方程根的迭代法, 对一般方程并未给出具体的迭代公式, 本节将学习求解非线性方程近似根的一种重要方法 —— 牛顿迭代法.

2.4.1 牛顿迭代法

用迭代法求方程 $f(x)=0$ 的根, 首先要把其化为等价形式 $x=\varphi(x)$, 迭代函数 $\varphi(x)$ 选择得好坏, 不仅影响到迭代序列收敛与否, 而且影响到收敛速度. 构造迭代函数的一条重要途径是用近似方程代替原方程去求根.

牛顿迭代法的基本思想就是把非线性方程"线性化", 用线性方程的解逐步逼近非线性方程的解. 假定 $f(x)$ 的高阶导数存在, x_k 是方程 $f(x)=0$ 的近似根, 把函数 $f(x)$ 在 x_k 处进行泰勒展开, 有

牛顿迭代法

$$f(x) = f(x_k) + f'(x_k)(x-x_k) + \frac{f''(x_k)}{2!}(x-x_k)^2 + \cdots,$$

舍去高次项, 即取

$$f(x) \approx f(x_k) + f'(x_k)(x-x_k),$$

得到近似方程

$$f(x_k) + f'(x_k)(x-x_k) \approx 0,$$

称为 $f(x)=0$ 的线性方程.

若 $f'(x_k)\neq 0$, 并记其解为 x_{k+1}, 则有

$$x_{k+1}=x_k-\frac{f(x_k)}{f'(x_k)},\quad k=0,1,2,\cdots, \tag{2.16}$$

按迭代公式 (2.16) 求方程 $f(x)=0$ 近似根的方法称为**牛顿迭代法**, 公式 (2.16) 称为牛顿迭代公式.

牛顿迭代法的几何意义: 如图 2.3 所示, x_{k+1} 是曲线 $y=f(x)$ 在点 $p_k(x_k, f(x_k))$ 处的切线与 x 轴的交点的横坐标, 所以, 基于这一几何背景, 牛顿迭代法亦称牛顿切线法.

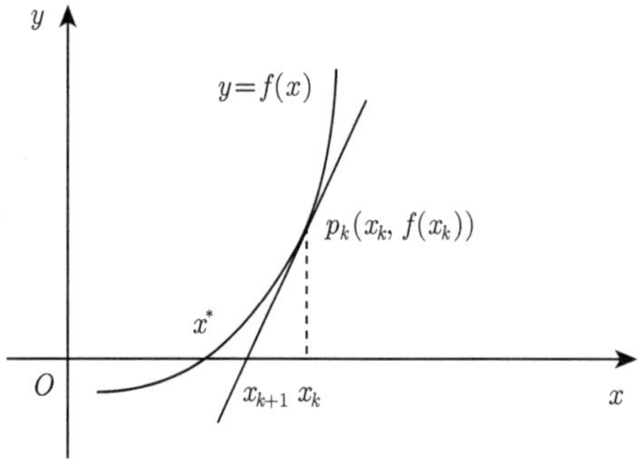

图 2.3　牛顿迭代法

例 2.5　用牛顿迭代法再解例 2.3, 即求方程 $xe^x-1=0$ 在 $x=0.5$ 附近的根.

解　这里 $f(x)=xe^x-1, f'(x)=e^x+xe^x$, 其牛顿迭代公式为

$$x_{k+1}=x_k-\frac{x_k e^{x_k}-1}{e^{x_k}+x_k e^{x_k}}=x_k-\frac{x_k-e^{-x_k}}{1+x_k},$$

取 $x_0=0.5$, 迭代结果见表 2.4, 易见 $|x_3-x_2|=0.00002<10^{-3}$, 故有 $x^*\approx x_3\approx 0.567$.

通过三次迭代就得到了较为满意的结果. 与例 2.3 比较, 可以看出牛顿迭代法的收敛速度较快.

表 2.4　牛顿迭代法计算结果

k	0	1	2	3
x_k	0.5	0.5712	0.56716	0.56714

例 2.6　用牛顿迭代法计算平方根 $\sqrt{c}(c>0)$.

解　令 $f(x)=x^2-c$, 则 $f(x)=0$ 的正根是 $\sqrt{c}$. 因为 $f'(x)=2x$, 其牛顿迭代公式为

$$x_{k+1} = x_k - \frac{x_k^2 - c}{2x_k} = \frac{1}{2}\left(x_k + \frac{c}{x_k}\right), \quad k = 0, 1, 2, \cdots,$$

所以

$$x_{k+1} - \sqrt{c} = \frac{1}{2x_k}(x_k^2 - 2x_k\sqrt{c} + c) = \frac{1}{2x_k}(x_k - \sqrt{c})^2,$$

故对任意的 $x_0 > 0(x_0 \neq \sqrt{c})$, 均有 $x_k > \sqrt{c}$ $(k = 0, 1, 2, \cdots)$, 又有

$$x_{k+1} - x_k = \frac{1}{2x_k}(c - {x_k}^2) < 0,$$

因此, 迭代序列 $\{x_k\}$ 是有下界的单调递减序列, 从而有极限, 不妨也记为 x^*. 对迭代公式两边取极限有 $x^* = \frac{1}{2}\left(x^* + \frac{c}{x^*}\right)$, 这说明只要取 $x_0 > 0(x_0 \neq \sqrt{c})$, 牛顿迭代公式均收敛于 $\sqrt{c}$.

这个迭代公式的意义还在于通过加法和乘除法实现了开方运算.

2.4.2 牛顿迭代法的局部收敛性

现在考察牛顿迭代法的收敛性及收敛速度, 给出定理.

定理 2.4 设函数 $f(x)$ 在其零点 x^* 的某邻域 $U(x^*, \delta)$ 内 $f'(x) \neq 0$ 且 $f''(x)$ 连续, 则存在 x^* 的某邻域 $U(x^*, \delta_0)$, 对 $\forall x_0 \in U(x^*, \delta_0)$, 牛顿迭代法(2.16)均收敛且至少为平方收敛的.

证明 牛顿迭代法的迭代函数为

$$\varphi(x) = x - \frac{f(x)}{f'(x)},$$

由于

$$\varphi'(x) = \frac{f''(x)}{[f'(x)]^2} f(x),$$

所以

$$|\varphi'(x^*)| = \frac{|f''(x^*)|}{[f'(x^*)]^2} |f(x^*)| = 0,$$

并由 $f''(x)$ 连续知, $\varphi'(x)$ 在 $U(x^*, \delta)$ 内连续, 故对某正数 $L < 1$, 存在 x^* 的某邻域 $U(x^*, \delta_0)$, 使得当 $x \in U(x^*, \delta_0)$ 时, $|\varphi'(x)| \leqslant L < 1$, 故牛顿迭代法是局部收敛的.

再者, 把函数 $f(x)$ 在 x_k 处泰勒展开, 有

$$f(x) = f(x_k) + f'(x_k)(x - x_k) + \frac{f''(\xi)}{2!}(x - x_k)^2, \quad \xi \in (x, x_k) \text{ 或 } \xi \in (x_k, x).$$

令 $x=x^*$, 有

$$0=f(x_k)+f'(x_k)(x^*-x_k)+\frac{f''(\xi)}{2!}(x^*-x_k)^2,$$

则

$$0=x^*-x_k+\frac{f(x_k)}{f'(x_k)}+\frac{f''(\xi)}{2!f'(x_k)}(x^*-x_k)^2,$$

即

$$\frac{e_{k+1}}{e_k^2}=-\frac{f''(\xi)}{2!f'(x_k)},$$

所以

$$\lim_{k\to\infty}\frac{e_{k+1}}{e_k^2}=\lim_{k\to\infty}\left(-\frac{f''(\xi)}{2!f'(x_k)}\right)=-\frac{f''(x^*)}{2!f'(x^*)},$$

故若 $f''(x^*)\neq 0$, 则牛顿迭代法是平方收敛的, 否则是 2 阶以上收敛的.

2.4.3 牛顿下山法

由于牛顿迭代法是局部收敛的, 即收敛性依赖于初值 x_0 的选取, 如果 x_0 偏离 x^* 较远, 则牛顿迭代法可能发散. 为了防止发散, 通常对迭代过程再附加一项要求, 即保证函数值单调下降, 即

$$|f(x_{k+1})|<|f(x_k)|, \tag{2.17}$$

满足这种要求的算法称为牛顿下山法.

牛顿下山法采用以下迭代公式:

$$x_{k+1}=x_k-\lambda\frac{f(x_k)}{f'(x_k)}, \tag{2.18}$$

其中, $0<\lambda\leqslant 1$ 称为下山因子.

下山因子 λ 的选取是个逐步探索的过程, 最初可选取 $\lambda=1$, 反复将因子 λ 的值折半进行试算, 直到满足单调条件 (2.17), 则称下山成功, 否则另选初值 x_0.

例 2.7 分别用牛顿迭代法和牛顿下山法求方程 $x^3-x-1=0$ 在 $x=1.5$ 附近的近似根.

解 (1) 方程 $x^3-x-1=0$ 的牛顿迭代公式为

$$x_{k+1}=x_k-\frac{x_k^3-x_k-1}{3x_k^2-1}.$$

对初值 x_0 分别取 1.5, 0.6 , 其计算结果见表 2.5, 从表中不难看出初值的选取对迭代结果多么重要.

表 2.5 牛顿迭代法计算结果

k	0	1	2	3	4	5	6	7
x_k	1.5	1.347826	1.3252	1.324718	1.324718	1.324718	1.324718	1.324718
x_k	0.6	17.9	11.9468	7.98552	5.356909	3.624996	2.505589	1.820129

(2) 方程 $x^3-x-1=0$ 的牛顿下山法迭代公式为

$$x_{k+1}=x_k-\lambda\frac{x_k^3-x_k-1}{3x_k^2-1}.$$

对初值 $x_0=0.6$, λ 分别取 $\frac{1}{2},\frac{1}{4},\frac{1}{16}$, 当迭代分别到第 10, 8, 5 次时就能得到满意的结果, $\lambda=\frac{1}{16}$ 时迭代过程见表 2.6, 牛顿下山法显然起到了加速收敛的作用.

表 2.6 牛顿下山法迭代结果

k	0	1	2	3	4	5
λ		$\frac{1}{16}$	1	1	1	1
x_k	0.6	1.68125	1.404375	1.330052	1.324744	1.324718

2.4.4 求方程 m 重根的牛顿迭代法

前面的讨论均是针对点 x^* 是方程 $f(x)=0$ 的单根情况, 下面讨论方程有 m 重根的牛顿迭代法.

设 x^* 是方程 $f(x)=0$ 的 $m(\geqslant 2)$ 重根, $f(x)$ 在 x^* 的某邻域内有 m 阶连续导数, 这时

$$f(x^*)=f'(x^*)=f''(x^*)=\cdots=f^{(m-1)}(x^*)=0,\quad f^{(m)}(x^*)\neq 0.$$

由泰勒公式, 得

$$f(x)=\frac{f^{(m)}(\xi_1)}{m!}(x-x^*)^m,$$

$$f'(x)=\frac{f^{(m)}(\xi_2)}{(m-1)!}(x-x^*)^{m-1},$$

$$f''(x)=\frac{f^{(m)}(\xi_3)}{(m-2)!}(x-x^*)^{m-2},$$

其中, ξ_1,ξ_2,ξ_3 都在 x 与 x^* 之间. 由牛顿迭代函数 $\varphi(x)=x-\frac{f(x)}{f'(x)}$, 可得

$$\varphi(x^*) = \lim_{x\to x^*}\varphi(x) = \lim_{x\to x^*}\left[x - \frac{(x-x^*)f^{(m)}(\xi_1)}{mf^{(m)}(\xi_2)}\right] = x^*,$$

$$\begin{aligned}\varphi'(x^*) &= \lim_{x\to x^*}\varphi'(x) = \lim_{x\to x^*}\frac{f(x)f''(x)}{[f'(x)]^2}\\ &= \lim_{x\to x^*}\left[\frac{(m-1)f^{(m)}(\xi_1)f^{(m)}(\xi_3)}{m[f^{(m)}(\xi_2)]^2}\right] = 1-\frac{1}{m},\end{aligned}$$

由此可见, 方程 $f(x)=0$ 的 m 重根 x^* 仍然是其等价方程 $x=\varphi(x)$ 的根. 由上式知

$$\varphi'(x^*) = 1-\frac{1}{m} < 1,$$

所以, 只要取初值 x_0 与 x^* 充分靠近, 由牛顿迭代公式 (2.16) 产生的迭代序列一定收敛于 x^*, 收敛速度为线性的.

如果要提高收敛速度, 同样可采用改进的牛顿法 —— 牛顿下山法进行计算.

牛顿迭代法也可用来求方程的复根 $x^* = u^* + \mathrm{i}v^*$ (如果有复根的话), 这时初值应取 $x_0 = u_0 + \mathrm{i}v_0$, 并在迭代过程中采用复数运算即可.

2.5 弦截法与抛物线法

牛顿迭代法尽管具有平方的局部收敛性, 但存在一个明显缺点, 那就是每一个 k 都要计算一次导数值 $f'(x_k)$, 工作量比较大. 若函数 $f(x)$ 比较复杂, 则使用牛顿迭代法就大为不便, 因此构造既有较高的收敛速度, 又不含 $f(x)$ 的导数的迭代公式是十分必要的.

2.5.1 弦截法

设 x_{k-1}, x_k 为方程 $f(x)=0$ 的两个近似根. 为避免导数的计算, 用平均变化率

$$\frac{f(x_k)-f(x_{k-1})}{x_k - x_{k-1}} \tag{2.19}$$

代替牛顿迭代公式 (2.16) 中的导数 $f'(x_k)$, 从而得到迭代公式

$$x_{k+1} = x_k - \frac{f(x_k)}{f(x_k)-f(x_{k-1})}(x_k - x_{k-1}), \quad k=1,2,\cdots, \tag{2.20}$$

迭代公式 (2.20) 称为**弦截法**.

弦截法的几何意义: 用弦的斜率 (2.19) 代替切线斜率 $f'(x_k)$, 所以弦截法又称**割线法**. 如图 2.4 所示, 曲线 $y=f(x)$ 上横坐标为 x_{k-1}, x_k 的点分别记为 P_{k-1} 和 P_k , 则 (2.19) 表示弦 $\overline{P_{k-1}P_k}$ 的斜率, 弦 $\overline{P_{k-1}P_k}$ 的方程为

$$y = f(x_k) + \frac{f(x_k) - f(x_{k-1})}{x_k - x_{k-1}}(x - x_k).$$

因此, 按式 (2.20) 求得的 x_{k+1} 实际上是弦 $\overline{P_{k-1}P_k}$ 与 x 轴交点的横坐标, 弦截法也因此而得名.

可以证明, 弦截法的收敛速度为 1.618, 比牛顿迭代法要慢, 但两者有本质的区别. 牛顿迭代法与一般迭代法在计算 x_{k+1} 时只用到前一步 x_k 的值, 故称这种迭代法为**单点迭代法**; 而弦截法在计算 x_{k+1} 时要用到前两步 x_{k-1} 和 x_k 的值, 因此, 使用弦截法必须给出两个初始近似值 x_0, x_1, 故这种方法又称为**多点迭代法**.

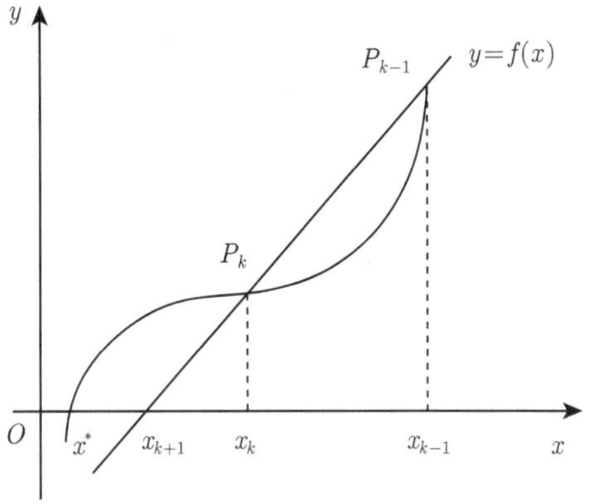

图 2.4 弦截法

例 2.8 *用弦截法再求方程 $xe^x - 1 = 0$ 在 $x = 0.5$ 附近的根.*

解 取 $x_0 = 0.5, x_1 = 0.6$ 作为初始近似根, 令

$$f(x) = x - e^{-x} = 0,$$

利用公式 (2.20) 得到弦截法迭代公式为

$$x_{k+1} = x_k - \frac{x_k - e^{-x_k}}{(x_k - x_{k-1}) - (e^{-x_k} - e^{-x_{k-1}})}(x_k - x_{k-1}),$$

计算结果见表 2.7, 易见 $x_3 \approx 0.567$ 为满足精度要求的近似根.

表 2.7 弦截法计算结果

k	0	1	2	3
x_k	0.5	0.6	0.56754	0.56715

2.5.2 抛物线

弦截法是过曲线 $y = f(x)$ 上横坐标为 x_{k-1} 和 x_k 的直线与 x 轴交点的横坐

标作为 x_{k+1}, 而抛物线法则是过曲线上三点作抛物线, 抛物线与 x 轴交点的横坐标作为 x_{k+1}. 抛物线法又称**米勒**(Müller)**法**, 简述如下.

设方程 $f(x)=0$ 解的三个近似值分别是 x_k, x_{k-1}, x_{k-2}, 以它们为节点构造二次插值多项式, 并适当选取其零点作为方程新的近似解, 如图 2.5 所示.

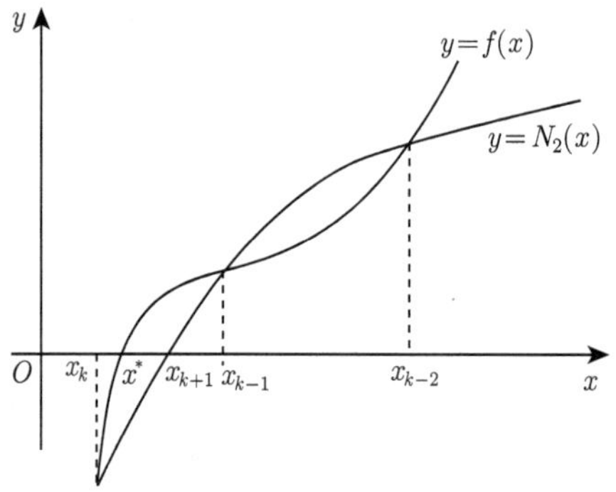

图 2.5　抛物线法

由曲线 $y=f(x)$ 上三点 $(x_k, f(x_k)), (x_{k-1}, f(x_{k-1})), (x_{k-2}, f(x_{k-2}))$ 构造抛物线函数 (牛顿插值多项式)$N_2(x)$, 有

$$N_2(x)=f(x_k)+f[x_k,x_{k-1}](x-x_k)+f[x_k,x_{k-1},x_{k-2}](x-x_k)(x-x_{k-1}),$$

令

$$\begin{cases} a_k=f[x_k,x_{k-1},x_{k-2}], \\ b_k=f[x_k,x_{k-1}]+f[x_k,x_{k-1},x_{k-2}](x_k-x_{k-1}), \\ c_k=f(x_k), \end{cases}$$

则

$$N_2(x)=a_k(x-x_k)^2+b_k(x-x_k)+c_k,$$

其零点为

$$x=x_k+\frac{-b_k\pm\sqrt{b_k^2-4a_kc_k}}{2a_k}=x_k-\frac{2c_k}{b_k\pm\sqrt{b_k^2-4a_kc_k}},$$

在 x_{k-2}, x_{k-1}, x_k 三个近似解中, 假定 x_k 更接近 x^*, 故新的近似解应在 x_k 邻近, 即 $|x-x_k|$ 较小, 于是得抛物线计算公式

$$x_{k+1}=x_k-\frac{2c_k\mathrm{sgn}(b_k)}{|b_k|+\sqrt{b_k^2-4a_kc_k}}. \tag{2.21}$$

可以证明, 当 $f(x)$ 在其零点 x^* 某邻域有三阶连续导数, 且初值 x_0, x_1, x_2 接近 x^* 时, 抛物线法迭代公式 (2.21) 是收敛的; 若 x^* 是方程 $f(x)=0$ 的单根, 收敛阶是 1.84 .

尽管抛物线法公式比较复杂, 但由于其对初值要求相对较低, 所以, 在实际问题中, 如果初值不太好确定, 抛物线法是个不错的选择.

2.6 非线性方程组的迭代解法

前面讨论了非线性方程的解法, 但在实际应用中遇到的往往是非线性方程组的求解问题, 本节对非线性方程组解的问题进行简单介绍.

2.6.1 一般概念

非线性方程组一般可表示为

$$\begin{cases} f_1(x_1, x_2, \cdots, x_n) = 0, \\ f_2(x_1, x_2, \cdots, x_n) = 0, \\ \qquad \cdots\cdots \\ f_n(x_1, x_2, \cdots, x_n) = 0, \end{cases} \tag{2.22}$$

其中, $f_i(x_1, x_2, \cdots, x_n) = 0 (i = 1, 2, \cdots, n)$ 是定义在域 $D \subset \mathbb{R}^n$ 上的 $n(\geqslant 2)$ 元实值函数, 且至少有一个是非线性的. 为了讨论方便, 引进向量记号.

令

$$\boldsymbol{X} = (x_1, x_2, \cdots, x_n)^{\mathrm{T}}, \quad \boldsymbol{F}(\boldsymbol{X}) = (f_1(\boldsymbol{X}), f_2(\boldsymbol{X}), \cdots, f_n(\boldsymbol{X}))^{\mathrm{T}}, \quad \mathbf{0} = (0, 0, \cdots, 0)^{\mathrm{T}},$$

则非线性方程组 (2.22) 可写为

$$\boldsymbol{F}(\boldsymbol{X}) = \mathbf{0}, \tag{2.23}$$

这里 $\boldsymbol{F}(\boldsymbol{X})$ 是定义在某域 $D \subset \mathbb{R}^n$ 上的向量函数. 如果存在 $\boldsymbol{X}^* \in D$, 使得 $\boldsymbol{F}(\boldsymbol{X}^*) = \mathbf{0}$, 则称 $\boldsymbol{X}^*$ 是非线性方程组 (2.23) 的解.

对于一般的非线性方程组 (2.23), 求解方法比单个方程要困难得多. 类似于单个非线性方程的求解, 首先把方程组 (2.23) 化为等价的便于迭代的方程组

$$\begin{cases} x_1 = \varphi_1(x_1, x_2, \cdots, x_n), \\ x_2 = \varphi_2(x_1, x_2, \cdots, x_n), \\ \qquad \cdots\cdots \\ x_n = \varphi_n(x_1, x_2, \cdots, x_n), \end{cases} \tag{2.24}$$

其向量形式为

$$\boldsymbol{X} = \boldsymbol{\Phi}(\boldsymbol{X}), \tag{2.25}$$

其中, $\boldsymbol{\Phi}(\boldsymbol{X})=(\varphi_1(\boldsymbol{X}),\varphi_2(\boldsymbol{X}),\cdots,\varphi_n(\boldsymbol{X}))^{\mathrm{T}}$.

选取初值 $\boldsymbol{X}^{(0)}=(x_1^{(0)},x_2^{(0)},\cdots,x_n^{(0)})^{\mathrm{T}}\in D$, 构造向量序列 $\{\boldsymbol{X}^{(k)}\}$:

$$\boldsymbol{X}^{(k+1)}=\boldsymbol{\Phi}(\boldsymbol{X}^{(k)}),\quad k=0,1,2,\cdots. \tag{2.26}$$

类似于定理 2.1, 可得非线性方程组的收敛性定理.

定理 2.5 设 $D\subset\mathbb{R}^n$ 是 n 维空间的长方体, $\boldsymbol{\Phi}(\boldsymbol{X})$ 在 D 上有连续的一阶偏导数, 如果

(1) 任意 $\boldsymbol{X}\in D$, 总有 $\boldsymbol{\Phi}(\boldsymbol{X})\in D$;

(2) 对每个 $\varphi_i(x_1,x_2,\cdots,x_n)(i=1,2,\cdots,n)$ 存在正数 $L<1$, 使得对任意 $\boldsymbol{X}\in D$ 都有

$$\left|\frac{\partial\varphi_i(\boldsymbol{X})}{\partial x_j}\right|\leqslant\frac{L}{n},\quad i,j=1,2,\cdots,n,$$

则

(a) 方程组 $\boldsymbol{X}=\boldsymbol{\Phi}(\boldsymbol{X})$ 在 D 内有唯一解;

(b) 对 $\forall\boldsymbol{X}^{(0)}=(x_1^{(0)},x_2^{(0)},\cdots,x_n^{(0)})^{\mathrm{T}}\in D$, 迭代公式(2.26)均收敛于方程组的唯一解;

(c) 有误差估计式

$$||\boldsymbol{X}^*-\boldsymbol{X}^{(k)}||_\infty\leqslant\frac{L^k}{1-L}||\boldsymbol{X}^{(1)}-\boldsymbol{X}^{(0)}||_\infty.$$

证明从略.

下面介绍在实践中常用的求解 (2.22) 式的牛顿迭代法.

2.6.2 非线性方程组的牛顿迭代法

像单个方程的牛顿迭代法一样, 对于方程组 (2.23), 将函数 $\boldsymbol{F}(\boldsymbol{X})$ 在某个近似解 $\boldsymbol{X}_k$ 处泰勒展开到一次项, 有

$$\boldsymbol{F}(\boldsymbol{X})\approx\boldsymbol{F}(\boldsymbol{X}_k)+\boldsymbol{F}'(\boldsymbol{X}_k)(\boldsymbol{X}-\boldsymbol{X}_k),$$

其中

$$\boldsymbol{F}'(\boldsymbol{X})=\begin{pmatrix}\dfrac{\partial f_1}{\partial x_1} & \cdots & \dfrac{\partial f_1}{\partial x_n}\\ \vdots & & \vdots\\ \dfrac{\partial f_n}{\partial x_1} & \cdots & \dfrac{\partial f_n}{\partial x_n}\end{pmatrix},$$

称为雅可比 (Jacobi) 矩阵, 通常记为 $\boldsymbol{J}(\boldsymbol{X})$.

令 $\boldsymbol{F}(\boldsymbol{X})$ 在 $\boldsymbol{X}_k$ 处的一阶泰勒展开式等于零, 得 (2.23) 的近似方程组

$$\boldsymbol{F}(\boldsymbol{X}_k)+\boldsymbol{J}(\boldsymbol{X}_k)(\boldsymbol{X}-\boldsymbol{X}_k)=\boldsymbol{0},$$

假定 $|\boldsymbol{J}(\boldsymbol{X}_k)| \neq 0$, 从而得非线性方程组的牛顿迭代公式

$$\boldsymbol{X}_{k+1} = \boldsymbol{X}_k - \frac{\boldsymbol{F}(\boldsymbol{X}_k)}{\boldsymbol{F}'(\boldsymbol{X}_k)} = \boldsymbol{X}_k - (\boldsymbol{J}^{-1}(\boldsymbol{X}_k))\boldsymbol{F}(\boldsymbol{X}_k).$$

同单个方程的牛顿迭代法一样, 也有收敛性定理, 此处略.

例 2.9 用牛顿迭代法求方程组 $\begin{cases} f_1(x,y) = x^2 + y^2 - 4 = 0, \\ f_2(x,y) = 2x - y + 1 = 0 \end{cases}$ 在点 $(0,2)$ 附近的根.

解 计算雅可比矩阵

$$\boldsymbol{J}(\boldsymbol{X}) = \begin{pmatrix} \dfrac{\partial f_1}{\partial x} & \dfrac{\partial f_1}{\partial y} \\ \dfrac{\partial f_2}{\partial x} & \dfrac{\partial f_2}{\partial y} \end{pmatrix} = \begin{pmatrix} 2x & 2y \\ 2 & -1 \end{pmatrix},$$

$$\boldsymbol{J}^{-1}(\boldsymbol{X}) = \frac{1}{|\boldsymbol{J}(\boldsymbol{X})|} \begin{pmatrix} \dfrac{\partial f_2}{\partial y} & -\dfrac{\partial f_1}{\partial y} \\ -\dfrac{\partial f_2}{\partial x} & \dfrac{\partial f_1}{\partial x} \end{pmatrix} = \frac{1}{-2x-4y} \begin{pmatrix} -1 & -2y \\ -2 & 2x \end{pmatrix},$$

其牛顿迭代公式为

$$\begin{aligned} \begin{pmatrix} x_{k+1} \\ y_{k+1} \end{pmatrix} &= \begin{pmatrix} x_k \\ y_k \end{pmatrix} - \frac{1}{-2x_k - 4y_k} \begin{pmatrix} -1 & -2y_k \\ -2 & 2x_k \end{pmatrix} \cdot \begin{pmatrix} x_k^2 + y_k^2 - 4 \\ 2x_k - y_k + 1 \end{pmatrix} \\ &= \begin{pmatrix} x_k \\ y_k \end{pmatrix} + \frac{1}{2x_k + 4y_k} \begin{pmatrix} -x_k^2 + y_k^2 - 4x_k y_k - 2y_k + 4 \\ 2x_k^2 - 2y_k^2 - 2x_k y_k + 2x_k + 8 \end{pmatrix}, \end{aligned}$$

对初值 $\boldsymbol{X}_0 = (x_0, y_0)^{\mathrm{T}} = (0,\ 2)^{\mathrm{T}}$, 计算结果见表 2.8.

表 2.8 非线性方程组迭代结果

k	0	1	2	3	4
x_k	0	0.5	0.4722222	0.4717799	0.4717798
y_k	2	2	1.9444444	1.9435598	1.9435596

从表 2.8 结果知, (x_4, y_4) 已非常接近精确值.

事实上, 若令 $\delta_x = |x_{k+1} - x_k|$, $\delta_y = |y_{k+1} - y_k|$, 此时相邻点 (x_4, y_4) 和 (x_3, y_3) 的 $\max(\delta_x, \delta_y) = 2 \times 10^{-7}$ 已相当小.

2.7 小结与 MATLAB 应用

2.7.1 本章小结

本章学习了非线性方程 $f(x)=0$ 求根的多种方法. 二分法对函数性质要求较低且计算简单, 其缺点是收敛速度较慢, 不能求偶数重根和复根等; 2.3 节讲解了迭代法及其收敛性和局部收敛性概念与判定方法, 重点学习了行之有效的牛顿迭代法, 该方法在单根的附近具有较高的收敛速度, 应用的难点在于初值的选取, 如果初值选择不当, 则牛顿迭代法可能发散. 为此, 我们又学习了可以提高收敛速度的牛顿下山法, 其困难在于下山因子的选取, 有时需要多次试算才能确定. 牛顿迭代法虽然具有较高的收敛速度, 并且能够用来求方程的偶数重根或复根, 但是其也存在明显不足: 要求导函数 $f'(x)$ 存在且不为零, 对复杂函数 $f(x)$ 的导函数 $f'(x)$ 也难以求解和计算. 2.5 节学习了弦截法和抛物线法, 它们的迭代公式虽然形式复杂, 但不含导函数, 而在初值的选择上, 抛物线法的要求也相对较低, 所以在实际问题中, 当初值不太好确定时, 抛物线法是个不错的选择.

本章最后介绍了非线性方程组迭代解法的一般概念, 并通过例子介绍了非线性方程组常用的牛顿迭代解法.

2.7.2 MATLAB 应用

1. roots *求多项式方程的根*

调用格式: `r=roots(c)`

返回多项式方程的所有根 (包括复根), 其中 `c` 是降序排列的多项式系数向量. 例如, 求方程 $x^3-x-1=0$ 的根:

```
syms x
y=x^3-x-1;  % 定义多项式表达式
c=sym2poly(y);  % 求多项式系数
r=roots(c);  % 求多项式方程的根
z=poly(r);  % 由根反求多项式 (poly 和 roots 是互为反运算)
```

2. fsolve *求非线性方程 (组) 根的数值解*

`[x,fval]=fsolve(fun,x0,options,p1,p2,···)`

fun 是目标函数, 可以是句柄 (@)、inline 函数, 多采用 m 文件, x0 是初值, 其长度必须与变量的个数相等; options 是优化参数通过 optimset 设置, optimget 是获取一般使用默认值具体参照帮助, p1,p2,··· 为需要传递的其他参数.

例如, 求方程 $xe^x-1=0$ 在 $x=0.5$ 附近的根, 目标函数简单的三种定义形式:

```
fx='x*exp(x)-1';
fx=inline('x*exp(x)-1','x');
fx=@(x)(x*exp(x)-1);
```

命令调用: `fsolve(@fx,0.5)` 或 `fsolve(fx,0.5)`

得到方程组解为 0.5671.

再如, 解方程组 $\begin{cases} f_1(x,y)=x^2+y^2-4=0, \\ f_2(x,y)=2x-y+1=0 \end{cases}$ 在点 (0, 2) 附近的根, 目标函数的三种定义形式:

```
fxxfun=@(x)[x(1)^2+x(2)^2-4;2*x(1)-x(2)+1]
fxxfun=inline('[x(1)^2+x(2)^2-4;2*x(1)-x(2)+1]','x')
```

或

```
function f=fxxfun(x)
f(1)=x(1)^2+x(2)^2-4;
f(2)=2*x(1)-x(2)+1;
```

命令调用: `fsolve(fxxfun,[1,1])`

得到方程组的解为 (0.4718, 1.9436).

习 题 2

1. 证明方程 $1-x-\sin x=0$ 在区间 $(0,1)$ 内有一个根, 使用二分法求误差不大于 0.5×10^{-4} 的根, 至少需要二分多少次?

2. 用二分法求方程 $x^3-3x-1=0$ 在区间 (1, 2) 内的根 (精确到 10^{-3}).

3. 下列方程都是 $x=g(x)$ 的形式, 判断能否用迭代法 $x_{k+1}=g(x_k)$ 进行求解, 若不能时, 试将方程改写成能用迭代法求解的形式.

(1) $x=(\cos x+\sin x)/4$; (2) $x=4-2^x,\ x\in(1,\ 2)$.

4. 用简单迭代法解非线性方程 $x-2\sin x=0$, 其中 $x_0=2$, 误差不超过 10^{-4}.

5. 求 $\lim\limits_{k\to\infty}\sqrt{2+\sqrt{2+\cdots+\sqrt{2}}}$, 其中 k 为 2 或根号的个数.

6. 用艾特肯加速方法求方程 $x-\dfrac{\sin x}{x}=0$ 在 (0.5, 1) 内的近似根 (精确到 10^{-3}).

7. 分别用牛顿迭代法及牛顿下山法求方程 $x^3-3x-1=0$ 在 $x_0=2$ 附近的根 (精确到 10^{-4}).

8. 假定精度为 10^{-3}, 比较求 $e^x+10x-2=0$ 的根所需的计算量:

(1) 在区间 [0,1] 内用二分法;

(2) 用迭代法 $x_{k+1}=(2-e^{x_k})/10$, 取初值 $x_0=0$.

9. 利用牛顿迭代法求解下列问题, $a>0$ 并对 $a=1.6888$ 求之 ($\varepsilon=10^{-4}$):

(1) $1/a$, 不使用除法运算;

(2) $\sqrt{a}, 1/\sqrt{a}$, 不使用开方运算.

10. 函数 $f(x)=\begin{cases}\sqrt{x}, & x\geqslant 0,\\ -\sqrt{-x}, & x<0,\end{cases}$ 讨论牛顿迭代法的收敛性和收敛速度.

11. 分别用弦截法和抛物线法求方程 $x^3-x^2-1=0$ 在 $x_0=1.5$ 附近的根 (精确到 10^{-3}).

12. 用弦截法求方程 $x^3+2x^2+10x-20=0$ 的根, 取 $x_0=1, x_1=2$, 精确至 10^{-4}.

13. 用二分法和牛顿迭代法求 $x-\tan x=0$ 的最小正根.

14. 用下列方法求 $x^3-3x-1=0$ 在 $x_0=2$ 附近的根, 要求计算精度为 10^{-3}.

(1) 用牛顿法;

(2) 用弦截法, 取 $x_0=2, x_1=1.9$;

(3) 用抛物线法, 取 $x_0=2, x_1=2.3, x_2=3$.

15. 已知方程 $x^4-1.4x^3-0.48x^2+1.408x-0.512=0$, 有三重根 0.8, 试用牛顿迭代法求之.

16. 用牛顿迭代法求方程组

$$\begin{cases} f_1(x,y)=x^2+y^2-5=0,\\ f_2(x,y)=xy-3x+y-1=0\end{cases}$$

在点 (1, 1) 附近的根.

第 3 章　线性方程组的数值解法

在自然科学、社会科学和工程技术中, 许多问题最终都归结为求解线性方程组, 如最小二乘法的曲线拟合、工程中的三次样条插值、经济运行中的投入产出等, 其中最具挑战性的是求解大规模线性方程组问题, 既需要提高计算速度, 又希望能减少存储量. 一般地, 考虑如下 n 阶线性方程组

$$\begin{cases} a_{11}x_1 + a_{12}x_2 + \cdots + a_{1n}x_n = b_1, \\ a_{21}x_1 + a_{22}x_2 + \cdots + a_{2n}x_n = b_2, \\ \qquad\cdots\cdots \\ a_{n1}x_1 + a_{n2}x_2 + \cdots + a_{nn}x_n = b_n, \end{cases} \tag{3.1}$$

或表示为

$$\sum_{j=1}^{n} a_{ij}x_j = b_i, \quad i = 1, 2, \cdots, n.$$

写成矩阵形式

$$\boldsymbol{A}\boldsymbol{x} = \boldsymbol{b}, \tag{3.2}$$

$|\boldsymbol{A}| \neq 0$, 其中

$$\boldsymbol{A} = \begin{pmatrix} a_{11} & a_{12} & \cdots & a_{1n} \\ a_{21} & a_{22} & \cdots & a_{2n} \\ \vdots & \vdots & & \vdots \\ a_{n1} & a_{n2} & \cdots & a_{nn} \end{pmatrix}, \quad \boldsymbol{b} = \begin{pmatrix} b_1 \\ b_2 \\ \vdots \\ b_n \end{pmatrix}, \quad \boldsymbol{x} = \begin{pmatrix} x_1 \\ x_2 \\ \vdots \\ x_n \end{pmatrix},$$

数值计算的任务是: 对给定的非奇异矩阵 $\boldsymbol{A}$ 和向量 $\boldsymbol{b}$, 设计有效的算法求线性方程组 (3.2) 的 (近似) 解 $\boldsymbol{x}$, 一般分为直接法和迭代法两种.

(1) 直接法: 在没有舍入误差的假设下, 通过有限步计算求得 (3.2) 的精确解. 但在实际计算中, 由于舍入误差的存在, 直接法通常求得的也是近似解. 由于直接法的准确性和可靠性, 对于中、小型方程组 ($n \leqslant 1000$) 及某些大型的稀疏方程组, 常选用直接法求解. 最基本的直接法是高斯 (Gauss) 消元法. 直接法的缺点是计算代价高, 适用于低阶稠密方程组.

(2) 迭代法: 基于一定的递推公式, 产生逼近方程组精确解的迭代序列. 即假设某个近似解 (初值), 通过构造一个无穷序列去逼近精确解的方法. 迭代法的优点是存储单元少, 程序设计简单. 迭代法是求解大型稀疏方程组的常用方法.

用克拉默法则求解 n 阶方程组 (3.2), 则需要计算 $n+1$ 个 n 阶行列式, 一个 n 阶行列式的计算需用 $n!(n-1)$ 次乘法, 而高斯消元法的计算量只有大约 $\dfrac{2n^3}{3}$ 次加、减、乘、除运算.

3.1　高斯消元法

3.1.1　易求解的线性方程组

线性方程组求解的难易程度取决于其系数矩阵的复杂程度. 特别地, 如果 $\boldsymbol{A}$ 是个对角阵

$$\boldsymbol{A}=\begin{pmatrix} a_{11} & & 0 & \\ & a_{22} & & \\ & & \ddots & \\ & 0 & & a_{nn} \end{pmatrix},$$

即式 (3.2) 具有形式

$$a_{ii}x_i=b_i,\quad i=1,2,\cdots,n,$$

则其解为

$$x_i=\frac{b_i}{a_{ii}},\quad a_{ii}\neq 0,\quad i=1,2,\cdots,n.$$

如果 $\boldsymbol{A}$ 是上三角矩阵或下三角矩阵, 如方程组

$$\begin{cases} a_{11}x_1+a_{12}x_2+a_{13}x_3+\cdots+a_{1n}x_n=b_1, \\ \qquad\quad a_{22}x_2+a_{23}x_3+\cdots+a_{2n}x_n=b_2, \\ \qquad\qquad\qquad \cdots\cdots \\ \qquad\qquad\qquad\qquad\qquad a_{nn}x_n=b_n, \end{cases}$$

即

$$\sum_{j=i}^{n}a_{ij}x_j=b_i,\quad a_{ii}\neq 0,\quad i=1,2,\cdots,n.$$

只要自下而上逐步回代, 即可逆序求出它的解

$$x_n\to x_{n-1}\to\cdots\to x_1.$$

回代公式为

$$\begin{cases} x_n=b_n/a_{nn}, \\ x_i=\left(b_i-\displaystyle\sum_{j=i+1}^{n}a_{ij}x_j\right)\Big/a_{ii},\quad i=n-1,n-2,\cdots,1. \end{cases}$$

3.1.2 高斯消元法

所谓高斯消元法 (又叫消去法), 是一个古老的求解线性方程组的直接方法 (早在公元前 250 年我国就掌握了解方程组的消去法), 由它改进、变形得到的选主元素消元法、三角分解法仍是目前常用的有效方法, 其主要计算过程分为消元和回代两个过程.

高斯消元的基本思想是: 通过将一个方程乘或除以某个常数, 以及将两个方程相加、减这两种方法, 逐步消去方程中的变元, 也即首先通过初等行变换将方程组转化为一个同解的上三角方程组 (称为消元), 再通过回代法求解该三角形方程组 (称为回代). 按行原来的位置进行高斯消元的方法称为**顺序高斯消元法**, 简称**高斯消元法**.

首先举一个例子来说明高斯消元法的基本思想.

例 3.1 用高斯消元法解线性方程组 $\begin{cases} x_1+x_2+x_3=6, \\ -x_1+3x_2+x_3=4, \\ 2x_1-6x_2+x_3=-5. \end{cases}$

解 (1) 消元过程:

$$(\boldsymbol{A},\boldsymbol{b})=\begin{pmatrix} 1 & 1 & 1 & 6 \\ -1 & 3 & 1 & 4 \\ 2 & -6 & 1 & -5 \end{pmatrix} \xrightarrow[r_2+r_1]{r_3-2r_1} \begin{pmatrix} 1 & 1 & 1 & 6 \\ 0 & 4 & 2 & 10 \\ 0 & -8 & -1 & -17 \end{pmatrix}$$

$$\xrightarrow{r_3+2r_2} \begin{pmatrix} 1 & 1 & 1 & 6 \\ 0 & 4 & 2 & 10 \\ 0 & 0 & 3 & 3 \end{pmatrix}.$$

(2) 回代过程:

$$\begin{cases} x_1+x_2+\ \ x_3=6, \\ \qquad 4x_2+2x_3=10, \\ \qquad\qquad 3x_3=3 \end{cases} \Rightarrow \begin{cases} x_3=1, \\ x_2=(10-2x_3)/4=2, \\ x_1=6-x_2-x_3=3. \end{cases}$$

从而, 原方程组的解是 $x_1=3, x_2=2, x_3=1$.

下面我们讨论一般线性方程组的高斯消元法.

为讨论方便, 记方程组 (3.2) 为 $\boldsymbol{A}^{(1)}\boldsymbol{x}=\boldsymbol{b}^{(1)}$, 其中 $\boldsymbol{A}^{(1)}=(a_{ij}^{(1)})=(a_{ij}), \boldsymbol{b}^{(1)}=\boldsymbol{b}$, 此时方程组 (3.1) 即为

$$\begin{cases} a_{11}^{(1)}x_1+a_{12}^{(1)}x_2+\cdots+a_{1n}^{(1)}x_n=b_1^{(1)}, \\ a_{21}^{(1)}x_1+a_{22}^{(1)}x_2+\cdots+a_{2n}^{(1)}x_n=b_2^{(1)}, \\ \qquad\cdots\cdots \\ a_{n1}^{(1)}x_1+a_{n2}^{(1)}x_2+\cdots+a_{nn}^{(1)}x_n=b_n^{(1)}. \end{cases} \tag{3.3}$$

1. 消元过程

(1) 假设 $a_{11}^{(1)} \neq 0$, 先计算

$$m_{i1} = \frac{a_{i1}^{(1)}}{a_{11}^{(1)}}, \quad i = 2, 3, \cdots, n,$$

再将第 i $(i = 2, 3, \cdots, n)$ 个方程加上第 1 个方程的 $-m_{i1}$ 倍, 即可消去第 2 个到第 n 个方程中的变量 x_1, 得到如下同解方程组:

$$\begin{pmatrix} a_{11}^{(1)} & a_{12}^{(1)} & \cdots & a_{1n}^{(1)} \\ 0 & a_{22}^{(2)} & \cdots & a_{2n}^{(2)} \\ \vdots & \vdots & & \vdots \\ 0 & a_{n2}^{(2)} & \cdots & a_{nn}^{(2)} \end{pmatrix} \begin{pmatrix} x_1 \\ x_2 \\ \vdots \\ x_n \end{pmatrix} = \begin{pmatrix} b_1^{(1)} \\ b_2^{(2)} \\ \vdots \\ b_n^{(2)} \end{pmatrix}, \tag{3.4}$$

简记为 $\boldsymbol{A}^{(2)}\boldsymbol{x} = \boldsymbol{b}^{(2)}$, 其中 $\boldsymbol{A}^{(2)}$, $\boldsymbol{b}^{(2)}$ 的元素计算公式为

$$\begin{cases} (a_{ij}^{(2)}) = a_{ij}^{(1)} - m_{i1}a_{1j}^{(1)}, & i, j = 2, 3, \cdots, n, \\ b_i^{(2)} = b_i^{(1)} - m_{i1}b_1^{(1)}, & i = 2, 3, \cdots, n. \end{cases}$$

(2) 假设 $a_{22}^{(2)} \neq 0$, 计算

$$m_{i2} = \frac{a_{i2}^{(2)}}{a_{22}^{(2)}}, \quad i = 3, 4, \cdots, n,$$

再将方程组 (3.4) 第 i $(i = 3, 4, \cdots, n)$ 个方程加上第 2 个方程的 $-m_{i2}$ 倍, 即可消去第 3 个到第 n 个方程中的变量 x_2, 得到如下同解方程组:

$$\begin{pmatrix} a_{11}^{(1)} & a_{12}^{(1)} & a_{13}^{(1)} & \cdots & a_{1n}^{(1)} \\ 0 & a_{22}^{(2)} & a_{23}^{(2)} & \cdots & a_{2n}^{(2)} \\ 0 & 0 & a_{33}^{(3)} & \cdots & a_{3n}^{(3)} \\ \vdots & \vdots & \vdots & & \vdots \\ 0 & 0 & a_{n3}^{(3)} & \cdots & a_{nn}^{(3)} \end{pmatrix} \begin{pmatrix} x_1 \\ x_2 \\ x_3 \\ \vdots \\ x_n \end{pmatrix} = \begin{pmatrix} b_1^{(1)} \\ b_2^{(2)} \\ b_3^{(3)} \\ \vdots \\ b_n^{(3)} \end{pmatrix}, \tag{3.5}$$

简记为 $\boldsymbol{A}^{(3)}\boldsymbol{x} = \boldsymbol{b}^{(3)}$, 其中 $\boldsymbol{A}^{(3)}$, $\boldsymbol{b}^{(3)}$ 的元素计算公式为

$$\begin{cases} (a_{ij}^{(3)}) = a_{ij}^{(2)} - m_{i2}a_{2j}^{(2)}, & i, j = 3, 4, \cdots, n, \\ b_i^{(3)} = b_i^{(2)} - m_{i2}b_2^{(2)}, & i = 3, 4, \cdots, n. \end{cases}$$

(3) 设 $k-1$ 步消元后得到如下同解方程组

$$\begin{pmatrix} a_{11}^{(1)} & a_{12}^{(1)} & \cdots & a_{1k}^{(1)} & \cdots & a_{1n}^{(1)} \\ & a_{22}^{(2)} & \cdots & a_{2k}^{(2)} & \cdots & a_{2n}^{(2)} \\ & & \ddots & \vdots & & \vdots \\ & & & a_{kk}^{(k)} & \cdots & a_{kn}^{(k)} \\ & & & \vdots & & \vdots \\ & & & a_{nk}^{(k)} & \cdots & a_{nn}^{(k)} \end{pmatrix} \begin{pmatrix} x_1 \\ x_2 \\ \vdots \\ x_k \\ \vdots \\ x_n \end{pmatrix} = \begin{pmatrix} b_1^{(1)} \\ b_2^{(2)} \\ \vdots \\ b_k^{(k)} \\ \vdots \\ b_n^{(k)} \end{pmatrix}, \tag{3.6}$$

简记为 $\boldsymbol{A}^{(k)}\boldsymbol{x}=\boldsymbol{b}^{(k)}$.

设 $a_{kk}^{(k)} \neq 0$, 计算

$$m_{ik}=\frac{a_{ik}^{(k)}}{a_{kk}^{(k)}}, \quad i=k+1,\cdots,n.$$

再将方程组 (3.6) 第 i $(i=k+1,\cdots,n)$ 个方程加上第 k 个方程的 $-m_{ik}$ 倍, 即可消去第 $k+1$ 个到第 n 个方程中的变量 x_k, 得到如下同解方程组 $\boldsymbol{A}^{(k+1)}$, $\boldsymbol{b}^{(k+1)}$ 的元素计算式

$$\begin{cases} (a_{ij}^{(k+1)})=a_{ij}^{(k)}-m_{ik}a_{kj}^{(k)}, & i,j=k+1,\cdots,n, \\ b_i^{(k+1)}=b_i^{(k)}-m_{ik}b_k^{(k)}, & i=k+1,\cdots,n. \end{cases}$$

显然 $\boldsymbol{A}^{(k+1)}$ 中从第 1 行到第 k 行与 $\boldsymbol{A}^{(k)}$ 相同.

(4) 重复上述步骤, 经过 $n-1$ 步消元后, 得到与原方程组同解的上三角方程组 $\boldsymbol{A}^{(n)}\boldsymbol{x}=\boldsymbol{b}^{(n)}$, 即

$$\begin{pmatrix} a_{11}^{(1)} & a_{12}^{(1)} & \cdots & a_{1n}^{(1)} \\ & a_{22}^{(2)} & \cdots & a_{2n}^{(2)} \\ & & \ddots & \vdots \\ & & & a_{nn}^{(n)} \end{pmatrix} \begin{pmatrix} x_1 \\ x_2 \\ \vdots \\ x_n \end{pmatrix} = \begin{pmatrix} b_1^{(1)} \\ b_2^{(2)} \\ \vdots \\ b_n^{(n)} \end{pmatrix}, \tag{3.7}$$

方程组 (3.1) 化为 (3.7) 的过程称为消元过程.

2. 回代过程

如果 $\boldsymbol{A} \in \mathbb{R}^{n\times n}$ 是非奇异矩阵, 且 $a_{kk}^{(k)} \neq 0(k=1,2,\cdots,n-1)$, 从方程组 (3.7) 的第 n 个方程开始, 从下往上依次解出变量 $x_n, x_{n-1},\cdots,x_1$ 的这一过程称为回代过程.

3. 算法 (顺序高斯消元法)

(1) 输入系数矩阵 $\boldsymbol{A}$, 右端项 $\boldsymbol{b}$, 令 $k=1$.

(2) 消元. 对 $k=1,\cdots,n-1$, 计算

$$\begin{cases} m_{ik}=\dfrac{a_{ik}^{(k)}}{a_{kk}^{(k)}}, & i=k+1,\cdots,n, \\ a_{ij}^{(k+1)}=a_{ij}^{(k)}-m_{ik}a_{kj}^{(k)}, & i,j=k+1,\cdots,n, \\ b_i^{(k+1)}=b_i^{(k)}-m_{ik}b_k^{(k)}, & i=k+1,\cdots,n. \end{cases} \tag{3.8}$$

(3) 回代.

$$\begin{cases} x_n=b_n^{(n)}/a_{nn}^{(n)}, \\ x_i=\left(b_i^{(i)}-\displaystyle\sum_{j=i+1}^{n}a_{ij}^{(i)}x_j\right)\Bigg/a_{ii}^{(i)}, \quad i=n-1,n-2,\cdots,1. \end{cases} \tag{3.9}$$

顺序高斯消元法的消元过程计算量见表 3.1.

表 3.1　消元过程计算量统计

第 k 步计算	加减法次数	乘法次数	除法次数
1	$(n-1)\times n$	$(n-1)\times n$	$n-1$
2	$(n-2)\times(n-1)$	$(n-2)\times(n-1)$	$n-2$
3	$(n-3)\times(n-2)$	$(n-3)\times(n-2)$	$n-3$
$\vdots$	$\vdots$	$\vdots$	$\vdots$
$n-1$	1×2	1×2	1
合计	$\dfrac{n(n^2-1)}{3}$	$\dfrac{n(n^2-1)}{3}$	$\dfrac{n(n-1)}{2}$

由表 3.1 计算可得, 消元过程总计算量为 $O(n^3)$, 而回代过程的计算量为 $O(n^2)$ $\left(\text{乘除法次数是 } 1+2+\cdots+n-1+n=\dfrac{n(n+1)}{2}, \text{加减法总次数为 } 1+2+\cdots+n-1=\dfrac{n(n-1)}{2}\right)$.

定理 3.1　设 $\boldsymbol{Ax}=\boldsymbol{b}$, 其中 $\boldsymbol{A}\in\mathbb{R}^{n\times n}$, 如果 $a_{kk}^{(k)}\neq 0(k=1,2,\cdots,n)$, 则可通过高斯消元法将其化为等价的上三角方程组(3.7), 且有消元计算公式(3.8)$(k=1,2,\cdots,n-1)$、回代公式(3.9).

高斯消元要求对所有的 $a_{kk}^{(k)}\neq 0(k=1,2,\cdots,n)$, 定理 3.2 给出了顺序高斯消元法可行的一个充要条件.

定理 3.2　顺序高斯消元法是可行的 (即 $a_{kk}^{(k)}\neq 0, k=1,2,\cdots,n$) 充要条件是矩阵 $\boldsymbol{A}$ 的所有顺序主子式 $D_k\neq 0,\ k=1,2,\cdots,n$.

证明 必要性. 若顺序高斯消元法是可行的, 即 $a_{kk}^{(k)} \neq 0$, 则可进行消元法的 $k-1$ $(k \leqslant n)$ 步. 由于 $\boldsymbol{A}^{(k)}$ 是由 $\boldsymbol{A}$ 通过初等行变换得到的, 这些运算不改变相应顺序主子式的值, 故有

$$D_k = \begin{vmatrix} a_{11}^{(1)} & a_{12}^{(1)} & \cdots & a_{1k}^{(1)} \\ & a_{22}^{(2)} & \cdots & a_{2k}^{(2)} \\ & & \ddots & \vdots \\ & & & a_{kk}^{(k)} \end{vmatrix} = a_{11}^{(1)} a_{22}^{(2)} \cdots a_{kk}^{(k)} \neq 0, \quad k = 1, 2, \cdots, n.$$

充分性. 用归纳法证明. 当 $k = 1$ 时显然成立. 设命题对 $k-1$ 成立, 现设 $D_1 \neq 0, \cdots, D_{k-1} \neq 0, D_k \neq 0$. 由归纳法假设有 $a_{11}^{(1)} \neq 0, \cdots, a_{k-1,k-1}^{(k-1)} \neq 0$. 因此消元法可以进行第 $k-1$ 步, $\boldsymbol{A}$ 可以化为

$$\boldsymbol{A}^{(k)} = \begin{pmatrix} \boldsymbol{A}_{11}^{(k-1)} & \boldsymbol{A}_{12}^{(k-1)} \\ & \boldsymbol{A}_{22}^{(k)} \end{pmatrix},$$

其中 $\boldsymbol{A}_{11}^{(k-1)}$ 是对角元为 $a_{11}^{(1)}, \cdots, a_{k-1,k-1}^{(k-1)}$ 的上三角矩阵, 因为 $\boldsymbol{A}^{(k)}$ 是通过初等行变换由 $\boldsymbol{A}$ 逐步化简得到的, 故 $\boldsymbol{A}$ 的 k 阶顺序主子式与 $\boldsymbol{A}^{(k)}$ 的 k 阶顺序主子式相等, 即

$$D_k = \begin{vmatrix} \boldsymbol{A}_{11}^{(k-1)} & a_{12}^{(k-1)} \\ & a_{kk}^{(k)} \end{vmatrix} = a_{11}^{(1)} a_{22}^{(2)} \cdots a_{kk}^{(k)},$$

其中 $a_{12}^{(k-1)}$ 是 $\boldsymbol{A}_{12}^{(k-1)}$ 的第一列, 故由 $D_k \neq 0$ 及归纳假设可推出 $a_{kk}^{(k)} \neq 0$. 证毕.

推论 3.3 如果矩阵 $\boldsymbol{A}$ 的顺序主子式 $D_k \neq 0 (k = 1, 2, \cdots, n-1)$, 则

$$\begin{cases} a_{11}^{(1)} = D_1, \\ a_{kk}^{(k)} = D_k / D_{k-1}, \quad k = 2, 3, \cdots, n. \end{cases}$$

3.1.3 列主元高斯消元法

一般来说, 顺序高斯消元法的计算过程是不可靠的, 在消元过程中一旦出现 $a_{kk}^{(k)} = 0$ 的情况, 这时消元法将无法进行. 即使主元素 $a_{kk}^{(k)} \neq 0$, 但其绝对值很小时, 用它作除数, 也会导致其他元素数量级的严重增长和舍入误差的扩散, 使结果失真, 如下例.

例 3.2 用高斯消元法解线性方程组 $\begin{cases} 0.0001x_1 + 1.0x_2 = 1.0, \\ 1.0x_1 + 1.0x_2 = 2.0 \end{cases}$ (保留 4 位小数).

解 (1) 消元过程: 根据 4 位浮点数运算规则, $1.0 - 10000.0 = (0.00001 -$

$0.1)10^5 = (0.0000 - 0.1)10^5 = -10000.0$, 同理 $2.0 - 10000.0 = -10000.0$.

$$\begin{pmatrix} 0.0001 & 1.0 & 1.0 \\ 1.0 & 1.0 & 2.0 \end{pmatrix} \xrightarrow{r_2 - 10^4 r_1} \begin{pmatrix} 0.0001 & 1.0 & 1.0 \\ 0 & 1.0 - 10000.0 & 2.0 - 10000.0 \end{pmatrix}$$
$$\longrightarrow \begin{pmatrix} 0.0001 & 1.0 & 1.0 \\ 0 & -10000.0 & -10000.0 \end{pmatrix}.$$

(2) 回代过程:

$$\begin{cases} 0.0001x_1 + 1.0x_2 = 1.0, \\ -10000.0x_2 = -10000.0 \end{cases} \Rightarrow \begin{cases} x_2 = 1.0, \\ x_1 = 0.0. \end{cases}$$

代入原方程组进行检验, 发现并不满足方程. 事实上, 其精确解为 $x_1 = 10000/9999 \approx 1.00010$, $x_2 = 9998/9999 \approx 0.99990$.

究其原因, 第 1 次消元除数 0.0001 的绝对值太小, 在消元过程中作分母时把中间过程数据放大 10000 倍, 使中间结果“吃”掉了原始数据, 从而造成结果严重失真.

针对以上问题, 考虑采用列中绝对值大的数作除数.

(1) 消元过程:

$$\begin{pmatrix} 0.0001 & 1.0 & 1.0 \\ 1.0 & 1.0 & 2.0 \end{pmatrix} \xrightarrow{r_1 \leftrightarrow r_2} \begin{pmatrix} 1.0 & 1.0 & 2.0 \\ 0.0001 & 1.0 & 1.0 \end{pmatrix}$$
$$\xrightarrow{r_2 - 0.0001 r_1} \begin{pmatrix} 0.0001 & 1.0 & 1.0 \\ 0 & 1.0 - 0.0001 & 1.0 - 0.0002 \end{pmatrix} \longrightarrow \begin{pmatrix} 1.0 & 1.0 & 2.0 \\ & 1.0 & 1.0 \end{pmatrix},$$

这里舍入过程 $1.0 - 0.0001 = (0.1 - 0.00001)10^1 = 1.0$(舍入), 同理 $1.0 - 0.0002 = 1.0$.

(2) 回代过程:

$$\begin{cases} 1.0x_1 + 1.0x_2 = 2.0, \\ 1.0x_2 = 1.0 \end{cases} \Rightarrow \begin{cases} x_2 = 1.0, \\ x_1 = 1.0. \end{cases}$$

代入原方程组检验, 发现结果基本合理.

上述例子说明了选除数 (称为主元或主元素) 的重要性. 下面阐述列主元高斯消元法的基本思想: 在进行第 k 步消元时, 首先在第 $k(k = 1, \cdots, n-1)$ 列下面的 $n - k + 1$ 个元素中选取绝对值最大的元素 $a_{r_k k}^{(k)}$, 即

$$\left| a_{r_k k}^{(k)} \right| = \max_{k \leqslant i \leqslant n} \left| a_{ik}^{(k)} \right|$$

作为列主元素, 主元素所在的方程称为主方程, 然后将主方程与第 k 个方程交换位置 ($r_k = k$ 时不动), 再按顺序高斯消元法消元. 列主元消元法与高斯消元法相比, 只是增加了选列主元和交换两个方程组 (即交换两行元素) 的过程.

算法(列主元高斯消元法)

(1) 输入系数矩阵 $\boldsymbol{A}$, 右端项 $\boldsymbol{b}$, 令 $k=1$.

(2) 对 $k=1,\cdots,n-1$ 进行如下操作:

(a) 选主元, 确定 r_k, 使得 $\left|a_{r_k k}^{(k)}\right| = \max\limits_{k\leqslant i\leqslant n}\left|a_{ik}^{(k)}\right|$.

如果 $a_{r_k k}^{(k)}=0$, 则停止计算 (方程组无解); 否则, 进行下一步.

(b) 若 $r_k > k$, 交换 $(\boldsymbol{A}^{(k)}, \boldsymbol{b}^{(k)})$ 的第 k, r_k 行, 方程组仍记为 $(\boldsymbol{A}^{(k)}, \boldsymbol{b}^{(k)})$.

(c) 消元, 按公式(3.8)($k=1,2,\cdots,n-1$) 进行消元.

(3) 回代, 按公式(3.9)计算.

例 3.3 用列主元消元法解方程组 $\begin{cases} x_1+2x_2+3x_3=1, \\ 5x_1+4x_2+10x_3=0, \\ 3x_1-0.1x_2+x_3=2. \end{cases}$

解 第 1 列主元为 5, 第 2 个方程为主方程, 交换第 1, 2 方程的位置, 则得

$$\begin{cases} 5x_1+4x_2+10x_3=0, \\ x_1+2x_2+3x_3=1, \\ 3x_1-0.1x_2+x_3=2. \end{cases}$$

消去第 2, 3 两个方程中的 x_1, 则得

$$\begin{cases} 5x_1+\ \ 4x_2+10x_3=0, \\ \qquad 1.2x_2+\ \ \ x_3=1, \\ \quad -2.5x_2-\ 5x_3=2. \end{cases}$$

第 2 列主元为 -2.5, 交换第 2, 3 方程的位置, 消去第 3 个方程中的 x_2, 则得

$$\begin{cases} 5x_1+\ \ 4x_2+10x_3=0, \\ \quad -2.5x_2-\ 5x_3=2, \\ \qquad\qquad -1.4x_3=1.96. \end{cases}$$

回代解得此方程组的解为 $x_1=1.2,\ x_2=2,\ x_3=-1.4$.

3.1.4 全主元高斯消元法

除了列主元消元法外, 还有全主元消元法. 顾名思义, “全”就是所有的, 全主元就是在系数矩阵的所有元素中选主元. 全主元消元法和列主元消元法基本相同,

只不过在进行第 $k(k=1,\cdots,n-1)$ 步消元时, 首先在第 k 行至 n 行和第 k 列至 n 列的 $(n-k+1)^2$ 个元素中选取绝对值最大的元素 $a_{r_k k}^{(k)}$, 即

$$\left|a_{r_k k}^{(k)}\right| = \max_{k\leqslant i\leqslant n}\left|a_{ik}^{(k)}\right|$$

作为全主元素, 主元素所在的行称为主行, 主元素所在的列称为主列; 然后将主行与第 k 行交换, 主列与第 k 列交换, 再按顺序高斯消元法消元.

列主元消元法和全主元消元法都具有只要系数行列式不为 0 即可使用和数值稳定的优点, 但全主元消元法需占更多选主元的时间.

例 3.4　用全主元消元法解方程组 $\begin{cases} x_1+2x_2+3x_3=1, \\ 5x_1+4x_2+10x_3=0, \\ 3x_1-0.1x_2+x_3=2. \end{cases}$

解　第 1 步, 主元为 10, 交换第 1, 2 两个方程的位置, 再交换第 1, 3 列的位置, 则得

$$\begin{cases} 10x_3+4x_2+5x_1=0, \\ 3x_3+2x_2+x_1=1, \\ x_3-0.1x_2+3x_1=2. \end{cases}$$

消去第 2, 3 两个方程中的 x_3, 则得

$$\begin{cases} 10x_3+\ \ 4x_2+\ \ \ 5x_1=0, \\ \qquad\quad 0.8x_2-0.5x_1=1, \\ \qquad -0.5x_2+2.5x_1=2. \end{cases}$$

第 2 步, 主元为 2.5, 交换第 2, 3 个方程和第 2, 3 列位置, 消去第 3 个方程的 x_1, 则得

$$\begin{cases} 10x_3+\ \ 4x_2+\ \ \ 5x_1=0, \\ \qquad -0.5x_2+2.5x_1=2, \\ \qquad\quad 0.7x_2 \qquad\quad\ =1.4. \end{cases}$$

回代解得此方程组的解为 $x_1=1.2,\ x_2=2,\ x_3=-1.4$.

3.2　矩阵三角分解法解线性方程组

3.2.1　高斯消元法的矩阵表示

由线性代数理论知道, 对一个矩阵进行一次初等行变换, 相当于左乘一个相应的初等矩阵. 例 3.1 的消元过程可得到

$$\boldsymbol{P}_3\boldsymbol{P}_2\boldsymbol{P}_1(\boldsymbol{A},\boldsymbol{b})=(\boldsymbol{U},\boldsymbol{y}),$$

其中

$$(\boldsymbol{A},\boldsymbol{b})=\begin{pmatrix}1&1&1&6\\-1&3&1&4\\2&-6&1&-5\end{pmatrix},\quad(\boldsymbol{U},\boldsymbol{y})=\begin{pmatrix}1&1&1&6\\0&4&2&10\\0&0&3&3\end{pmatrix},$$

$$\boldsymbol{P}_1=\begin{pmatrix}1&0&0\\1&1&0\\0&0&1\end{pmatrix},\quad\boldsymbol{P}_2=\begin{pmatrix}1&0&0\\0&1&0\\-2&0&1\end{pmatrix},\quad\boldsymbol{P}_3=\begin{pmatrix}1&0&0\\0&1&0\\0&2&1\end{pmatrix},$$

令 $\boldsymbol{P}=\boldsymbol{P}_3\boldsymbol{P}_2\boldsymbol{P}_1=\begin{pmatrix}1&0&0\\1&1&0\\0&2&1\end{pmatrix}$, 则有

$$\boldsymbol{PA}=\boldsymbol{U},\quad\boldsymbol{Pb}=\boldsymbol{y}.$$

由于 $\boldsymbol{P}$ 可逆, 令 $\boldsymbol{L}=\boldsymbol{P}^{-1}=\begin{pmatrix}1&0&0\\-1&1&0\\2&-2&1\end{pmatrix}$, 则得到

$$\boldsymbol{A}=\boldsymbol{LU}=\begin{pmatrix}1&0&0\\-1&1&0\\2&-2&1\end{pmatrix}\begin{pmatrix}1&1&1\\0&4&2\\0&0&3\end{pmatrix},$$

其中, $\boldsymbol{L}$ 为单位下三角矩阵, 主对角线下的元素对应于高斯消元法的消元系数, $\boldsymbol{U}$ 为上三角矩阵, 恰为高斯消元后得到的上三角形方程组的系数矩阵.

3.2.2 矩阵的 LU 分解

下面借助线性代数知识对消元法作进一步分析, 从而建立高斯消元法与矩阵因式分解的关系.

设式 (3.1) 的系数矩阵 $\boldsymbol{A}\in\mathbb{R}^{n\times n}$ 的各顺序主子式均不为零. 由于对 $\boldsymbol{A}$ 施行初等行变换相当于用初等矩阵左乘 $\boldsymbol{A}$, 于是对式 (3.1) 进行第一次消元后化为式 (3.4), 这时 $\boldsymbol{A}^{(1)}$ 化为 $\boldsymbol{A}^{(2)}$, $\boldsymbol{b}^{(1)}$ 化为 $\boldsymbol{b}^{(2)}$, 即

$$\boldsymbol{L}_1\boldsymbol{A}^{(1)}=\boldsymbol{A}^{(2)},\quad\boldsymbol{L}_1\boldsymbol{b}^{(1)}=\boldsymbol{b}^{(2)},$$

其中

$$
\boldsymbol{L}_1=\begin{pmatrix}
1 & & & & \\
-m_{21} & 1 & & & \\
-m_{31} & & 1 & & \\
\vdots & & & \ddots & \\
-m_{n1} & & & & 1
\end{pmatrix}.
$$

一般地, 第 k 步消元, $\boldsymbol{A}^{(k)}$ 化为 $\boldsymbol{A}^{(k+1)}$, $\boldsymbol{b}^{(k)}$ 化为 $\boldsymbol{b}^{(k+1)}$, 相当于

$$
\boldsymbol{L}_k\boldsymbol{A}^{(k)}=\boldsymbol{A}^{(k+1)},\quad \boldsymbol{L}_k\boldsymbol{b}^{(k)}=\boldsymbol{b}^{(k+1)},
$$

其中

$$
\boldsymbol{L}_k=\begin{pmatrix}
1 & & & & & \\
 & \ddots & & & & \\
 & & 1 & & & \\
 & & -m_{k+1,k} & 1 & & \\
 & & \vdots & & \ddots & \\
 & & -m_{nk} & & & 1
\end{pmatrix}.
$$

重复这过程, 最后得到

$$
\begin{cases}
\boldsymbol{L}_{n-1}\cdots\boldsymbol{L}_2\boldsymbol{L}_1\boldsymbol{A}^{(1)}=\boldsymbol{A}^{(n)}, \\
\boldsymbol{L}_{n-1}\cdots\boldsymbol{L}_2\boldsymbol{L}_1\boldsymbol{b}^{(1)}=\boldsymbol{b}^{(n)}.
\end{cases}
\tag{3.10}
$$

将上三角矩阵 $\boldsymbol{A}^{(n)}$ 记为 $\boldsymbol{U}$, 由式 (3.10) 得到

$$
\boldsymbol{A}=\boldsymbol{L}_1^{-1}\boldsymbol{L}_2^{-1}\cdots\boldsymbol{L}_{n-1}^{-1}\boldsymbol{U}=\boldsymbol{L}\boldsymbol{U},
$$

其中

$$
\boldsymbol{L}=\boldsymbol{L}_1^{-1}\boldsymbol{L}_2^{-1}\cdots\boldsymbol{L}_{n-1}^{-1}=\begin{pmatrix}
1 & & & & \\
m_{21} & 1 & & & \\
m_{31} & m_{32} & 1 & & \\
\vdots & \vdots & \vdots & \ddots & \\
m_{n1} & m_{n2} & m_{n3} & \cdots & 1
\end{pmatrix}
$$

为单位下三角矩阵.

这就是说, 高斯消元法实质上是将系数矩阵 $\boldsymbol{A}$ 分解为两个三角形矩阵的积, 于是我们得到定理 3.4.

定理 3.4 设 $\boldsymbol{A}$ 为 n 阶矩阵, 如果 $\boldsymbol{A}$ 的顺序主子式 $D_i \neq 0(i=1,2,\cdots,n-1)$, 则 $\boldsymbol{A}$ 可分解为一个单位下三角矩阵 $\boldsymbol{L}$ 和一个上三角矩阵 $\boldsymbol{U}$ 的乘积, 且这种分解是唯一的.

证明 根据高斯消元法的矩阵分析, $\boldsymbol{A}=\boldsymbol{LU}$ 的存在性已经得到证明, 现假定 $\boldsymbol{A}$ 为非奇异矩阵证明唯一性 ($\boldsymbol{A}$ 为奇异矩阵留作练习). 设

$$\boldsymbol{A}=\boldsymbol{LU}=\boldsymbol{L}_1\boldsymbol{U}_1,$$

其中 $\boldsymbol{L}, \boldsymbol{L}_1$ 为单位下三角矩阵, $\boldsymbol{U}, \boldsymbol{U}_1$ 为上三角矩阵. 由于 $\boldsymbol{U}_1^{-1}$ 也存在, 故

$$\boldsymbol{L}^{-1}\boldsymbol{L}_1=\boldsymbol{U}\boldsymbol{U}_1^{-1}.$$

上式右边为上三角矩阵, 左边为单位下三角矩阵, 从而上式两边都必须等于单位矩阵, 故 $\boldsymbol{L}=\boldsymbol{L}_1$, $\boldsymbol{U}=\boldsymbol{U}_1$. 证毕.

注 设 $\boldsymbol{A}=\boldsymbol{LU}$, 其中

$$\boldsymbol{L}=\begin{pmatrix} 1 & & & \\ l_{21} & 1 & & \\ \vdots & \vdots & \ddots & \\ l_{n1} & l_{n2} & \cdots & 1 \end{pmatrix}, \quad \boldsymbol{U}=\begin{pmatrix} u_{11} & u_{12} & \cdots & u_{1n} \\ & u_{22} & \cdots & u_{2n} \\ & & \ddots & \vdots \\ & & & u_{nn} \end{pmatrix}, \tag{3.11}$$

称 $\boldsymbol{A}=\boldsymbol{LU}$ 为 $\boldsymbol{A}$ 的一个 LU **分解或杜利特尔** (Doolittle) **分解**.

由于列主元消元法相当于对原来的方程组进行一系列的初等行交换, 即存在排列矩阵 $\boldsymbol{P}$, 原方程组左乘矩阵 $\boldsymbol{P}$, 对 $\boldsymbol{PAx}=\boldsymbol{Pb}$ 再进行高斯消元, 故有如下结论.

定理 3.5 设 $\boldsymbol{A}$ 为非奇异矩阵, 则存在排列矩阵 $\boldsymbol{P}$ 使得

$$\boldsymbol{PA}=\boldsymbol{LU},$$

其中, $\boldsymbol{L}$ 为单位下三角矩阵, $\boldsymbol{U}$ 为上三角矩阵.

3.2.3 矩阵的三角分解法

据前述, 若矩阵 $\boldsymbol{A}=\boldsymbol{LU}$ 是其 LU 分解, 此时线性方程组

$$\boldsymbol{Ax}=\boldsymbol{b} \Rightarrow \boldsymbol{LUx}=\boldsymbol{b} \Rightarrow \begin{cases} \boldsymbol{Ly}=\boldsymbol{b}, \\ \boldsymbol{Ux}=\boldsymbol{y} \end{cases} \tag{3.12}$$

转化为 $\boldsymbol{Ly}=\boldsymbol{b}$ 及 $\boldsymbol{Ux}=\boldsymbol{y}$ 两个三角形方程组. 由于三角形方程组很容易通过向前消去法或者回代法求解, 且只有 $O(n^2)$ 的计算量, 所以可以通过 LU 分解来解线性方程组.

若 $\boldsymbol{L},\boldsymbol{U}$ 如式 (3.11) 所示, 则

$$\boldsymbol{LU}=\begin{pmatrix}1 & & & \\ l_{21} & 1 & & \\ \vdots & \vdots & \ddots & \\ l_{n1} & l_{n2} & \cdots & 1\end{pmatrix}\begin{pmatrix}u_{11} & u_{12} & \cdots & u_{1n}\\ & u_{22} & \cdots & u_{2n}\\ & & \ddots & \vdots\\ & & & u_{nn}\end{pmatrix}$$

$$=\begin{pmatrix}a_{11} & a_{12} & \cdots & a_{1n}\\ a_{21} & a_{22} & \cdots & a_{2n}\\ \vdots & \vdots & & \vdots\\ a_{n1} & a_{n2} & \cdots & a_{nn}\end{pmatrix}=\boldsymbol{A}. \tag{3.13}$$

由矩阵乘法, 矩阵的 LU 分解按下面步骤进行计算:

第 1 步, 求 $\boldsymbol{U}$ 的第 1 行、$\boldsymbol{L}$ 的第 1 列元素.

用 $\boldsymbol{L}$ 的第 1 行乘 $\boldsymbol{U}$ 的第 $j(j=1,2,\cdots,n)$ 列, 可得 $u_{1j}=a_{1j},\ j=1,2,\cdots,n$; 再用 $\boldsymbol{L}$ 的第 $i(i=2,\cdots,n)$ 行乘 $\boldsymbol{U}$ 的第 1 列有 $l_{i1}u_{11}=a_{i1}$, 从而得

$$l_{i1}=\frac{a_{i1}}{u_{11}},\quad u_{11}\neq 0,\quad i=2,3,\cdots,n. \tag{3.14}$$

第 2 步, 求 $\boldsymbol{U}$ 的第 2 行、$\boldsymbol{L}$ 的第 2 列元素.

用 $\boldsymbol{L}$ 的第 2 行乘 $\boldsymbol{U}$ 的第 $j(j=2,3,\cdots,n)$ 列, 可得

$$u_{2j}=a_{2j}-l_{21}u_{1j},\quad j=2,3,\cdots,n;$$

再用 $\boldsymbol{L}$ 的第 $i(i=3,4,\cdots,n)$ 行乘 $\boldsymbol{U}$ 的第 2 列有 $a_{i2}=l_{i1}u_{12}+l_{i2}u_{22}$, 则

$$l_{i2}=\frac{a_{i2}-l_{i1}u_{12}}{u_{22}},\quad u_{22}\neq 0,\quad i=3,4,\cdots,n.$$

若已依次求出 $\boldsymbol{U}$ 的前 $k-1$ 行和 $\boldsymbol{L}$ 的前 $k-1$ 列元素, 则

第 k 步, 求 $\boldsymbol{U}$ 的第 k 行、$\boldsymbol{L}$ 的第 k 列元素.

用 $\boldsymbol{L}$ 的第 k 行乘 $\boldsymbol{U}$ 的第 $j(j=k,k+1,\cdots,n)$ 列, 有

$$a_{kj}=l_{k1}u_{1j}+\cdots+l_{k,k-1}u_{k-1,j}+u_{kj},$$

可得

$$u_{kj}=a_{kj}-(l_{k1}u_{1j}+\cdots+l_{k,k-1}u_{k-1,j}),\quad j=k,k+1,\cdots,n; \tag{3.15}$$

再用 $\boldsymbol{L}$ 的第 $i(i=k+1,k+2,\cdots,n)$ 行乘 $\boldsymbol{U}$ 的第 k 列, 有

$$a_{ik}=l_{i1}u_{1k}+\cdots+l_{i,k-1}u_{k-1,k}+l_{i,k}u_{k,k},$$

从而得

$$l_{ik}=\frac{a_{ik}-(l_{i1}u_{1k}+\cdots+l_{i,k-1}u_{k-1,k})}{u_{kk}},\quad u_{kk}\neq 0,\quad i=k+1,k+2,\cdots,n. \tag{3.16}$$

上述分解公式也称为矩阵 $\boldsymbol{A}$ 的紧凑格式的 LU 分解. 定理 3.4 已经说明, 只要 $\boldsymbol{A}$ 的所有顺序主子式都不为零就能保证 $u_{kk}\neq 0(k=1,2,\cdots,n)$, 且分解是唯一的, 接下来求方程组的解:

先解下三角形方程组 $\boldsymbol{Ly}=\boldsymbol{b}$, 计算公式为

$$\begin{cases} y_1=b_1, \\ y_k=b_k-\displaystyle\sum_{j=1}^{k-1}l_{kj}y_j,\quad k=2,3,\cdots,n. \end{cases} \tag{3.17}$$

再解上三角形方程组 $\boldsymbol{Ux}=\boldsymbol{y}$, 计算公式为

$$\begin{cases} x_n=y_n/u_{nn}, \\ x_k=\left(y_k-\displaystyle\sum_{j=k+1}^{n}u_{kj}x_j\right)\Big/u_{kk},\quad k=n-1,n-2,\cdots,1. \end{cases} \tag{3.18}$$

上述 LU 分解求解过程的计算要点是“先行后列、先 $\boldsymbol{U}$ 后 $\boldsymbol{L}$” (表 3.2).

表 3.2 LU 分解计算顺序

<table>
<tr><td colspan="4">1</td><td>$\boldsymbol{U}$</td></tr>
<tr><td rowspan="4">2
$\boldsymbol{L}$</td><td colspan="4">3</td></tr>
<tr><td rowspan="3">4</td><td colspan="3">5</td></tr>
<tr><td rowspan="2">6</td><td colspan="2">$\cdots$</td></tr>
<tr><td>$\cdots$</td><td>u_{nn}</td></tr>
</table>

例 3.5 用矩阵分解法解线性方程组 $\begin{cases} x_1+x_2+x_3=6, \\ -x_1+3x_2+x_3=4, \\ 2x_1-6x_2+x_3=-5. \end{cases}$

解 方法一 利用高斯消元过程进行三角分解, 令

$$\boldsymbol{A}=\begin{pmatrix} 1 & 1 & 1 \\ -1 & 3 & 1 \\ 2 & -6 & 1 \end{pmatrix},\quad \boldsymbol{b}=\begin{pmatrix} 6 \\ 4 \\ -5 \end{pmatrix}.$$

由消元时的乘数因子 $l_{21}=-1$, $l_{31}=2$, $l_{32}=-2$, 可得高斯法所得到的上三角形矩阵为

$$\boldsymbol{L}=\begin{pmatrix} 1 & 0 & 0 \\ -1 & 1 & 0 \\ 2 & -2 & 1 \end{pmatrix},\quad \boldsymbol{U}=\begin{pmatrix} 1 & 1 & 1 \\ 0 & 4 & 2 \\ 0 & 0 & 3 \end{pmatrix}.$$

先解方程 $\boldsymbol{Ly}=\boldsymbol{b}$, 即

$$\begin{pmatrix} 1 & 0 & 0 \\ -1 & 1 & 0 \\ 2 & -2 & 1 \end{pmatrix}\begin{pmatrix} y_1 \\ y_2 \\ y_3 \end{pmatrix}=\begin{pmatrix} 6 \\ 4 \\ -5 \end{pmatrix}\Rightarrow\begin{pmatrix} y_1 \\ y_2 \\ y_3 \end{pmatrix}=\begin{pmatrix} 6 \\ 4+y_1 \\ -5-2y_1+2y_2 \end{pmatrix}=\begin{pmatrix} 6 \\ 10 \\ 3 \end{pmatrix}.$$

再求解 $\boldsymbol{Ux}=\boldsymbol{y}$, 即

$$\begin{pmatrix} 1 & 1 & 1 \\ 0 & 4 & 2 \\ 0 & 0 & 3 \end{pmatrix}\begin{pmatrix} x_1 \\ x_2 \\ x_3 \end{pmatrix}=\begin{pmatrix} 6 \\ 10 \\ 3 \end{pmatrix}\Rightarrow\begin{pmatrix} x_1 \\ x_2 \\ x_3 \end{pmatrix}=\begin{pmatrix} 6-x_1-x_2 \\ (10-2x_3)/4 \\ 1 \end{pmatrix}=\begin{pmatrix} 3 \\ 2 \\ 1 \end{pmatrix}.$$

LU 分解紧凑格式

方法二　杜利特尔分解法. 根据 LU 分解的计算公式 (3.14)—(3.16) 可得

(1) $u_{11}=a_{11}=1,\ u_{12}=a_{12}=1,\ u_{13}=a_{13}=1,\ l_{21}=a_{21}/u_{11}=-1,\ l_{31}=a_{31}/u_{11}=2$.

(2) 对 $k=2$, 有 $u_{22}=a_{22}-l_{21}u_{12}=4,\ u_{23}=a_{23}-l_{21}u_{13}=2,\ l_{32}=(a_{32}-l_{31}u_{12})/u_{22}=-2$. 对 $k=3$, 有 $u_{33}=a_{33}-(l_{31}u_{13}+l_{32}u_{23})=3$. 显然 LU 公式分解与方法一结果一致, 方程的求解过程同方法一.

若把 $\boldsymbol{A}$ 分解成一个下三角阵 $\boldsymbol{L}$ 和一个单位上三角阵 $\boldsymbol{U}$ 的乘积, 称此分解为**克劳特**(Crout) 分解, 其中

$$\boldsymbol{L}=\begin{pmatrix} l_{11} & & & \\ l_{21} & l_{22} & & \\ \vdots & \vdots & \ddots & \\ l_{n1} & l_{n2} & \cdots & l_{nn} \end{pmatrix},\quad \boldsymbol{U}=\begin{pmatrix} 1 & u_{12} & \cdots & u_{1n} \\ & 1 & \cdots & u_{2n} \\ & & 1 & \vdots \\ & & & 1 \end{pmatrix}. \tag{3.19}$$

设 $l_{ii}\neq 0, i=1,2,\cdots,n$, 由矩阵乘法可得 $\boldsymbol{L}$ 与 $\boldsymbol{U}$ 的递推计算公式:

(1) $\boldsymbol{L}$ 的第 1 列、$\boldsymbol{U}$ 的第 1 行的元素分别为

$$l_{i1}=a_{i1},\ i=1,2,\cdots,n,\quad u_{1j}=a_{1j}/l_{11},\ j=2,3,\cdots,n. \tag{3.20}$$

(2) 对 $k=2,3,\cdots,n$, 有

$$\begin{cases} l_{ik}=a_{ik}-(l_{i1}u_{1k}+\cdots+l_{i,k-1}u_{k-1,k}), & i=k,k+1,\cdots,n, \\ u_{kj}=\dfrac{1}{l_{kk}}\left[a_{kj}-(l_{k1}u_{1j}+\cdots+l_{k,k-1}u_{k-1,j})\right], & j=k+1,k+2,\cdots,n. \end{cases} \tag{3.21}$$

按上述方法得到矩阵 $\boldsymbol{A}$ 的 LU 分解后, 求解 $\boldsymbol{Ly}=\boldsymbol{b}$ 和 $\boldsymbol{Ux}=\boldsymbol{y}$ 的计算公式分别为

$$\begin{cases} y_1 = b_1/l_{11}, \\ y_i = \left(b_i - \sum_{j=1}^{i-1} l_{ij}y_j\right) \bigg/ l_{ii}, \quad i = 2, 3, \cdots, n. \end{cases} \tag{3.22}$$

$$\begin{cases} x_n = y_n, \\ x_i = y_i - \sum_{j=i+1}^{n} u_{ij}x_j, \quad i = n-1, n-2, \cdots, 1. \end{cases} \tag{3.23}$$

上述克劳特分解的计算要点是“先列后行、先 $\boldsymbol{L}$ 后 $\boldsymbol{U}$”.

3.3 特殊方程组的求解法

前面的讨论均不考虑方程组系数矩阵本身的特点, 但在实际问题中经常会遇到一些特殊类型的方程组, 其系数矩阵具有某种特殊性质, 例如对称正定矩阵、稀疏带状矩阵等. 对于这些方程组, 如果还用原有的一般方法来解, 势必造成存储空间和计算的浪费. 因此, 有必要构造适合于特殊方程组的求解方法. 本节主要介绍对称正定方程组的平方根法和三对角线性方程组的追赶法.

3.3.1 平方根法

所谓平方根法, 就是利用对称正定矩阵的特点, 使其 LU 分解减少计算量 (也节省存储空间) 而得到的求解对称正定方程组的一种有效方法, 也称为**楚列斯基 (Cholesky) 分解法**. 目前在计算机上广泛应用平方根法解此类方程组.

设 $\boldsymbol{A}$ 为对称矩阵, 且 $\boldsymbol{A}$ 的所有顺序主子式均不为零, 由定理 3.4 知, $\boldsymbol{A}$ 可唯一分解为如式 (3.13) 的 LU 分解形式. 为了利用 $\boldsymbol{A}$ 的对称性, 将 $\boldsymbol{U}$ 再分解为

$$\boldsymbol{U} = \begin{pmatrix} u_{11} & & & \\ & u_{22} & & \\ & & \ddots & \\ & & & u_{nn} \end{pmatrix} \begin{pmatrix} 1 & u_{12}/u_{11} & \cdots & u_{1n}/u_{11} \\ & 1 & \cdots & u_{2n}/u_{22} \\ & & \ddots & \vdots \\ & & & 1 \end{pmatrix} = \boldsymbol{D}\boldsymbol{U}_0,$$

其中, $\boldsymbol{D}$ 为对角阵, $\boldsymbol{U}_0$ 为单位上三角阵. 于是

$$\boldsymbol{A} = \boldsymbol{L}\boldsymbol{U} = \boldsymbol{L}\boldsymbol{D}\boldsymbol{U}_0. \tag{3.24}$$

又

$$\boldsymbol{A} = \boldsymbol{A}^{\mathrm{T}} = \boldsymbol{U}_0^{\mathrm{T}}(\boldsymbol{D}\boldsymbol{L}^{\mathrm{T}}),$$

由分解的唯一性 (定理 3.4) 可得

$$\boldsymbol{U}_0^{\mathrm{T}} = \boldsymbol{L}.$$

代入式 (3.24) 得到对称矩阵 $\boldsymbol{A}$ 的分解式 $\boldsymbol{A} = \boldsymbol{L}\boldsymbol{D}\boldsymbol{L}^{\mathrm{T}}$. 总结上述讨论有如下定理.

定理 3.6(对称矩阵的三角分解定理) 设 $\boldsymbol{A}$ 为 n 阶对称矩阵, 且 $\boldsymbol{A}$ 的所有顺序主子式均不为零, 则 $\boldsymbol{A}$ 可唯一分解为

$$\boldsymbol{A}=\boldsymbol{LDL}^{\mathrm{T}},$$

其中, $\boldsymbol{L}$ 为单位下三角矩阵, $\boldsymbol{D}$ 是对角矩阵.

现设 $\boldsymbol{A}$ 为对称正定矩阵. 首先说明 $\boldsymbol{A}$ 的分解式 $\boldsymbol{A}=\boldsymbol{LDL}^{\mathrm{T}}$ 中 $\boldsymbol{D}$ 的对角元素 d_i 均为正数. 事实上, 由 $\boldsymbol{A}$ 的对称正定性, 推论 3.3 成立, 即

$$d_1=D_1>0,\quad d_i=\frac{D_i}{D_{i-1}}>0,\quad i=2,3,\cdots,n.$$

于是

$$\boldsymbol{D}=\begin{pmatrix} d_1 & & \\ & \ddots & \\ & & d_n \end{pmatrix}=\begin{pmatrix} \sqrt{d_1} & & \\ & \ddots & \\ & & \sqrt{d_n} \end{pmatrix}\begin{pmatrix} \sqrt{d_1} & & \\ & \ddots & \\ & & \sqrt{d_n} \end{pmatrix}=\boldsymbol{D}^{\frac{1}{2}}\boldsymbol{D}^{\frac{1}{2}},$$

从而可得

$$\boldsymbol{A}=\boldsymbol{LDL}^{\mathrm{T}}=\boldsymbol{LD}^{\frac{1}{2}}\boldsymbol{D}^{\frac{1}{2}}\boldsymbol{L}^{\mathrm{T}}=(\boldsymbol{LD}^{\frac{1}{2}})(\boldsymbol{LD}^{\frac{1}{2}})^{\mathrm{T}}=\boldsymbol{L}_1\boldsymbol{L}_1^{\mathrm{T}},$$

其中, $\boldsymbol{L}_1=\boldsymbol{LD}^{\frac{1}{2}}$ 为下三角矩阵.

定理 3.7(对称正定矩阵的三角分解定理或楚列斯基分解) 设 $\boldsymbol{A}$ 为 n 阶对称正定矩阵, 则存在一个实的非奇异下三角阵 $\boldsymbol{L}$, 使得 $\boldsymbol{A}=\boldsymbol{LL}^{\mathrm{T}}$, 当限定 $\boldsymbol{L}$ 的对角元素为正时, 这种分解是唯一的.

下面我们用直接分解方法来确定计算 $\boldsymbol{L}$ 中元素的楚列斯基递推公式. 设 $\boldsymbol{A}$ 为实对称正定矩阵, 令 $\boldsymbol{A}=\boldsymbol{LL}^{\mathrm{T}}$, 即

$$\boldsymbol{A}=\begin{pmatrix} a_{11} & a_{21} & a_{31} & \cdots & a_{n1} \\ a_{21} & a_{22} & a_{32} & \cdots & a_{n2} \\ a_{31} & a_{32} & a_{33} & \cdots & a_{n3} \\ \vdots & \vdots & \vdots & & \vdots \\ a_{n1} & a_{n2} & a_{n3} & \cdots & a_{nn} \end{pmatrix}$$

$$=\begin{pmatrix} l_{11} & & & & \\ l_{21} & l_{22} & & & \\ l_{31} & l_{32} & l_{33} & & \\ \vdots & \vdots & \vdots & \ddots & \\ l_{n1} & l_{n2} & l_{n3} & \cdots & l_{nn} \end{pmatrix}\begin{pmatrix} l_{11} & l_{21} & l_{31} & \cdots & l_{n1} \\ & l_{22} & l_{32} & \cdots & l_{n2} \\ & & l_{33} & \cdots & l_{n3} \\ & & & \ddots & \vdots \\ & & & & l_{nn} \end{pmatrix},$$

其中, $l_{ii}>0(i=1,2,\cdots,n)$. 由矩阵乘法及 $l_{jk}=0$(当 $j<k$ 时), 得

$$a_{ij}=\sum_{k=1}^{n}l_{ik}l_{jk}=\sum_{k=1}^{j-1}l_{ik}l_{jk}+l_{jj}l_{ij}.$$

或者详细步骤如下.

第 1 步, 分别用 $\boldsymbol{L}$ 的第 $i(i=1,2,\cdots,n)$ 行乘 $\boldsymbol{L}^{\mathrm{T}}$ 的第 1 列, 可得

$$a_{11}=l_{11}l_{11},\quad a_{i1}=l_{11}l_{i1}\quad (i=2,3,\cdots,n),$$

即得

$$l_{11}=\sqrt{a_{11}},\quad l_{i1}=\frac{a_{i1}}{l_{11}}\quad (i=2,3,\cdots,n).$$

第 2 步, 分别用 $\boldsymbol{L}$ 的第 $i(i=2,3,\cdots,n)$ 行乘 $\boldsymbol{L}^{\mathrm{T}}$ 的第 2 列, 可得

$$a_{22}=l_{21}l_{21}+l_{22}l_{22},\quad a_{i2}=l_{i1}l_{21}+l_{i2}l_{22}\quad (i=3,4,\cdots,n),$$

即得

$$l_{22}=\sqrt{a_{22}-l_{21}^2},\quad l_{i2}=\frac{a_{i2}-l_{i1}l_{21}}{l_{22}}\quad (i=3,4,\cdots,n).$$

依次进行下去, 直到第 $n-1$ 步.

第 n 步, 用 $\boldsymbol{L}$ 的第 n 行乘 $\boldsymbol{L}^{\mathrm{T}}$ 的第 n 列, 比较两边元素可得

$$a_{nn}=l_{n1}^2+l_{n2}^2+\cdots+l_{n,n-1}^2+l_{nn}^2,$$

即得

$$l_{nn}=\sqrt{a_{nn}-\sum_{k=1}^{n-1}l_{nk}^2}.$$

综上所述, 可得到解对称正定方程组 $\boldsymbol{Ax}=\boldsymbol{b}$ 的平方根法计算公式 (对 $\boldsymbol{L}$ 按列计算), 对于 $j=1,2,\cdots,n$, 有

$$\begin{cases} l_{jj}=\sqrt{a_{jj}-\displaystyle\sum_{k=1}^{j-1}l_{jk}^2}, & j=1,2,\cdots,n,\\ l_{ij}=\dfrac{a_{ij}-\displaystyle\sum_{k=1}^{j-1}l_{ik}l_{jk}}{l_{jj}}, & i=j+1,\cdots,n. \end{cases}\tag{3.25}$$

求解 $\boldsymbol{Ax}=\boldsymbol{b}$, 即求解两个三角形方程组:

① $\boldsymbol{Ly}=\boldsymbol{b}$, 求 $\boldsymbol{y}$; ② $\boldsymbol{L}^{\mathrm{T}}\boldsymbol{x}=\boldsymbol{y}$, 求 $\boldsymbol{x}$.

$$\begin{cases} y_i=\dfrac{b_i-\displaystyle\sum_{k=1}^{i-1}l_{ik}y_k}{l_{ii}}, & i=1,2,\cdots,n,\\ x_i=\dfrac{b_i-\displaystyle\sum_{k=i+1}^{n}l_{ki}x_k}{l_{ii}}, & i=n,n-1,\cdots,1. \end{cases}\tag{3.26}$$

由公式 (3.25) 知

$$a_{jj}=\sum_{k=1}^{j} l_{jk}^2,\quad j=1,2,\cdots,n.$$

所以

$$l_{jk}^2\leqslant a_{jj}\leqslant \max_{1\leqslant j\leqslant n}\{a_{jj}\}.$$

这说明在楚列斯基分解过程中元素 l_{jk} 的平方不会超过 $\boldsymbol{A}$ 的最大对角元, 因而舍入误差的放大受到了限制. 因此, 用平方根法求解对称正定矩阵所对应的线性方程组时可以不考虑选主元问题, 这是一个稳定的数值方法. 平方根法大约需要 $\dfrac{n^3}{6}$ 次乘除法, 约为一般直接 LU 分解法计算量的一半.

由公式 (3.25) 知, 用平方根法解对称正定方程组时, 计算 $\boldsymbol{L}$ 的元素 l_{ii} 需要用到开方运算. 为了避免开方, 我们用定理 3.6 的分解式

$$\boldsymbol{A}=\boldsymbol{LDL}^{\mathrm{T}},$$

即

$$\boldsymbol{A}=\begin{pmatrix}1&&&&\\ l_{21}&1&&&\\ l_{31}&l_{32}&1&&\\ \vdots&\vdots&\vdots&\ddots&\\ l_{n1}&l_{n2}&l_{n3}&\cdots&1\end{pmatrix}\begin{pmatrix}d_1&&&&\\ &d_2&&&\\ &&d_3&&\\ &&&\ddots&\\ &&&&d_n\end{pmatrix}\begin{pmatrix}1&l_{21}&l_{31}&\cdots&l_{n1}\\ &1&l_{32}&\cdots&l_{n2}\\ &&1&\cdots&l_{n3}\\ &&&\ddots&\vdots\\ &&&&1\end{pmatrix}$$

$$=\begin{pmatrix}1&&&&\\ l_{21}&1&&&\\ l_{31}&l_{32}&1&&\\ \vdots&\vdots&\vdots&\ddots&\\ l_{n1}&l_{n2}&l_{n3}&\cdots&1\end{pmatrix}\begin{pmatrix}d_1&d_1l_{21}&d_1l_{31}&\cdots&d_1l_{n1}\\ &d_2&d_2l_{32}&\cdots&d_2l_{n2}\\ &&d_3&\cdots&d_3l_{n3}\\ &&&\ddots&\vdots\\ &&&&d_n\end{pmatrix}=\boldsymbol{L}(\boldsymbol{DL}^{\mathrm{T}})=\boldsymbol{LU},$$

所以 $\boldsymbol{U}=\boldsymbol{DL}^{\mathrm{T}}$, $u_{ij}=d_il_{ji}$, 可得 $\boldsymbol{LDL}^{\mathrm{T}}$ 的分解计算公式

$$\begin{cases}u_{kj}=a_{kj}-\displaystyle\sum_{p=1}^{k-1} l_{kp}u_{pj}, & j=k,k+1,\cdots,n,\\ l_{ik}=\dfrac{u_{ki}}{u_{kk}}, & i=k+1,k+2,\cdots,n.\end{cases}\tag{3.27}$$

按上述方法得到矩阵 $\boldsymbol{A}$ 的 $\boldsymbol{LDL}^{\mathrm{T}}$ 分解后, 求解 $\boldsymbol{Ly}=\boldsymbol{b}$ 和 $\boldsymbol{DL}^{\mathrm{T}}\boldsymbol{x}=\boldsymbol{y}$ 的计算公

式分别为

$$\begin{cases} y_1 = b_1, \\ y_i = b_i - \sum\limits_{k=1}^{i-1} l_{ik} y_k, \quad i = 2, 3, \cdots, n; \end{cases} \tag{3.28}$$

$$\begin{cases} x_n = \dfrac{y_n}{d_n}, \\ x_i = \dfrac{y_i}{d_i} - \sum\limits_{k=i+1}^{n} l_{ki} x_k, \quad i = n-1, n-2, \cdots, 1. \end{cases} \tag{3.29}$$

上述求解公式称为改进的平方根法, 可以减少存储单元. $\boldsymbol{A} = \boldsymbol{LDL}^{\mathrm{T}}$ 分解, 既适合求解对称正定方程组, 也适合求解 $\boldsymbol{A}$ 为对称而各阶顺序主子式不为零的方程组; 而 $\boldsymbol{A} = \boldsymbol{LL}^{\mathrm{T}}$ 只适合求解对称正定方程组.

例 3.6 已知方程组 $\begin{pmatrix} 2 & -1 & b \\ -1 & 2 & a \\ b & -1 & 2 \end{pmatrix} \begin{pmatrix} x_1 \\ x_2 \\ x_3 \end{pmatrix} = \begin{pmatrix} 2 \\ 0 \\ 1 \end{pmatrix}$, 试问参数 a, b 满足什么条件时, 可选用楚列斯基分解法求解该方程组?

解 当系数矩阵 $\boldsymbol{A}$ 对称正定时, 可用楚列斯基分解法求解. 由 $\boldsymbol{A}^{\mathrm{T}} = \boldsymbol{A}$ 得 $a = -1$. 对称正定的充要条件是其各阶顺序主子式均大于零, 由 $D_1 = 2 > 0$, $D_2 = 4 - 1 = 3 > 0$, 而

$$D_3 = \begin{vmatrix} 2 & -1 & b \\ -1 & 2 & a \\ b & -1 & 2 \end{vmatrix} = 4 + 2b - 2b^2,$$

即由 $b^2 - b - 2 < 0$ 可推出 $-1 < b < 2$. 故当 $a = -1$, $-1 < b < 2$ 时, 此方程组可用楚列斯基分解法求解.

例 3.7 试用改进的平方根法求解方程组 $\begin{pmatrix} 4 & -1 & 1 \\ -1 & 2 & -2 \\ 1 & -2 & 3 \end{pmatrix} \begin{pmatrix} x_1 \\ x_2 \\ x_3 \end{pmatrix} = \begin{pmatrix} 5 \\ -3 \\ 6 \end{pmatrix}$.

解 由式 (3.27), 可得

$$\boldsymbol{A} = \begin{pmatrix} 1 & & \\ -0.25 & 1 & \\ 0.25 & -1 & 1 \end{pmatrix} \begin{pmatrix} 4 & & \\ & 1.75 & \\ & & 1 \end{pmatrix} \begin{pmatrix} 1 & -0.25 & 0.25 \\ & 1 & -1 \\ & & 1 \end{pmatrix} = \boldsymbol{LDL}^{\mathrm{T}},$$

由 $\boldsymbol{Ly}=\boldsymbol{b}$, 即

$$\begin{pmatrix} 1 & & \\ -0.25 & 1 & \\ 0.25 & -1 & 1 \end{pmatrix}\begin{pmatrix} y_1 \\ y_2 \\ y_3 \end{pmatrix}=\begin{pmatrix} 5 \\ -3 \\ 6 \end{pmatrix},$$

得 $y_1=5, y_2=-1.75, y_3=3$, 即 $\boldsymbol{y}=(5,-1.75,3)^{\mathrm{T}}$, 从而 $\boldsymbol{D}^{-1}\boldsymbol{y}=(1.25,-1,3)^{\mathrm{T}}$, 由 $\boldsymbol{L}^{\mathrm{T}}\boldsymbol{x}=\boldsymbol{D}^{-1}\boldsymbol{y}$ 得

$$\begin{pmatrix} 1 & -0.25 & 0.25 \\ & 1 & -1 \\ & & 1 \end{pmatrix}\begin{pmatrix} x_1 \\ x_2 \\ x_3 \end{pmatrix}=\begin{pmatrix} 1.25 \\ -1 \\ 3 \end{pmatrix},$$

得 $x_3=3, x_2=2, x_1=1$, 所以方程的解为 $\boldsymbol{x}=(1,2,3)^{\mathrm{T}}$.

3.3.2　三对角线性方程组的追赶法

在科学与工程计算中, 经常遇到求解三对角方程组的问题, 三对角矩阵属于所谓的“带状矩阵”, 在大多数应用中, 带状矩阵是严格对角占优的或正定的, 下面先给出带状矩阵的定义.

定义 3.1　n 阶矩阵 $\boldsymbol{A}=(a_{ij})$, 如果存在正整数 $p,q(1<p,q<n)$, 当 $i+p\leqslant j$ 或 $j+q\leqslant i$ 时, 有 $a_{ij}=0$, 则称矩阵 $\boldsymbol{A}$ 为带状矩阵, 并称 $w=p+q-1$ 为该带状矩阵的“带宽”.

三对角方程组的一般形式是

$$\boldsymbol{Ax}=\boldsymbol{f}, \tag{3.30}$$

其中

$$\boldsymbol{A}=\begin{pmatrix} b_1 & c_1 & & & \\ a_2 & b_2 & c_2 & & \\ & \ddots & \ddots & \ddots & \\ & & a_{n-1} & b_{n-1} & c_{n-1} \\ & & & a_n & b_n \end{pmatrix}, \quad \boldsymbol{f}=\begin{pmatrix} f_1 \\ f_2 \\ \vdots \\ f_{n-1} \\ f_n \end{pmatrix}.$$

当 $i-j>1$ 时, $a_{ij}=0$, 且 $\boldsymbol{A}$ 满足

$$\begin{cases} |b_1|>|c_1|>0, \\ |b_i|\geqslant|a_i|+|c_i|>0, \quad a_i,c_i\neq 0, \quad i=2,3,\cdots,n-1, \\ |b_n|>|a_n|, \end{cases} \tag{3.31}$$

其系数矩阵是一种带状稀疏矩阵, 非零元均在主对角线及其相邻的两条次对角线上, 且系数矩阵 $\boldsymbol{A}$ 是对角占优矩阵, 此时 $\boldsymbol{A}$ 的各阶顺序主子式不为零, 因此 $\boldsymbol{A}$ 有

唯一的三角分解, 根据矩阵 $\boldsymbol{A}$ 的特点, 可将 $\boldsymbol{A}$ 进行克劳特分解, 即 $\boldsymbol{A}=\boldsymbol{L}\boldsymbol{U}$, 其中 $\boldsymbol{L}$ 为下三角矩阵, $\boldsymbol{U}$ 为单位上三角矩阵, 写出矩阵形式即为

$$
\begin{pmatrix}
b_1 & c_1 & & & \\
a_2 & b_2 & c_2 & & \\
& \ddots & \ddots & \ddots & \\
& & a_{n-1} & b_{n-1} & c_{n-1} \\
& & & a_n & b_n
\end{pmatrix}
=\begin{pmatrix}
m_1 & & & & \\
r_2 & m_2 & & & \\
& \ddots & \ddots & & \\
& & r_{n-1} & m_{n-1} & \\
& & & r_n & m_n
\end{pmatrix}
\begin{pmatrix}
1 & s_1 & & & \\
& 1 & s_2 & & \\
& & \ddots & \ddots & \\
& & & 1 & s_{n-1} \\
& & & & 1
\end{pmatrix}.
$$

由矩阵乘法, 比较上式两边对应元素可得

$$
\begin{cases}
b_1=m_1, \quad c_1=m_1 s_1, \\
a_i=r_i, \quad b_i=m_i+r_i s_{i-1}, \quad i=2,3,\cdots,n, \\
c_i=m_i s_i, \quad i=2,3,\cdots,n-1.
\end{cases} \tag{3.32}
$$

从式 (3.32) 可解出

$$
\begin{cases}
m_1=b_1, \quad s_1=\dfrac{c_1}{m_1}, \\
r_i=a_i, \quad m_i=b_i-a_i s_{i-1}, \quad i=2,3,\cdots,n, \\
s_i=\dfrac{c_i}{m_i}, \quad i=2,3,\cdots,n-1.
\end{cases} \tag{3.33}
$$

可见, 对 $\boldsymbol{A}$ 的分解只需求 m_i, s_i, 且按 $m_1 \to s_1 \to m_2 \to s_2 \to \cdots \to m_{n-1} \to s_{n-1} \to m_n$ 的递推过程进行, 形象地称为“追”的过程 (下标由小到大的过程).

这样, 解方程组 (3.30) 就化为求 $\boldsymbol{LUx}=\boldsymbol{f}$, 令 $\boldsymbol{Ux}=\boldsymbol{y}$, 则 $\boldsymbol{Ly}=\boldsymbol{f}$.

解方程组 $\boldsymbol{Ly}=\boldsymbol{f}$, 即

$$
\begin{pmatrix}
m_1 & & & & \\
a_2 & m_2 & & & \\
& \ddots & \ddots & & \\
& & a_{n-1} & m_{n-1} & \\
& & & a_n & m_n
\end{pmatrix}
\begin{pmatrix} y_1 \\ y_2 \\ \vdots \\ y_{n-1} \\ y_n \end{pmatrix}
=\begin{pmatrix} f_1 \\ f_2 \\ \vdots \\ f_{n-1} \\ f_n \end{pmatrix}
$$

$$\Rightarrow \begin{cases} m_1 y_1 = f_1, \\ a_i y_{i-1} + m_i y_i = f_i, \quad i = 2, 3, \cdots, n. \end{cases}$$

求得 $\boldsymbol{y}$,

$$\begin{cases} y_1 = f_1 / m_1, \\ y_i = (f_i - a_i y_{i-1}) / m_i, \quad i = 2, 3, \cdots, n. \end{cases} \tag{3.34}$$

再解方程组 $\boldsymbol{U x} = \boldsymbol{y}$, 即

$$\begin{pmatrix} 1 & s_1 & & & \\ & 1 & s_2 & & \\ & & \ddots & \ddots & \\ & & & 1 & s_{n-1} \\ & & & & 1 \end{pmatrix} \begin{pmatrix} x_1 \\ x_2 \\ \vdots \\ x_{n-1} \\ x_n \end{pmatrix} = \begin{pmatrix} y_1 \\ y_2 \\ \vdots \\ y_{n-1} \\ y_n \end{pmatrix}$$

$$\Rightarrow \begin{cases} x_i + s_i x_{i+1} = y_i, \quad i = 1, 2, \cdots, n-1, \\ x_n = y_n. \end{cases}$$

从而解出 $\boldsymbol{x}$,

$$\begin{cases} x_n = y_n, \\ x_i = y_i - s_i x_{i+1}, \quad i = n-1, n-2, \cdots, 1. \end{cases} \tag{3.35}$$

形象地称回代求解过程 (3.35) 为“赶”的过程 (下标由大到小的过程), 由式 (3.33)—(3.35) 求解方程组 (3.30) 的方法称为**追赶法**.

从计算 y_i 的式 (3.34) 可以看出, 只要算出 m_i 和 y_{i-1} 就可以计算 y_i, 所以也将计算式 (3.34) 归于“追”的过程 (下标由小到大的过程).

如果对三对角矩阵 $\boldsymbol{A}$ 进行杜利特尔分解, 即 $\boldsymbol{A} = \boldsymbol{L U}$, 其中 $\boldsymbol{L}$ 为单位下三角矩阵, $\boldsymbol{U}$ 为上三角矩阵, 写出矩阵形式即为

$$\begin{pmatrix} b_1 & c_1 & & & \\ a_2 & b_2 & c_2 & & \\ & \ddots & \ddots & \ddots & \\ & & a_{n-1} & b_{n-1} & c_{n-1} \\ & & & a_n & b_n \end{pmatrix}$$

$$= \begin{pmatrix} 1 & & & & \\ l_2 & 1 & & & \\ & \ddots & \ddots & & \\ & & l_{n-1} & 1 & \\ & & & l_n & 1 \end{pmatrix} \begin{pmatrix} u_1 & c_1 & & & \\ & u_2 & c_2 & & \\ & & \ddots & \ddots & \\ & & & u_{n-1} & c_{n-1} \\ & & & & u_n \end{pmatrix}.$$

由矩阵乘法, 比较上式两边对应元素可得 l_i, u_i 的计算公式为

$$\begin{cases} u_1 = b_1, \\ l_i = a_i/u_{i-1}, \quad i = 2, 3, \cdots, n, \\ u_i = b_i - l_i c_{i-1}, \end{cases} \tag{3.36}$$

计算 $\boldsymbol{L}\boldsymbol{y} = \boldsymbol{f}$ 的解 $\boldsymbol{y}$ 的递推公式为

$$\begin{cases} y_1 = f_1, \\ y_i = f_i - l_i y_{i-1}, \quad i = 2, 3, \cdots, n. \end{cases} \tag{3.37}$$

计算 $\boldsymbol{U}\boldsymbol{x} = \boldsymbol{y}$ 的解 $\boldsymbol{x}$ 的递推公式为

$$\begin{cases} x_n = y_n/u_n, \\ x_i = (y_i - c_i x_{i+1})/u_i, \quad i = n-1, n-2, \cdots, 1. \end{cases} \tag{3.38}$$

事实上, 对三对角矩阵 $\boldsymbol{A}$ 进行克劳特分解时, 由式 (3.33) 知

$$|s_1| = |c_1/m_1| = |c_1/b_1| < 1.$$

下面用归纳法证明 $0 < |s_i| < 1$.

假定对 $i-1$ 成立, 即 $0 < |s_{i-1}| < 1$, 由假设条件及式 (3.33) 有

$$|m_i| = |b_i - a_i s_{i-1}| \geqslant |b_i| - |a_i s_{i-1}| > |b_i| - |a_i| \geqslant |c_i| \neq 0,$$

从而, 由数学归纳法知 $0 < |s_i| < 1$. 另由 $|s_i| = |c_i|/|m_i| < 1$ 可知

$$0 < |c_i| \leqslant |b_i| - |a_i| < |m_i| = |b_i - a_i s_{i-1}| < |b_i| + |a_i|.$$

事实上, 追赶法就是把高斯消元法用到求解三对角线性方程组上的结果. 由方程组的特点知该算法既稳定又计算简单.

例 3.8 用追赶法求解方程组 $\begin{pmatrix} 2 & -1 & & & \\ -1 & 2 & -1 & & \\ & -1 & 2 & -1 & \\ & & -1 & 2 & -1 \\ & & & -1 & 2 \end{pmatrix}\begin{pmatrix} x_1 \\ x_2 \\ x_3 \\ x_4 \\ x_5 \end{pmatrix} = \begin{pmatrix} 1 \\ 0 \\ 0 \\ 0 \\ 0 \end{pmatrix}$.

解 对系数矩阵 $\boldsymbol{A}$ 进行克劳特分解, 即

$$\begin{pmatrix} 2 & -1 & & & \\ -1 & 2 & -1 & & \\ & -1 & 2 & -1 & \\ & & -1 & 2 & -1 \\ & & & -1 & 2 \end{pmatrix} = \begin{pmatrix} m_1 & & & & \\ -1 & m_2 & & & \\ & -1 & m_3 & & \\ & & -1 & m_4 & \\ & & & -1 & m_5 \end{pmatrix}\begin{pmatrix} 1 & s_1 & & & \\ & 1 & s_2 & & \\ & & 1 & s_3 & \\ & & & 1 & s_4 \\ & & & & 1 \end{pmatrix},$$

利用求解公式 (3.33), 可得

$$m_1 = 2, \quad s_1 = -\frac{1}{2}, \quad m_2 = \frac{3}{2}, \quad s_2 = -\frac{2}{3}, \quad m_3 = \frac{4}{3}, \quad s_3 = -\frac{3}{4},$$

$$m_4 = \frac{5}{4}, \quad s_4 = -\frac{4}{5}, \quad m_5 = \frac{6}{5}.$$

解方程

$$\begin{pmatrix} 2 & & & & \\ -1 & \frac{3}{2} & & & \\ & -1 & \frac{4}{3} & & \\ & & -1 & \frac{5}{4} & \\ & & & -1 & \frac{6}{5} \end{pmatrix} \begin{pmatrix} y_1 \\ y_2 \\ y_3 \\ y_4 \\ y_5 \end{pmatrix} = \begin{pmatrix} 1 \\ 0 \\ 0 \\ 0 \\ 0 \end{pmatrix},$$

可得 $\boldsymbol{y} = \left(\frac{1}{2}, \frac{1}{3}, \frac{1}{4}, \frac{1}{5}, \frac{1}{6}\right)^{\mathrm{T}}$. 解方程

$$\begin{pmatrix} 1 & -\frac{1}{2} & & & \\ & 1 & -\frac{2}{3} & & \\ & & 1 & -\frac{3}{4} & \\ & & & 1 & -\frac{4}{5} \\ & & & & 1 \end{pmatrix} \begin{pmatrix} x_1 \\ x_2 \\ x_3 \\ x_4 \\ x_5 \end{pmatrix} = \begin{pmatrix} \frac{1}{2} \\ \frac{1}{3} \\ \frac{1}{4} \\ \frac{1}{5} \\ \frac{1}{6} \end{pmatrix},$$

可得 $\boldsymbol{x} = \left(\frac{5}{6}, \frac{2}{3}, \frac{1}{2}, \frac{1}{3}, \frac{1}{6}\right)^{\mathrm{T}}$.

3.4 向量与矩阵的范数

在数域中, 数的大小或数之间的距离可以用绝对值或模来衡量. 在研究线性方程组近似解的误差估计和迭代法的收敛性时, 需要对 $\mathbb{R}^n$ 中的向量及 $\mathbb{R}^{n\times n}$ 中矩阵的大小进行度量, 为此引入向量和矩阵范数的概念.

3.4.1 向量范数

向量范数概念是三维欧氏空间中向量长度概念的推广, 在数值分析中起着重要作用. 首先将向量长度概念推广到 $\mathbb{R}^n$(或 $\mathbb{C}^n$) 中.

1. 向量范数的定义

定义 3.2 (向量范数) 如果向量 $\boldsymbol{x}=(x_1,x_2,\cdots,x_n)^{\mathrm{T}}\in\mathbb{R}^n$(或 $\mathbb{C}^n$) 的某个实值函数 $N(\boldsymbol{x})=\|\boldsymbol{x}\|$, 满足条件:

(1) $\|\boldsymbol{x}\|\geqslant 0$, $\|\boldsymbol{x}\|=0\Leftrightarrow \boldsymbol{x}=\boldsymbol{0}$ (正定性);

(2) $\|\alpha\boldsymbol{x}\|=|\alpha|\|\boldsymbol{x}\|$, $\forall\alpha\in\mathbb{R}$(或 $\alpha\in\mathbb{C}$) (齐次性);

(3) $\|\boldsymbol{x}+\boldsymbol{y}\|\leqslant\|\boldsymbol{x}\|+\|\boldsymbol{y}\|$, $\forall\boldsymbol{x},\boldsymbol{y}\in\mathbb{R}^n$ (三角不等式),

则称 $N(\boldsymbol{x})=\|\boldsymbol{x}\|$ 是 $\mathbb{R}^n$(或 $\mathbb{C}^n$) 的关于向量 $\boldsymbol{x}$ 的**范数** (或模).

从定义立即推出向量范数有:

(1) 对任意 $\boldsymbol{x}\in\mathbb{R}^n$, 有 $\|-\boldsymbol{x}\|=\|\boldsymbol{x}\|$;

(2) 对任意 $\boldsymbol{x},\boldsymbol{y}\in\mathbb{R}^n$, 有 $|\|\boldsymbol{x}\|-\|\boldsymbol{y}\||\leqslant\|\boldsymbol{x}-\boldsymbol{y}\|$.

可以证明下面三个是向量的范数, 通常称为向量的 p-**范数**($p=1,2,\infty$), 也是常用的向量范数.

(1) 向量的 1-范数: $\|\boldsymbol{x}\|_1=\sum\limits_{i=1}^{n}|x_i|=|x_1|+|x_2|+\cdots+|x_n|$;

(2) 向量的 2-范数: $\|\boldsymbol{x}\|_2=\left(\sum\limits_{i=1}^{n}|x_i|^2\right)^{\frac{1}{2}}=\sqrt{x_1^2+x_2^2+\cdots+x_n^2}$;

(3) 向量的 ∞-范数: $\|\boldsymbol{x}\|_\infty=\max\limits_{1\leqslant i\leqslant n}|x_i|=\max\{|x_1|,|x_2|,\cdots,|x_n|\}$.

更一般地, 设 $\|\boldsymbol{x}\|_p=\left(\sum\limits_{i=1}^{n}|x_i|^p\right)^{\frac{1}{p}}$, $p\in[1,\infty)$ 是向量范数, $p\in(0,1)$ 不是向量范数.

例 3.9 对任意向量 $\boldsymbol{x}$, 证明 $\lim\limits_{p\to\infty}\|\boldsymbol{x}\|_p=\|\boldsymbol{x}\|_\infty$.

证明 因为 $\|\boldsymbol{x}\|_\infty=\max\limits_{1\leqslant i\leqslant n}|x_i|$, 所以

$$\|\boldsymbol{x}\|_\infty=\left(\max_{1\leqslant i\leqslant n}|x_i|^p\right)^{\frac{1}{p}}\leqslant\left(\sum_{i=1}^{n}|x_i|^p\right)^{\frac{1}{p}}\leqslant\left(n\max_{1\leqslant i\leqslant n}|x_i|^p\right)^{\frac{1}{p}},$$

即

$$\|\boldsymbol{x}\|_\infty\leqslant\|\boldsymbol{x}\|_p\leqslant n^{\frac{1}{p}}\|\boldsymbol{x}\|_\infty.$$

当 $p\to\infty$ 时, 有 $n^{\frac{1}{p}}\to 1$, 所以结论成立. 证毕.

例 3.10 求向量 $\boldsymbol{x}=(4,4,-4,-4)^{\mathrm{T}}$, $\boldsymbol{y}=(0,5,5,5)^{\mathrm{T}}$, $\boldsymbol{z}=(6,0,0,0)^{\mathrm{T}}$ 的常用 p-范数.

解 根据 p-范数的定义, 有表 3.3.

由此例可以看出, 对于同一个向量, 1-范数最大, ∞-范数最小.

表 3.3　三个向量的 p-范数

向量	范数		
	$\|\cdot\|_1$	$\|\cdot\|_2$	$\|\cdot\|_\infty$
$\boldsymbol{x}$	16	8	4
$\boldsymbol{y}$	15	8.66	5
$\boldsymbol{z}$	6	6	6

2. 向量范数的性质

定理 3.8 (范数 $N(\boldsymbol{x})$ 的连续性)　设 $N(\boldsymbol{x}) = \|\boldsymbol{x}\|$ 为 $\mathbb{R}^n$ 上任一向量范数, 则 $N(\boldsymbol{x})$ 是 $\boldsymbol{x}$ 的分量 $x_1, x_2, \cdots, x_n$ 的连续函数.

证明　令 $\boldsymbol{e}_i = (0, \cdots, 0, 1, 0, \cdots, 0)^{\mathrm{T}}$, 它是 $\mathbb{R}^n$ 空间中第 $i(i = 1, 2, \cdots, n)$ 个单位向量, 则对任意 $\boldsymbol{x} = (x_1, x_2, \cdots, x_n)^{\mathrm{T}}$, $\boldsymbol{y} = (y_1, y_2, \cdots, y_n)^{\mathrm{T}}$ 有

$$\boldsymbol{x} = \sum_{i=1}^{n} x_i \boldsymbol{e}_i, \quad \boldsymbol{y} = \sum_{i=1}^{n} y_i \boldsymbol{e}_i.$$

只需证明当 $\boldsymbol{x} \to \boldsymbol{y}$ 时 $N(\boldsymbol{x}) \to N(\boldsymbol{y})$ 即可.

事实上, 根据范数的齐次性和三角不等式性质有

$$\begin{aligned} |N(\boldsymbol{x}) - N(\boldsymbol{y})| &= |\, \|\boldsymbol{x}\| - \|\boldsymbol{y}\| \,| \leqslant \|\boldsymbol{x} - \boldsymbol{y}\| = \left\| \sum_{i=1}^{n} (x_i - y_i) \boldsymbol{e}_i \right\| \\ &\leqslant \sum_{i=1}^{n} |x_i - y_i| \|\boldsymbol{e}_i\| \leqslant \|\boldsymbol{x} - \boldsymbol{y}\|_\infty \sum_{i=1}^{n} \|\boldsymbol{e}_i\|, \end{aligned}$$

从而, 当 $\boldsymbol{x} \to \boldsymbol{y}$ 时, 有

$$|N(\boldsymbol{x}) - N(\boldsymbol{y})| \leqslant c \|\boldsymbol{x} - \boldsymbol{y}\|_\infty \to 0,$$

其中, $c = \sum\limits_{i=1}^{n} \|\boldsymbol{e}_i\|$. 证毕.

定理 3.9(向量范数的等价性)　设 $\|\boldsymbol{x}\|_\alpha$ 和 $\|\boldsymbol{x}\|_\beta$ 为 $\mathbb{R}^n$ 上两种向量范数, 则对任给 $\boldsymbol{x} \in \mathbb{R}^n$, 存在常数 c_1, c_2 使得

$$c_1 \|\boldsymbol{x}\|_\alpha \leqslant \|\boldsymbol{x}\|_\beta \leqslant c_2 \|\boldsymbol{x}\|_\alpha.$$

证明　当 $\boldsymbol{x} = \boldsymbol{0}$ 时结论显然成立, 下证 $\boldsymbol{x} \neq \boldsymbol{0}$ 时结论也成立. 令

$$\Omega = \left\{ \frac{\boldsymbol{x}}{\|\boldsymbol{x}\|_\infty}, \boldsymbol{x} \in \mathbb{R}^n \right\},$$

它是 $\mathbb{R}^n$ 中在范数 $\|\cdot\|_\infty$ 意义下的单位球面. 由定理 3.8 可知, 范数 $\|\cdot\|_\alpha$ 是有界闭集 Ω 上的连续函数, 故它在 Ω 上有最大值 M_1 和最小值 m_1. 而 $\dfrac{\boldsymbol{x}}{\|\boldsymbol{x}\|_\infty}$ 在 Ω 内,

于是有

$$m_1 \leqslant \left\| \frac{\boldsymbol{x}}{\|\boldsymbol{x}\|_\infty} \right\|_\alpha \leqslant M_1,$$

从而可得

$$m_1\|\boldsymbol{x}\|_\infty \leqslant \|\boldsymbol{x}\|_\alpha \leqslant M_1\|\boldsymbol{x}\|_\infty.$$

同样, $\|\boldsymbol{x}\|_\beta$ 也是有界闭集 Ω 上的连续函数, 故它在 Ω 上也有最大值 M_2 和最小值 m_2, 即有

$$m_2\|\boldsymbol{x}\|_\infty \leqslant \|\boldsymbol{x}\|_\beta \leqslant M_2\|\boldsymbol{x}\|_\infty,$$

因此, 可推出

$$\frac{m_2}{M_1}\|\boldsymbol{x}\|_\alpha \leqslant \|\boldsymbol{x}\|_\beta \leqslant \frac{M_2}{m_1}\|\boldsymbol{x}\|_\alpha \quad \text{或} \quad \frac{m_1}{M_2}\|\boldsymbol{x}\|_\beta \leqslant \|\boldsymbol{x}\|_\alpha \leqslant \frac{M_1}{m_2}\|\boldsymbol{x}\|_\beta.$$

令 $c_1 = \dfrac{m_2}{M_1},\ c_2 = \dfrac{M_2}{m_1}$, 则

$$c_1\|\boldsymbol{x}\|_\alpha \leqslant \|\boldsymbol{x}\|_\beta \leqslant c_2\|\boldsymbol{x}\|_\alpha.$$

范数的等价性说明, 一种范数可由另一种范数所控制, 因而一般有, 在 $\mathbb{R}^n$ 上所有范数是等价的. 容易证明, 常用的向量 p-范数满足下面关系式:

$$\|\boldsymbol{x}\|_2 \leqslant \|\boldsymbol{x}\|_1 \leqslant \sqrt{n}\|\boldsymbol{x}\|_2, \tag{3.39}$$

$$\|\boldsymbol{x}\|_\infty \leqslant \|\boldsymbol{x}\|_1 \leqslant n\|\boldsymbol{x}\|_\infty, \tag{3.40}$$

$$\|\boldsymbol{x}\|_\infty \leqslant \|\boldsymbol{x}\|_2 \leqslant \sqrt{n}\|\boldsymbol{x}\|_\infty. \tag{3.41}$$

3. 向量的极限

向量范数的定义提供了度量两个向量的距离标准, 在范数概念下, 我们可以讨论向量序列的收敛性问题.

定义 3.3 设 $\boldsymbol{x}^{(k)}$ 为 $\mathbb{R}^n$ 中一向量序列, $\boldsymbol{x}^* \in \mathbb{R}^n$, 记 $\boldsymbol{x}^{(k)} = \left(x_1^{(k)}, x_2^{(k)}, \cdots, x_n^{(k)}\right)^{\mathrm{T}}$, $\boldsymbol{x}^* = (x_1^*, x_2^*, \cdots, x_n^*)^{\mathrm{T}}$. 如果

$$\lim_{k\to\infty} x_i^{(k)} = x_i^*, \quad i = 1, 2, \cdots, n,$$

则称向量序列 $\boldsymbol{x}^{(k)}$ 收敛于向量 $\boldsymbol{x}^*$, 记为 $\lim\limits_{k\to\infty} \boldsymbol{x}^{(k)} = \boldsymbol{x}^*$.

定理 3.10 设 $\boldsymbol{x}^{(k)}$ 为 $\mathbb{R}^n$ 中一向量序列, $\boldsymbol{x}^* \in \mathbb{R}^n$, 则

$$\lim_{k\to\infty} \boldsymbol{x}^{(k)} = \boldsymbol{x}^* \Leftrightarrow \lim_{k\to\infty} \|\boldsymbol{x}^{(k)} - \boldsymbol{x}^*\| = 0,$$

其中 $\|\cdot\|$ 为向量的任一种范数.

证明 显然有

$$\lim_{k\to\infty}\boldsymbol{x}^{(k)}=\boldsymbol{x}^*\Leftrightarrow\lim_{k\to\infty}\|\boldsymbol{x}^{(k)}-\boldsymbol{x}^*\|_\infty=0,$$

而对于 $\mathbb{R}^n$ 上任一种范数 $\|\cdot\|$, 由定理 (3.9) 知, 存在常数 c_1,c_2 使得

$$c_1\|\boldsymbol{x}^{(k)}-\boldsymbol{x}^*\|_\infty\leqslant\|\boldsymbol{x}^{(k)}-\boldsymbol{x}^*\|\leqslant c_2\|\boldsymbol{x}^{(k)}-\boldsymbol{x}^*\|_\infty,$$

因此, 由夹逼定理可知

$$\lim_{k\to\infty}\|\boldsymbol{x}^{(k)}-\boldsymbol{x}^*\|_\infty=0\Leftrightarrow\lim_{k\to\infty}\|\boldsymbol{x}^{(k)}-\boldsymbol{x}^*\|=0.$$

此定理说明, 如果在一种范数意义下向量序列收敛, 则在其他范数意义下该向量序列也收敛, 就是说向量序列是否收敛与选取哪种范数无关.

3.4.2 矩阵范数

下面将向量范数概念推广到矩阵上去. 视 $\mathbb{R}^{n\times n}$ 中的矩阵为 $\mathbb{R}^{n^2}$ 中的向量, 则由 $\mathbb{R}^{n^2}$ 上的 2-范数可以得到 $\mathbb{R}^{n\times n}$ 中矩阵的一种范数

$$F(\boldsymbol{A})=\|\boldsymbol{A}\|_F=\left(\sum_{i,j=1}^{n}a_{ij}^2\right)^{\frac{1}{2}},$$

称为 $\boldsymbol{A}$ 的弗罗贝尼乌斯 (Frobenius) 范数, 简称 F-范数, $\|\boldsymbol{A}\|_F$ 显然满足正定性、齐次性及三角不等式.

下面给出矩阵范数的一般定义.

定义 3.4(矩阵范数) 如果矩阵 $\boldsymbol{A}\in\mathbb{R}^{n\times n}$ 的某个非负实值函数 $N(\boldsymbol{A})=\|\boldsymbol{A}\|$, 满足条件:

(1) $\|\boldsymbol{A}\|\geqslant 0$, $\|\boldsymbol{A}\|=0\Leftrightarrow\boldsymbol{A}=\boldsymbol{0}$ (正定性);

(2) $\|c\boldsymbol{A}\|=|c|\cdot\|\boldsymbol{A}\|$, $\forall c\in\mathbb{R}$ (齐次性);

(3) $\|\boldsymbol{A}+\boldsymbol{B}\|\leqslant\|\boldsymbol{A}\|+\|\boldsymbol{B}\|$, $\forall\boldsymbol{A},\boldsymbol{B}\in\mathbb{R}^{n\times n}$ (三角不等式);

(4) $\|\boldsymbol{A}\boldsymbol{B}\|\leqslant\|\boldsymbol{A}\|\cdot\|\boldsymbol{B}\|$, $\forall\boldsymbol{A},\boldsymbol{B}\in\mathbb{R}^{n\times n}$ (相容性),

则称 $N(\boldsymbol{A})=\|\boldsymbol{A}\|$ 是 $\mathbb{R}^{n\times n}$ 上的一个**矩阵范数** (**或模**).

例 3.11 已知 $\boldsymbol{A}=(a_{ij})_{n\times n}$, 证明: $\|\boldsymbol{A}\|=\sum\limits_{i=1}^{n}\sum\limits_{j=1}^{n}|a_{ij}|$ 是一种矩阵范数.

证明 (1) $\|\boldsymbol{A}\|=\sum\limits_{i=1}^{n}\sum\limits_{j=1}^{n}|a_{ij}|\geqslant 0$ 且 $\|\boldsymbol{A}\|=0\Leftrightarrow\boldsymbol{A}=\boldsymbol{0}$;

(2) 对任意实数 c, 有

$$\|c\boldsymbol{A}\|=\sum_{i=1}^{n}\sum_{j=1}^{n}|ca_{ij}|=|c|\sum_{i=1}^{n}\sum_{j=1}^{n}|a_{ij}|=|c|\cdot\|\boldsymbol{A}\|;$$

(3) $\|\boldsymbol{A}+\boldsymbol{B}\|=\sum\limits_{i=1}^{n}\sum\limits_{j=1}^{n}|a_{ij}+b_{ij}|\leqslant\sum\limits_{i=1}^{n}\sum\limits_{j=1}^{n}|a_{ij}|+\sum\limits_{i=1}^{n}\sum\limits_{j=1}^{n}|b_{ij}|=\|\boldsymbol{A}\|+\|\boldsymbol{B}\|$;

(4) $$\|\boldsymbol{AB}\|=\sum_{i=1}^{n}\sum_{j=1}^{n}\left|\sum_{k=1}^{n}a_{ik}b_{kj}\right|\leqslant\sum_{i=1}^{n}\sum_{j=1}^{n}\sum_{k=1}^{n}|a_{ik}|\,|b_{kj}|$$
$$\leqslant\left(\sum_{i=1}^{n}\sum_{k=1}^{n}|a_{ik}|\right)\left(\sum_{k=1}^{n}\sum_{k=j}^{n}|b_{kj}|\right)=\|\boldsymbol{A}\|\cdot\|\boldsymbol{B}\|.$$

故 $\|\boldsymbol{A}\|$ 是一种矩阵范数.

矩阵范数的种类很多, 由于在大多数与估计有关的问题中, 矩阵和向量会同时参与讨论, 所以希望引进一种矩阵的范数, 它是和向量范数相联系而且相容的, 即对任何向量 $\boldsymbol{x}\in\mathbb{R}^n$ 及 $\boldsymbol{A}\in\mathbb{R}^{n\times n}$ 都成立

$$\|\boldsymbol{Ax}\|\leqslant\|\boldsymbol{A}\|\cdot\|\boldsymbol{x}\|. \tag{3.42}$$

这时称式 (3.42) 为矩阵范数和向量范数的相容性. 利用相容性, 我们可引出一种由向量范数诱导出的矩阵范数.

定义 3.5 (矩阵的算子范数) 设 $\boldsymbol{x}\in\mathbb{R}^n$ 及 $\boldsymbol{A}\in\mathbb{R}^{n\times n}$, 给定向量 $\boldsymbol{x}$ 的一种范数 $\|\boldsymbol{x}\|_\alpha$ (如 p-范数), 定义矩阵 $\boldsymbol{A}$ 的非负函数

$$\|\boldsymbol{A}\|_\alpha=\max_{\boldsymbol{x}\neq\boldsymbol{0}}\frac{\|\boldsymbol{Ax}\|_\alpha}{\|\boldsymbol{x}\|_\alpha}=\max_{\|\boldsymbol{x}\|_\alpha=1}\|\boldsymbol{Ax}\|_\alpha. \tag{3.43}$$

可以验证 $\|\boldsymbol{A}\|_\alpha$ 满足矩阵范数的定义, 称它为从属于向量范数 $\|\boldsymbol{x}\|_\alpha$ 的矩阵范数, 简称为**从属范数**, 有时也称为**算子范数**或**诱导范数**.

显然, 式 (3.43) 所定义的矩阵范数 $\|\boldsymbol{A}\|_\alpha$ 与向量范数 $\|\boldsymbol{x}\|_\alpha$ 是相容的. 矩阵的范数是 $\mathbb{R}^n$ 上满足 $\|\boldsymbol{x}\|_\alpha=1$ 的向量范数 $\|\boldsymbol{Ax}\|_\alpha$ 的上确界, 那么, 找到了这个上确界也就找到了矩阵的范数. 下面说明 $\|\boldsymbol{A}\|_\alpha$ 满足矩阵范数定义的 4 个条件.

(1) 显然 $\|\boldsymbol{A}\|_\alpha\geqslant0$. $\|\boldsymbol{A}\|_\alpha=0$ 当且仅当 $\|\boldsymbol{Ax}\|_\alpha=0$, 也即当且仅当对任给 $\boldsymbol{x}\neq\boldsymbol{0}$, 有 $\boldsymbol{Ax}=\boldsymbol{0}$, 此即当且仅当 $\boldsymbol{A}=\boldsymbol{0}$ (满足正定性);

(2) $\|c\boldsymbol{A}\|_\alpha=\max\limits_{\boldsymbol{x}\neq\boldsymbol{0}}\dfrac{\|c\boldsymbol{Ax}\|_\alpha}{\|\boldsymbol{x}\|_\alpha}=|c|\max\limits_{\boldsymbol{x}\neq\boldsymbol{0}}\dfrac{\|\boldsymbol{Ax}\|_\alpha}{\|\boldsymbol{x}\|_\alpha}=|c|\cdot\|\boldsymbol{A}\|_\alpha,\ \forall c\in\mathbb{R}$ (满足齐次性);

(3) $\|\boldsymbol{A}+\boldsymbol{B}\|_\alpha=\max\limits_{\boldsymbol{x}\neq\boldsymbol{0}}\dfrac{\|(\boldsymbol{A}+\boldsymbol{B})\boldsymbol{x}\|_\alpha}{\|\boldsymbol{x}\|_\alpha}\leqslant\max\limits_{\boldsymbol{x}\neq\boldsymbol{0}}\left(\dfrac{\|\boldsymbol{Ax}\|_\alpha}{\|\boldsymbol{x}\|_\alpha}+\dfrac{\|\boldsymbol{Bx}\|_\alpha}{\|\boldsymbol{x}\|_\alpha}\right)\leqslant\max\limits_{\boldsymbol{x}\neq\boldsymbol{0}}\dfrac{\|\boldsymbol{Ax}\|_\alpha}{\|\boldsymbol{x}\|_\alpha}+\max\limits_{\boldsymbol{x}\neq\boldsymbol{0}}\dfrac{\|\boldsymbol{Bx}\|_\alpha}{\|\boldsymbol{x}\|_\alpha}=\|\boldsymbol{A}\|_\alpha+\|\boldsymbol{B}\|_\alpha,\ \forall\boldsymbol{A},\boldsymbol{B}\in\mathbb{R}^{n\times n}$ (满足三角不等式);

(4) 由相容性条件 (3.42), 有

$$\|\boldsymbol{ABx}\|_\alpha\leqslant\|\boldsymbol{A}\|_\alpha\cdot\|\boldsymbol{Bx}\|_\alpha\leqslant\|\boldsymbol{A}\|_\alpha\cdot\|\boldsymbol{B}\|_\alpha\cdot\|\boldsymbol{x}\|_\alpha,$$

从而, 当 $\boldsymbol{x}\neq\boldsymbol{0}$ 时, 可得

$$\frac{\|\boldsymbol{ABx}\|_\alpha}{\|\boldsymbol{x}\|_\alpha}\leqslant\|\boldsymbol{A}\|_\alpha\cdot\|\boldsymbol{B}\|_\alpha.$$

故

$$\|\boldsymbol{AB}\|_\alpha=\max_{\boldsymbol{x}\neq\boldsymbol{0}}\frac{\|\boldsymbol{ABx}\|_\alpha}{\|\boldsymbol{x}\|_\alpha}\leqslant\|\boldsymbol{A}\|_\alpha\cdot\|\boldsymbol{B}\|_\alpha$$

满足矩阵相容性条件.

显然这种矩阵范数 $\|\boldsymbol{A}\|_\alpha$ 依赖于向量范数 $\|\boldsymbol{x}\|_\alpha$ 的具体含义, 下面不加证明地给出常用的矩阵范数.

定理 3.11　设 $\boldsymbol{x}\in\mathbb{R}^n$, $\boldsymbol{A}\in\mathbb{R}^{n\times n}$, 则有如下矩阵算子范数:

(1) $\|\boldsymbol{A}\|_\infty=\max\limits_{1\leqslant i\leqslant n}\sum\limits_{j=1}^{n}|a_{ij}|$, 称为 $\boldsymbol{A}$ 的行范数或 ∞-范数, 即行向量 1-范数的最大值;

(2) $\|\boldsymbol{A}\|_1=\max\limits_{1\leqslant j\leqslant n}\sum\limits_{i=1}^{n}|a_{ij}|$, 称为 $\boldsymbol{A}$ 的列范数或 1-范数, 即列向量 1-范数的最大值;

(3) $\|\boldsymbol{A}\|_2=\sqrt{\lambda_{\max}(\boldsymbol{A}^{\mathrm{T}}\boldsymbol{A})}$, 称为 $\boldsymbol{A}$ 的 2-范数, 其中 $\lambda_{\max}(\boldsymbol{A}^{\mathrm{T}}\boldsymbol{A})$ 表示 $\boldsymbol{A}^{\mathrm{T}}\boldsymbol{A}$ 的最大特征值.

计算一个矩阵的 $\|\boldsymbol{A}\|_\infty$, $\|\boldsymbol{A}\|_1$ 还是比较容易的, 而矩阵的 2-范数 $\|\boldsymbol{A}\|_2$ 在计算上不方便, 但是矩阵的 2-范数具有许多好的性质, 它在理论上是非常有用的. 根据相容性条件, 对任何一种算子范数, 都有 $\|\boldsymbol{I}\|=1$, 即单位矩阵的范数是 1. 对于 F-范数, 易于计算, 在实用中是一种十分有用的范数, 但它不能从属于任何一种向量范数, 因为 $\|\boldsymbol{I}\|_F=n^{\frac{1}{2}}$.

例 3.12　已知 $\boldsymbol{A}=\begin{pmatrix}-1&3\\5&7\end{pmatrix}$, 计算 $\|\boldsymbol{A}\|_p$, $p=1,2,\infty,F$.

解　$\|\boldsymbol{A}\|_1=\max\{|-1|+5,3+7\}=10$, $\|\boldsymbol{A}\|_\infty=\max\{|-1|+3,5+7\}=12$,

$$\boldsymbol{A}^{\mathrm{T}}\boldsymbol{A}=\begin{pmatrix}-1&5\\3&7\end{pmatrix}\begin{pmatrix}-1&3\\5&7\end{pmatrix}=\begin{pmatrix}26&32\\32&58\end{pmatrix},$$

$\boldsymbol{A}^{\mathrm{T}}\boldsymbol{A}$ 的特征值为 $\lambda_1=77.7771$, $\lambda_2=6.2229$,

$$\|\boldsymbol{A}\|_2=\sqrt{\lambda_1}=8.8191,$$

$$\|\boldsymbol{A}\|_F=(1+9+25+49)^{\frac{1}{2}}=\sqrt{84}=9.1652.$$

与向量范数的等价性质类似, 不同定义的矩阵算子范数之间也是等价的. 同样可以定义矩阵序列的极限.

定义 3.6　设有 n 阶方阵序列 $\boldsymbol{A}^{(0)},\boldsymbol{A}^{(1)},\cdots,\boldsymbol{A}^{(k)},\cdots$, 其中 $\boldsymbol{A}^{(k)}=\left(a_{ij}^{(k)}\right)_{n\times n}$, 若有矩阵 $\boldsymbol{A}=(a_{ij})_{n\times n}$, 使得 $\lim\limits_{k\to\infty}a_{ij}^{(k)}=a_{ij}(i,j=1,2,\cdots,n)$, 则称矩阵序列 $\{\boldsymbol{A}^{(k)}\}$ 收敛于 $\boldsymbol{A}$, 记 $\lim\limits_{k\to\infty}\boldsymbol{A}^{(k)}=\boldsymbol{A}$.

定理 3.12　$\lim\limits_{k\to\infty}\boldsymbol{A}^{(k)}=\boldsymbol{A}\Leftrightarrow\lim\limits_{k\to\infty}\|\boldsymbol{A}^{(k)}-\boldsymbol{A}\|=0$, 其中 $\|\cdot\|$ 为矩阵的任意一种算子范数.

证明 显然有

$$\lim_{k\to\infty}\boldsymbol{A}^{(k)}=\boldsymbol{A}\Leftrightarrow\lim_{k\to\infty}\|\boldsymbol{A}^{(k)}-\boldsymbol{A}\|_\infty=0.$$

再利用矩阵范数的等价性, 可证定理对其他的算子范数也成立.

由矩阵范数的等价性, 矩阵序列 $\boldsymbol{A}^{(k)}(k=1,2,\cdots)$ 的收敛性与矩阵范数的定义无关. 下面介绍 n 阶方阵谱半径的概念, 它在迭代法的收敛性分析中有重要作用.

定义 3.7 设 n 阶方阵 $\boldsymbol{A}$ 的特征值为 $\lambda_i(i=1,2,\cdots,n)$, 则称 $\rho(\boldsymbol{A})=\max\limits_{1\leqslant i\leqslant n}|\lambda_i|$ 为矩阵 $\boldsymbol{A}$ 的谱半径.

定理 3.13 若 $\boldsymbol{A}$ 为 n 阶方阵, 则

(1) $\rho(\boldsymbol{A})\leqslant\|\boldsymbol{A}\|$;

(2) 若 $\boldsymbol{A}^{\mathrm{T}}=\boldsymbol{A}$, 则 $\|\boldsymbol{A}\|_2=\rho(\boldsymbol{A})$.

证明 (1) 因为 $\boldsymbol{Ax}=\lambda\boldsymbol{x}$, 所以对任意的非零向量 $\boldsymbol{x}$, 有

$$|\lambda|\cdot\|\boldsymbol{x}\|=\|\lambda\boldsymbol{x}\|=\|\boldsymbol{Ax}\|\leqslant\|\boldsymbol{A}\|\cdot\|\boldsymbol{x}\|,$$

从而可得 $|\lambda|\leqslant\|\boldsymbol{A}\|$, 即 $\rho(\boldsymbol{A})\leqslant\|\boldsymbol{A}\|$.

(2) 当 $\boldsymbol{A}^{\mathrm{T}}=\boldsymbol{A}$ 时,

$$\|\boldsymbol{A}\|_2=\sqrt{\lambda_{\max}(\boldsymbol{A}^{\mathrm{T}}\boldsymbol{A})}=\sqrt{\lambda_{\max}^2(\boldsymbol{A})}=\rho(\boldsymbol{A}).$$

此外, 矩阵范数与谱半径之间还存在如下关系.

定理 3.14 对任意的 $\boldsymbol{A}\in\mathbb{R}^{n\times n}$ 和任意的正数 $\varepsilon>0$, 一定存在某种矩阵范数 $\|\cdot\|$, 使得

$$\|\boldsymbol{A}\|\leqslant\rho(\boldsymbol{A})+\varepsilon.$$

证明略.

定理 3.15 设 $\boldsymbol{A}$ 为 n 阶方阵, 由 $\boldsymbol{A}$ 的各次幂所组成的矩阵序列 $\boldsymbol{I},\boldsymbol{A},\boldsymbol{A}^2,\cdots,\boldsymbol{A}^k,\cdots$ 收敛于零矩阵, 即 $\lim\limits_{k\to\infty}\boldsymbol{A}^k=\boldsymbol{0}$的充要条件是 $\rho(\boldsymbol{A})<1$.

证明 依据定理 3.12, 本定理只需证明: 对某种范数 $\|\cdot\|$, $\lim\limits_{k\to\infty}\|\boldsymbol{A}^k\|=0$ 的充要条件是 $\rho(\boldsymbol{A})<1$. 事实上, 一方面, 由定理 3.13, 有

$$[\rho(\boldsymbol{A})]^k=\rho(\boldsymbol{A}^k)\leqslant\|\boldsymbol{A}^k\|\to 0\quad(k\to 0),$$

从而 $\rho(\boldsymbol{A})<1$; 另一方面, 由于 $\rho(\boldsymbol{A})<1$, 则存在 $\varepsilon>0$, 使得

$$\rho(\boldsymbol{A})+\varepsilon<1.$$

进一步, 由定理 3.14, 存在 $\mathbb{R}^{n\times n}$ 中的某种范数 $\|\cdot\|$ 使得

$$\|\boldsymbol{A}^k\|\leqslant\|\boldsymbol{A}^{k-1}\|\cdot\|\boldsymbol{A}\|\leqslant\cdots\leqslant\|\boldsymbol{A}\|^k\leqslant(\rho(\boldsymbol{A})+\varepsilon)^k\to 0\quad(k\to 0).$$

由此可得 $\lim\limits_{k\to\infty}\|\boldsymbol{A}^k\|=0$.

推论 3.16　$\lim\limits_{k\to\infty}\boldsymbol{A}^k=\boldsymbol{0}$ 的一个充分条件是存在某种范数 $\|\cdot\|$, 使得 $\|\boldsymbol{A}\|<1$.

证明　由

$$\|\boldsymbol{A}^k\|\leqslant\|\boldsymbol{A}^{k-1}\|\cdot\|\boldsymbol{A}\|\leqslant\|\boldsymbol{A}^{k-2}\|\cdot\|\boldsymbol{A}^2\|\leqslant\cdots\leqslant\|\boldsymbol{A}\|^k,$$

可得

$$\|\boldsymbol{A}\|<1\Rightarrow\|\boldsymbol{A}\|^k\to 0\Rightarrow\|\boldsymbol{A}^k\|\to 0.$$

由范数的性质可推出 $\lim\limits_{k\to\infty}\boldsymbol{A}^k=\boldsymbol{0}$.

定理 3.17　设 $\boldsymbol{A}$ 为 n 阶方阵, 若存在某种范数 $\|\cdot\|$, 使得 $\|\boldsymbol{A}\|<1$, 则 $\boldsymbol{I}-\boldsymbol{A}$ 非奇异, 且有

$$\|(\boldsymbol{I}-\boldsymbol{A})^{-1}\|\leqslant\frac{1}{1-\|\boldsymbol{A}\|}.$$

证明　反证法. 若 $\det(\boldsymbol{I}-\boldsymbol{A})=0$, 则方程 $(\boldsymbol{I}-\boldsymbol{A})\boldsymbol{x}=\boldsymbol{0}$ 有非零解, 即存在 $\boldsymbol{x}_0\neq\boldsymbol{0}$, 使得 $(\boldsymbol{I}-\boldsymbol{A})\boldsymbol{x}_0=\boldsymbol{0}$. 故

$$\|\boldsymbol{A}\|=\max_{\boldsymbol{x}\neq\boldsymbol{0}}\frac{\|\boldsymbol{A}\boldsymbol{x}\|}{\|\boldsymbol{x}\|}\geqslant\frac{\|\boldsymbol{A}\boldsymbol{x}_0\|}{\|\boldsymbol{x}_0\|}=1.$$

这与 $\|\boldsymbol{A}\|<1$ 矛盾.

进一步, 由 $(\boldsymbol{I}-\boldsymbol{A})(\boldsymbol{I}-\boldsymbol{A})^{-1}=\boldsymbol{I}$, 所以有

$$(\boldsymbol{I}-\boldsymbol{A})^{-1}=\boldsymbol{I}+\boldsymbol{A}(\boldsymbol{I}-\boldsymbol{A})^{-1},$$

从而可得

$$\|(\boldsymbol{I}-\boldsymbol{A})^{-1}\|\leqslant\|\boldsymbol{I}\|+\|\boldsymbol{A}\|\cdot\|(\boldsymbol{I}-\boldsymbol{A})^{-1}\|.$$

将上式整理一下, 即可推出

$$\|(\boldsymbol{I}-\boldsymbol{A})^{-1}\|\leqslant\frac{1}{1-\|\boldsymbol{A}\|}.$$

同理, 可推出 $\|(\boldsymbol{I}+\boldsymbol{A})^{-1}\|\leqslant\dfrac{1}{1-\|\boldsymbol{A}\|}$.

3.5　方程组的条件数与误差分析

3.5.1　方程组的性态

考虑线性方程组 $\boldsymbol{A}\boldsymbol{x}=\boldsymbol{b}$, 由于 $\boldsymbol{A}$(或 $\boldsymbol{b}$) 中元素是测量得到的, 或者是通过某种计算得到的, 不可避免地会产生观测误差或舍入误差, 这些误差对方程组 $\boldsymbol{A}\boldsymbol{x}=\boldsymbol{b}$ 的解 $\boldsymbol{x}$ 有多大影响呢? 先看一个例子.

例 3.13 设有方程组 $\begin{cases} x_1+x_2=2, \\ x_1+1.0001x_2=2.0001, \end{cases}$ 其精确解为 $x_1=1, x_2=1$.

假定右端项发生了微小变化, 比如 $\begin{cases} x_1+x_2=2, \\ x_1+1.0001x_2=2, \end{cases}$ 这时方程的精确解为 $x_1=2, x_2=0$.

通过上例可以看出, 虽然方程组的右端项仅发生了微小改变, 但方程组的解却发生了很大变化. 这类线性方程组称为“病态”方程组.

定义 3.8 如果矩阵 $\boldsymbol{A}$ 或常数项 $\boldsymbol{b}$ 的微小变化, 引起方程组 $\boldsymbol{Ax}=\boldsymbol{b}$ 的解的巨大变化, 则称此方程组为“**病态方程组**”, 相应的矩阵 $\boldsymbol{A}$ 称为“**病态矩阵**”; 否则称方程组为“**良态方程组**”, 称 $\boldsymbol{A}$ 为“**良态矩阵**”.

3.5.2 误差分析与条件数

矩阵的“病态”性质是矩阵本身的特性, 下面我们希望找出刻画矩阵“病态”性质的量. 对于方程组

$$\boldsymbol{Ax}=\boldsymbol{b}, \tag{3.44}$$

设 $\boldsymbol{A}$ 为非奇异矩阵, 方程组有非零精确解 $\boldsymbol{x}$. 以下我们研究方程组的系数矩阵 $\boldsymbol{A}$、常数项 $\boldsymbol{b}$ 微小误差 (扰动) 时对解的影响问题.

假定方程组 (3.44) 中系数矩阵 $\boldsymbol{A}$ 有误差 $\delta\boldsymbol{A}$, $\boldsymbol{b}$ 有误差 $\delta\boldsymbol{b}$, 其相应的解有误差 $\delta\boldsymbol{x}$, 此时 (3.44) 的解为 $\boldsymbol{x}+\delta\boldsymbol{x}$, 即展开得

$$(\boldsymbol{A}+\delta\boldsymbol{A})(\boldsymbol{x}+\delta\boldsymbol{x})=\boldsymbol{b}+\delta\boldsymbol{b}, \quad (\boldsymbol{A}+\delta\boldsymbol{A})\delta\boldsymbol{x}=\delta\boldsymbol{b}-\delta\boldsymbol{A}\cdot\boldsymbol{x}.$$

因此

$$\delta\boldsymbol{x}+\boldsymbol{A}^{-1}\delta\boldsymbol{A}\delta\boldsymbol{x}=\boldsymbol{A}^{-1}\delta\boldsymbol{b}-\boldsymbol{A}^{-1}\delta\boldsymbol{A}\cdot\boldsymbol{x},$$

两边取范数, 利用范数的性质可推出

$$\|\delta\boldsymbol{x}\|-\|\boldsymbol{A}^{-1}\|\cdot\|\delta\boldsymbol{A}\|\cdot\|\delta\boldsymbol{x}\| \leqslant \|\delta\boldsymbol{x}+\boldsymbol{A}^{-1}\delta\boldsymbol{A}\delta\boldsymbol{x}\| \leqslant \|\boldsymbol{A}^{-1}\|\cdot\|\delta\boldsymbol{b}\|+\|\boldsymbol{A}^{-1}\|\cdot\|\delta\boldsymbol{A}\|\cdot\|\boldsymbol{x}\|.$$

两边同时除以 $\|\boldsymbol{x}\|$, 可推得

$$\begin{aligned}(1-\|\boldsymbol{A}^{-1}\|\cdot\|\delta\boldsymbol{A}\|)\frac{\|\delta\boldsymbol{x}\|}{\|\boldsymbol{x}\|} &\leqslant \frac{\|\boldsymbol{A}^{-1}\|\cdot\|\delta\boldsymbol{b}\|}{\|\boldsymbol{x}\|}+\|\boldsymbol{A}^{-1}\|\cdot\|\delta\boldsymbol{A}\| \\ &\leqslant \|\boldsymbol{A}^{-1}\|\cdot\|\boldsymbol{A}\|\left(\frac{\|\delta\boldsymbol{b}\|}{\|\boldsymbol{b}\|}+\frac{\|\delta\boldsymbol{A}\|}{\|\boldsymbol{A}\|}\right),\end{aligned}$$

如果 $\delta\boldsymbol{A}$ 充分小, 使得 $\|\boldsymbol{A}^{-1}\|\cdot\|\delta\boldsymbol{A}\|<1$, 则由上式可以推出

$$\frac{\|\delta\boldsymbol{x}\|}{\|\boldsymbol{x}\|} \leqslant \frac{\|\boldsymbol{A}^{-1}\|\cdot\|\boldsymbol{A}\|}{1-\|\boldsymbol{A}^{-1}\|\cdot\|\boldsymbol{A}\|\cdot\dfrac{\|\delta\boldsymbol{A}\|}{\|\boldsymbol{A}\|}}\left(\frac{\|\delta\boldsymbol{b}\|}{\|\boldsymbol{b}\|}+\frac{\|\delta\boldsymbol{A}\|}{\|\boldsymbol{A}\|}\right). \tag{3.45}$$

特别地,

(1) 若 $\delta\boldsymbol{A}=\boldsymbol{0}$, 则有

$$\frac{\|\delta\boldsymbol{x}\|}{\|\boldsymbol{x}\|}\leqslant\|\boldsymbol{A}^{-1}\|\cdot\|\boldsymbol{A}\|\cdot\frac{\|\delta\boldsymbol{b}\|}{\|\boldsymbol{b}\|}\quad(\boldsymbol{b}\neq\boldsymbol{0}).\tag{3.46}$$

(2) 若 $\delta\boldsymbol{b}=\boldsymbol{0}$, 则有

$$\frac{\|\delta\boldsymbol{x}\|}{\|\boldsymbol{x}\|}\leqslant\frac{\|\boldsymbol{A}^{-1}\|\cdot\|\boldsymbol{A}\|}{1-\|\boldsymbol{A}^{-1}\|\cdot\|\boldsymbol{A}\|\cdot\dfrac{\|\delta\boldsymbol{A}\|}{\|\boldsymbol{A}\|}}\cdot\frac{\|\delta\boldsymbol{A}\|}{\|\boldsymbol{A}\|}.\tag{3.47}$$

由式 (3.45)—(3.47) 可知, 量 $\|\boldsymbol{A}^{-1}\|\cdot\|\boldsymbol{A}\|$ 越小, 由 $\boldsymbol{A}$(或 $\boldsymbol{b}$) 的相对误差引起的解的相对误差就越小; 量 $\|\boldsymbol{A}^{-1}\|\cdot\|\boldsymbol{A}\|$ 越大, 解的相对误差就越大. 所以量 $\|\boldsymbol{A}^{-1}\|\cdot\|\boldsymbol{A}\|$ 实际上刻画了解对原始数据变化的灵敏程度, 即刻画了方程组的“病态”程度.

定义 3.9　*设 $\boldsymbol{A}$ 为非奇异矩阵, 称数*

$$\mathrm{cond}(\boldsymbol{A})_\alpha=\|\boldsymbol{A}\|_\alpha\cdot\|\boldsymbol{A}^{-1}\|_\alpha$$

*为矩阵 $\boldsymbol{A}$ 的***条件数***.*

注　由此可以看出矩阵的条件数与矩阵范数有关, 上式中的下标 α 表示任意范数, 但通常取 p-范数.

矩阵的条件数是一个十分重要的概念, 由上面讨论知, 当 $\boldsymbol{A}$ 的条件数相对比较大时, 则方程组 $\boldsymbol{Ax}=\boldsymbol{b}$ 是“病态”的; 当 $\boldsymbol{A}$ 的条件数相对比较小时, 则方程组 $\boldsymbol{Ax}=\boldsymbol{b}$ 是“良态”的.

条件数的性质:

(1) 对任意非奇异矩阵 $\boldsymbol{A}$, 有 $\mathrm{cond}(\boldsymbol{A})_\alpha\geqslant 1$, 且有 $\mathrm{cond}(\boldsymbol{A})_\alpha=\mathrm{cond}(\boldsymbol{A}^{-1})_\alpha$.

事实上: $\mathrm{cond}(\boldsymbol{A})_\alpha=\|\boldsymbol{A}\|_\alpha\cdot\|\boldsymbol{A}^{-1}\|_\alpha\geqslant\|\boldsymbol{A}\boldsymbol{A}^{-1}\|_\alpha=1$.

(2) 对任意非奇异矩阵 $\boldsymbol{A}$ 且 $k\neq 0$(实常数), 有 $\mathrm{cond}(k\boldsymbol{A})_\alpha=\mathrm{cond}(\boldsymbol{A})_\alpha$. 因为

$$\begin{aligned}\mathrm{cond}(k\boldsymbol{A})_\alpha&=\|k\boldsymbol{A}\|_\alpha\cdot\|k\boldsymbol{A}^{-1}\|_\alpha=|k|\cdot\|\boldsymbol{A}\|_\alpha\cdot|k|^{-1}\cdot\|\boldsymbol{A}^{-1}\|_\alpha\\&=\|\boldsymbol{A}\|_\alpha\cdot\|\boldsymbol{A}^{-1}\|_\alpha=\mathrm{cond}(\boldsymbol{A})_\alpha.\end{aligned}$$

(3) 对任意正交矩阵 $\boldsymbol{A}$, 有 $\mathrm{cond}(\boldsymbol{A})_2=1$.

这是因为 $\boldsymbol{A}$ 是正交矩阵, 所以 $\boldsymbol{A}^{\mathrm{T}}\boldsymbol{A}=\boldsymbol{A}\boldsymbol{A}^{\mathrm{T}}=\boldsymbol{I}$, $\boldsymbol{A}^{-1}=\boldsymbol{A}^{\mathrm{T}}$, 从而

$$\|\boldsymbol{A}\|_2=\sqrt{\lambda_{\max}(\boldsymbol{A}^{\mathrm{T}}\boldsymbol{A})}=\sqrt{\rho(\boldsymbol{A}^{\mathrm{T}}\boldsymbol{A})}=\sqrt{\rho(\boldsymbol{I})}=1,$$

$$\|\boldsymbol{A}^{-1}\|_2=\|\boldsymbol{A}^{\mathrm{T}}\|_2=\sqrt{\rho(\boldsymbol{A}\boldsymbol{A}^{\mathrm{T}})}=\sqrt{\rho(\boldsymbol{I})}=1,$$

所以 $\mathrm{cond}(\boldsymbol{A})_2=\|\boldsymbol{A}\|_2\cdot\|\boldsymbol{A}^{-1}\|_2=1$.

(4) 如果 $\boldsymbol{P}$ 为正交矩阵, $\boldsymbol{A}$ 为非奇异矩阵, 则有 $\mathrm{cond}(\boldsymbol{PA})_2=\mathrm{cond}(\boldsymbol{AP})_2=\mathrm{cond}(\boldsymbol{A})_2$.

$$\begin{aligned}\mathrm{cond}(\boldsymbol{PA})_2&=\sqrt{\frac{\lambda_{\max}((\boldsymbol{PA})^{\mathrm{T}}(\boldsymbol{PA}))}{\lambda_{\min}((\boldsymbol{PA})^{\mathrm{T}}(\boldsymbol{PA}))}}=\sqrt{\frac{\lambda_{\max}(\boldsymbol{A}^{\mathrm{T}}\boldsymbol{P}^{\mathrm{T}}\boldsymbol{PA})}{\lambda_{\min}(\boldsymbol{A}^{\mathrm{T}}\boldsymbol{P}^{\mathrm{T}}\boldsymbol{PA})}}\\&=\sqrt{\frac{\lambda_{\max}(\boldsymbol{A}^{\mathrm{T}}\boldsymbol{A})}{\lambda_{\min}(\boldsymbol{A}^{\mathrm{T}}\boldsymbol{A})}}=\mathrm{cond}(\boldsymbol{A})_2.\end{aligned}$$

(5) 设 $\boldsymbol{A}$, $\boldsymbol{B}$ 为非奇异矩阵, 则有 $\mathrm{cond}(\boldsymbol{AB})_\alpha\leqslant\mathrm{cond}(\boldsymbol{A})_\alpha\cdot\mathrm{cond}(\boldsymbol{B})_\alpha$.

$$\begin{aligned}\mathrm{cond}(\boldsymbol{AB})_\alpha&=\|\boldsymbol{AB}\|_\alpha\cdot\|(\boldsymbol{AB})^{-1}\|_\alpha\\&\leqslant\|\boldsymbol{A}\|_\alpha\cdot\|\boldsymbol{B}\|_\alpha\cdot\|\boldsymbol{B}^{-1}\|_\alpha\cdot\|\boldsymbol{A}^{-1}\|_\alpha\\&=\|\boldsymbol{A}\|_\alpha\cdot\|\boldsymbol{A}^{-1}\|_\alpha\cdot\|\boldsymbol{B}\|_\alpha\cdot\|\boldsymbol{B}^{-1}\|_\alpha\\&=\mathrm{cond}(\boldsymbol{A})_\alpha\cdot\mathrm{cond}(\boldsymbol{B})_\alpha.\end{aligned}$$

例 3.14 计算例 3.13 中方程组的系数矩阵 $\boldsymbol{A}$ 的条件数.

解 例 3.13 中方程组的系数矩阵 $\boldsymbol{A}$ 及其逆矩阵 $\boldsymbol{A}^{-1}$ 分别为

$$\boldsymbol{A}=\begin{pmatrix}1&1\\1&1.0001\end{pmatrix},\quad \boldsymbol{A}^{-1}=10^4\begin{pmatrix}1.0001&-1\\-1&1\end{pmatrix},$$

由条件数的定义, 可得

$$\mathrm{cond}(\boldsymbol{A})_\infty=\|\boldsymbol{A}\|_\infty\cdot\|\boldsymbol{A}^{-1}\|_\infty=2.0001\times2.0001\times10^4\approx4\times10^4.$$

从而系数矩阵是病态矩阵, 方程组是病态方程组.

从几何上看, 这两个方程是平面上的两条直线, 求方程组的解就是求两条直线的交点, 条件数大表明这两条直线接近平行, 求解中对误差必然敏感.

例 3.15 已知希尔伯特 (Hilbert) 矩阵 $\boldsymbol{H}_n=\begin{pmatrix}1&\frac{1}{2}&\cdots&\frac{1}{n}\\\frac{1}{2}&\frac{1}{3}&\cdots&\frac{1}{n+1}\\\vdots&\vdots&&\vdots\\\frac{1}{n}&\frac{1}{n+1}&\cdots&\frac{1}{2n-1}\end{pmatrix}$, 计算 $\boldsymbol{H}_3$ 的条件数 $\mathrm{cond}(\boldsymbol{H}_3)_\infty$.

解

$$\boldsymbol{H}_3=\begin{pmatrix}1&\frac{1}{2}&\frac{1}{3}\\\frac{1}{2}&\frac{1}{3}&\frac{1}{4}\\\frac{1}{3}&\frac{1}{4}&\frac{1}{5}\end{pmatrix},\quad \boldsymbol{H}_3^{-1}=\begin{pmatrix}9&-36&30\\-36&192&-180\\30&-180&180\end{pmatrix}.$$

故 $\|\boldsymbol{H}_3\|_\infty=\dfrac{11}{6}$, $\|\boldsymbol{H}_3^{-1}\|_\infty=408$, 所以 $\operatorname{cond}(\boldsymbol{H}_3)_\infty=748$. 同理可计算 $\operatorname{cond}(\boldsymbol{H}_6)_\infty=2.9\times10^7$, $\operatorname{cond}(\boldsymbol{H}_7)_\infty=9.85\times10^8$, 可见, 随着 n 的变大, $\operatorname{cond}(\boldsymbol{H}_n)_\infty$ 急剧变大, 因此, 以 $\boldsymbol{H}_n$ 为系数矩阵的线性方程组 $\boldsymbol{H}_n\boldsymbol{x}=\boldsymbol{b}$ 是严重病态的.

考虑方程组

$$\boldsymbol{H}_3\boldsymbol{x}=\boldsymbol{b},\quad \boldsymbol{b}=\left(\frac{11}{6},\frac{13}{12},\frac{47}{60}\right)^{\mathrm{T}}.$$

设 $\boldsymbol{H}_3$ 及 $\boldsymbol{b}$ 有微小误差 (取 3 位有效数字), 则有

$$\begin{pmatrix}1.00&0.500&0.333\\0.500&0.333&0.250\\0.333&0.250&0.200\end{pmatrix}\begin{pmatrix}x_1+\delta x_1\\x_2+\delta x_2\\x_3+\delta x_3\end{pmatrix}=\begin{pmatrix}1.83\\1.08\\0.783\end{pmatrix},\tag{3.48}$$

式 (3.48) 简写为 $(\boldsymbol{H}_3+\delta\boldsymbol{H}_3)(\boldsymbol{x}+\delta\boldsymbol{x})=\boldsymbol{b}+\delta\boldsymbol{b}$, 方程组 $\boldsymbol{H}_3\boldsymbol{x}=\boldsymbol{b}$ 与式 (3.48) 的精确解分别为

$$\boldsymbol{x}=(1,1,1)^{\mathrm{T}},\quad \boldsymbol{x}+\delta\boldsymbol{x}=(1.089512538,0.487967062,1.491002798)^{\mathrm{T}}.$$

于是 $\delta\boldsymbol{x}=(0.089512538,-0.512032938,0.491002798)^{\mathrm{T}}$, 可以算得

$$\frac{\|\delta\boldsymbol{H}_3\|_\infty}{\|\boldsymbol{H}_3\|_\infty}\approx0.18\times10^{-3}<0.02\%,\quad \frac{\|\delta\boldsymbol{b}\|_\infty}{\|\boldsymbol{b}\|_\infty}\approx0.182\%,\quad \frac{\|\delta\boldsymbol{x}\|_\infty}{\|\boldsymbol{x}\|_\infty}\approx51.2\%.$$

这就是说 $\boldsymbol{H}_3$ 与 $\boldsymbol{b}$ 相对误差不超过 0.02%, 而引起解的相对误差超过 50%.

3.5.3　病态方程组的求解

由上面的讨论, 对于给定的线性方程组 $\boldsymbol{A}\boldsymbol{x}=\boldsymbol{b}$, 要判断它是否病态并不容易, 因为计算条件数 $\operatorname{cond}(\boldsymbol{A})=\|\boldsymbol{A}\|\cdot\|\boldsymbol{A}^{-1}\|$ 时要求解 $\boldsymbol{A}^{-1}$, 而计算 $\boldsymbol{A}^{-1}$ 是比较费劲的. 那么实际计算中如何发现病态情况呢? 如何发现判断矩阵是病态的?

一般判断矩阵是否病态, 并不计算 $\boldsymbol{A}^{-1}$, 而由经验得出, 有以下几种情况可以用来判断矩阵病态.

(1) 如果在 $\boldsymbol{A}$ 的三角约化时 (消元过程中) 出现小主元, 对大多数矩阵来说, $\boldsymbol{A}$ 是病态矩阵;

(2) 系数矩阵行列式的值相对来说很小, 或系数矩阵某些行 (或列) 近似线性相关, 这时 $\boldsymbol{A}$ 可能病态;

(3) 系数矩阵 $\boldsymbol{A}$ 元素间数量级相差很大, 并且无一定规则, $\boldsymbol{A}$ 可能病态;

(4) 矩阵的特征值相差大数量级, $\boldsymbol{A}$ 可能病态.

一般病态线性方程组的求解是比较困难的, 即使采用稳定性好的算法也未必得到理想的解. 实际应用中一般用下述方法进行处理.

(1) 采用高精度的算术运算. 如采用双精度运算, 则可以尽可能地保留有效数位, 减轻“病态”的影响.

(2) 对线性方程组进行预处理, 改善系数矩阵的条件数. 如用可逆对角矩阵对线性方程组进行矩阵平衡, 降低系数矩阵的条件数. 具体可以这样预处理:

$$\boldsymbol{A}\boldsymbol{x}=\boldsymbol{b} \Leftrightarrow \begin{cases} \boldsymbol{PAQy}=\boldsymbol{Pb}, \\ \boldsymbol{x}=\boldsymbol{Qy}. \end{cases}$$

选择矩阵 $\boldsymbol{P}$, $\boldsymbol{Q}$ 使得 $\operatorname{cond}(\boldsymbol{PAQ}) < \operatorname{cond}(\boldsymbol{A})$, 一般取 $\boldsymbol{P}$, $\boldsymbol{Q}$ 为对角矩阵和三角矩阵.

(3) 当矩阵 $\boldsymbol{A}$ 的元素数量级较大时, 对 $\boldsymbol{A}$ 的行 (列) 乘以适当的比例因子, 使 $\boldsymbol{A}$ 的所有行列按 ∞-范数大体上有相同的长度, 使 $\boldsymbol{A}$ 的系数均衡, 从而改善 $\boldsymbol{A}$ 的条件数.

例 3.16 设有方程组 $\begin{pmatrix} 1 & 10^4 \\ 1 & 1 \end{pmatrix}\begin{pmatrix} x_1 \\ x_2 \end{pmatrix}=\begin{pmatrix} 10^4 \\ 2 \end{pmatrix}$, 计算系数矩阵 $\boldsymbol{A}$ 的无穷条件数$\operatorname{cond}(\boldsymbol{A})_\infty$.

解

$$\boldsymbol{A}=\begin{pmatrix} 1 & 10^4 \\ 1 & 1 \end{pmatrix}, \quad \boldsymbol{A}^{-1}=\frac{1}{10^4-1}\begin{pmatrix} -1 & 10^4 \\ 1 & -1 \end{pmatrix},$$

$$\operatorname{cond}(\boldsymbol{A})_\infty=\frac{(1+10^4)^2}{10^4-1} \approx 10^4.$$

对矩阵第一行引进比例因子 $s_1=\max\limits_{1\leqslant i\leqslant n}|a_{1i}|=10^4$, 第 1 行除以 s_1, 得方程 $\hat{\boldsymbol{A}}\boldsymbol{x}=\hat{\boldsymbol{b}}$, 即

$$\begin{pmatrix} 10^{-4} & 1 \\ 1 & 1 \end{pmatrix}\begin{pmatrix} x_1 \\ x_2 \end{pmatrix}=\begin{pmatrix} 1 \\ 2 \end{pmatrix},$$

而

$$\hat{\boldsymbol{A}}^{-1}=\frac{1}{1-10^{-4}}\begin{pmatrix} -1 & 1 \\ 1 & -10^{-4} \end{pmatrix},$$

于是

$$\operatorname{cond}(\hat{\boldsymbol{A}})_\infty=\frac{4}{1-10^{-4}} \approx 4.$$

用列主元消元法解原来的方程时 (计算到三位有效数字)

$$(\boldsymbol{A},\boldsymbol{b}) \to \begin{pmatrix} 1 & 10^4 & 10^4 \\ 0 & -10^4 & -10^4 \end{pmatrix},$$

此时得到失真的结果 $x_1=0$, $x_2=1$.

用列主元消元法解改进的方程时, 得到

$$(\hat{\boldsymbol{A}}, \hat{\boldsymbol{b}}) \rightarrow \begin{pmatrix} 1 & 1 & 2 \\ 10^{-4} & 1 & 1 \end{pmatrix} \rightarrow \begin{pmatrix} 1 & 1 & 2 \\ 0 & 1 & 1 \end{pmatrix},$$

从而得到很好的计算结果 $x_1 = 1,\ x_2 = 1$.

3.6 小结与 MATLAB 应用

3.6.1 本章小结

本章介绍了解线性方程组的直接法, 直接法是一种计算量小而精度高的方法. 直接法中具有代表性的算法是高斯消元法, 其他算法大都是它的变形, 这类方法是解具有稠密矩阵或非结构矩阵方程组的有效方法.

选主元的算法有很好的数值稳定性. 从计算角度出发, 实际中多选用列主元法. 解三对角矩阵方程组 (系数矩阵 $\boldsymbol{A}$ 的对角元占优) 的追赶法、解对称正定矩阵方程组的平方根法都是三角分解法, 且都是数值稳定的方法, 也具有较高的精度.

向量的范数、矩阵的范数、矩阵的条件数和病态方程组的概念, 是数值计算中的一些基本概念. 线性方程组的病态程度是其本身的固有特性, 因此即使用数值稳定的方法求解, 也难以克服严重病态导致的解的失真. 在病态不十分严重时, 用双精度求解可减轻病态的影响.

在实际应用中如何选择算法是一个重要问题, 往往从解的精度高低、计算量的大小和所需计算机内存大小三个方面考虑, 但这些条件相互间是矛盾且不能兼顾的, 因此实际计算时应根据问题的特点和要求及所用计算机的性能来选择算法. 一般来说, 系数矩阵为中小型满秩矩阵时, 用直接法较好; 当系数矩阵为大型稀疏矩阵时, 有效的解法是下一章要讨论的迭代法.

3.6.2 MATLAB 应用

在 MATLAB 中提供了一些命令和函数用于对线性方程组的求解, 下面针对方程组

$$\begin{pmatrix} 10 & 7 & 8 & 7 \\ 7 & 5 & 6 & 5 \\ 8 & 6 & 10 & 9 \\ 7 & 5 & 9 & 10 \end{pmatrix} \begin{pmatrix} x_1 \\ x_2 \\ x_3 \\ x_4 \end{pmatrix} = \begin{pmatrix} 32 \\ 23 \\ 33 \\ 31 \end{pmatrix}$$

给出常用的 MATLAB 求解方法.

1. 利用左除运算符求解线性方程组

MATLAB 提供了一个左除运算符“\”用于求解线性方程组, 它是根据选主元高斯消元法编制的一个 MATLAB 内部命令, 使用起来十分方便. 设 $\boldsymbol{A} \in \mathbb{R}^{n\times n}, \boldsymbol{b} \in$

$\mathbb{R}^n$, 对于方程组 $\boldsymbol{Ax}=\boldsymbol{b}$, 只需在 MATLAB 命令窗口键入“x=A\b”, 回车即可得到方程组的解 $\boldsymbol{x}$.

在 MATLAB 命令窗口键入:

```
A=[10 7 8 7;7 5 6 5;8 6 10 9;7 5 9 10];
b=[32 23 33 31]';
x=A\b
```

即可求得方程组的解: 1.0000,1.0000,1.0000,1.0000.

2. 利用矩阵求逆函数 inv($\boldsymbol{A}$) 解线性方程组

线性方程组的解为 $\boldsymbol{A}^{-1}\boldsymbol{b}$, 利用矩阵求逆函数 inv(A), 只需在命令窗口键入“x=inv(A)* b”, 回车即可:

```
A=[10 7 8 7;7 5 6 5;8 6 10 9;7 5 9 10];
b=[32 23 33 31]';
```

亦可得方程组的解: 1.0000,1.0000,1.0000,1.0000.

3. 利用矩阵 LU 分解函数求解线性方程组

对于方阵 $\boldsymbol{A}$, MATLAB 提供了一个矩阵 LU 分解函数 lu(A), 这个函数是根据列主元 LU 分解算法编制的, 具有较好的数值稳定性, 其调用格式如下:

```
[L,U,P]=lu(A)
```

该函数返回一个单位下三角矩阵 $\boldsymbol{L}$、一个上三角矩阵 $\boldsymbol{U}$ 和一个置换矩阵 $\boldsymbol{P}$, 使之满足 $\boldsymbol{PA}=\boldsymbol{LU}$. 这样, 线性方程组 $\boldsymbol{Ax}=\boldsymbol{b}$ 的求解可以转化为求解两个三角形方程组: $\boldsymbol{Ly}=\boldsymbol{Pb}$ 和 $\boldsymbol{Ux}=\boldsymbol{y}$.

在 MATLAB 命令窗口键入:

```
A=[10 7 8 7;7 5 6 5;8 6 10 9;7 5 9 10];
b=[32 23 33 31]';
[L,U,P]=lu(A)
```

得到

```
L =
1.0000         0          0        0
0.8000    1.0000          0         0
0.7000    0.2500    1.0000          0
0.7000    0.2500   -0.2000    1.0000
U =
10.0000    7.0000    8.0000    7.0000
      0    0.4000    3.6000    3.4000
```

```
      0        0   2.5000   4.2500
      0        0        0   0.1000
P =
1    0    0    0
0    0    1    0
0    0    0    1
0    1    0    0
```

再输入

```
y=L\(P*b);
x=U\y
```

可得方程组的解：1.0000,1.0000,1.0000,1.0000.

4. 利用矩阵楚列斯基分解函数解对称正定方程组

对于对称正定矩阵 $\boldsymbol{A}$, MATLAB 提供了一个楚列斯基分解函数 `chol(A)`, 这个函数是根据改进的楚列斯基分解算法编制的, 具有较好的数值稳定性, 其调用格式如下：

```
[R,p]=chol(A)
```

如果 $\boldsymbol{A}$ 是对称正定矩阵, 该函数返回 $p=0$ 和一个上三角矩阵 $\boldsymbol{R}$ 使之满足 $\boldsymbol{R}^{\mathrm{T}}\boldsymbol{A}=\boldsymbol{A}$. 否则 p 是一个正整数.

这样, 线性方程组 $\boldsymbol{Ax}=\boldsymbol{b}$ 的求解可以转化为求解两个三角形方程组：$\boldsymbol{R}^{\mathrm{T}}\boldsymbol{y}=\boldsymbol{b}$ 和 $\boldsymbol{Rx}=\boldsymbol{y}$.

在 MATLAB 命令窗口键入：

```
A=[10 7 8 7;7 5 6 5;8 6 10 9;7 5 9 10];
b=[32 23 33 31]';
[R,p]=chol(A)
y=R'\b;
x=R\y
```

得方程组的解：1.0000,1.0000,1.0000,1.0000.

验证：

```
R'*R
ans =
10.0000     7.0000      8.0000      7.0000
7.0000      5.0000      6.0000      5.0000
8.0000      6.0000      10.0000     9.0000
7.0000      5.0000      9.0000      10.0000
```

如果想了解函数的详细使用方法, 可用 help 命令查看. 此外还有:

(1) 求范数 `n=norm(X,p)`.

$\boldsymbol{X}$ 可以是向量也可以是矩阵, p 可以取 1, 2, `inf` 或 `'fro'` (返回 $\boldsymbol{X}$ 的 F-范数), 如果 p 缺省, 默认为是求 2-范数.

(2) 求矩阵的条件数 `c=cond(X,p)`.

p 可以取 1, 2, `inf`, 如果 p 缺省, 默认为是 2 条件数.

(3) 生成 n 阶希尔伯特矩阵 `hilb(n)`.

生成 n 阶希尔伯特矩阵的逆矩阵: `invhilb(n)`.

习　题　3

1. 用高斯消元法、列主元和全主元高斯消元法解线性方程组:

(1) $\begin{cases} 12x_1 - 3x_2 + 3x_3 = 15, \\ -18x_1 + 3x_2 - x_3 = -15, \\ x_1 + x_2 + x_3 = 6; \end{cases}$　　(2) $\begin{cases} 3x_1 - x_2 + 4x_3 = 7, \\ -x_1 + 2x_2 - 2x_3 = -1, \\ 2x_1 - 3x_2 + 2x_3 = 0. \end{cases}$

2. 用杜利特尔分解法解线性方程组:

(1) $\begin{pmatrix} 5 & 2 & 2 \\ -1 & 3 & 0 \\ 1 & 1 & 2 \end{pmatrix} \begin{pmatrix} x_1 \\ x_2 \\ x_3 \end{pmatrix} = \begin{pmatrix} 1 \\ 7 \\ 3 \end{pmatrix}$;

(2) $\begin{pmatrix} 3 & 1 & 2 \\ -3 & 1 & -1 \\ 6 & -4 & 2 \end{pmatrix} \begin{pmatrix} x_1 \\ x_2 \\ x_3 \end{pmatrix} = \begin{pmatrix} 23 \\ -10 \\ 12 \end{pmatrix}$.

3. 用克劳特分解法解线性方程组 $\begin{pmatrix} 1 & 1 & -1 \\ 2 & 1 & 3 \\ -1 & -2 & 2 \end{pmatrix} \begin{pmatrix} x_1 \\ x_2 \\ x_3 \end{pmatrix} = \begin{pmatrix} 3 \\ 8 \\ -9 \end{pmatrix}$.

4. 已知线性方程组 $\boldsymbol{Ax} = \boldsymbol{b}$, 其中 $\boldsymbol{A} = \begin{pmatrix} 3 & a & 5 \\ a & 5 & 9 \\ b & 9 & 17 \end{pmatrix}$, $\boldsymbol{b} = \begin{pmatrix} 10 \\ 16 \\ 30 \end{pmatrix}$, 求

(1) 矩阵 $\boldsymbol{A}$ 中的参数满足什么条件时, 可用平方根法求之;

(2) 若 $a = 3$, 请用 LU 分解 (平方根) 法解之.

5. 试用平方根法和改进的平方根法求解线性方程组 $\begin{pmatrix} 2 & -1 & 1 \\ -1 & 3 & -2 \\ 1 & -2 & 3 \end{pmatrix} \begin{pmatrix} x_1 \\ x_2 \\ x_3 \end{pmatrix} = \begin{pmatrix} 4 \\ -6 \\ 6 \end{pmatrix}$.

6. 用追赶法求解方程组 $\begin{pmatrix} 2 & 1 & & \\ 1 & 3 & 1 & \\ & 1 & 1 & 1 \\ & & 2 & 1 \end{pmatrix}\begin{pmatrix} x_1 \\ x_2 \\ x_3 \\ x_4 \end{pmatrix}=\begin{pmatrix} 1 \\ 2 \\ 2 \\ 0 \end{pmatrix}$.

7. 证明: (1) 单位下三角矩阵 $\boldsymbol{L}_k=\begin{pmatrix} 1 & & & & & \\ & \ddots & & & & \\ & & 1 & & & \\ & & -m_{k+1,k} & 1 & & \\ & & \vdots & & \ddots & \\ & & -m_{nk} & & & 1 \end{pmatrix}$ 的逆矩阵为

$$\boldsymbol{L}_k^{-1}=\begin{pmatrix} 1 & & & & & \\ & \ddots & & & & \\ & & 1 & & & \\ & & m_{k+1,k} & 1 & & \\ & & \vdots & & \ddots & \\ & & m_{nk} & & & 1 \end{pmatrix};$$

(2) $\boldsymbol{L}_1^{-1}\boldsymbol{L}_2^{-1}\cdots\boldsymbol{L}_{n-1}^{-1}=\begin{pmatrix} 1 & & & & \\ m_{21} & 1 & & & \\ m_{31} & m_{32} & 1 & & \\ \vdots & \vdots & \vdots & \ddots & \\ m_{n1} & m_{n2} & m_{n3} & \cdots & 1 \end{pmatrix}$ 是单位下三角矩阵.

8. 证明向量的 p-范数 $(p=1,2,\infty)$ 两两等价, 即式 (3.39)—(3.41) 成立.

p-范数等价性

9. 设 $\boldsymbol{U}\in\mathbb{R}^{n\times n}$ 且非奇异, 又设 $\|\boldsymbol{x}\|$ 为 $\mathbb{R}^n$ 上的一向量范数, 定义 $\|\boldsymbol{x}\|_U=\|\boldsymbol{Ux}\|$, 则 $\|\boldsymbol{x}\|_U$ 是 $\mathbb{R}^n$ 上的一种范数.

10. 计算下列矩阵的 $p(p=1,2,\infty)$-范数.

(1) $\boldsymbol{A}=\begin{pmatrix} 0.6 & 0.5 \\ 0.1 & 0.3 \end{pmatrix}$;　(2) $\boldsymbol{A}=\begin{pmatrix} 5 & 1 & 1 \\ 0 & 3 & 0 \\ -1 & 1 & 6 \end{pmatrix}$;　(3) $\boldsymbol{A}=\begin{pmatrix} 0 & 0 & 1 \\ 0 & 1 & 1 \\ 1 & 0 & 0 \end{pmatrix}$.

11. 设 $\|\cdot\|$ 为 $\mathbb{R}^{n\times n}$ 中的某一范数, $\boldsymbol{A},\boldsymbol{B}\in\mathbb{R}^{n\times n}$ 为两个非奇异矩阵, 则

$$\|\boldsymbol{A}^{-1}-\boldsymbol{B}^{-1}\|\leqslant\|\boldsymbol{A}^{-1}\|\cdot\|\boldsymbol{B}^{-1}\|\cdot\|\boldsymbol{A}-\boldsymbol{B}\|.$$

12. 设 $\boldsymbol{A}$ 是任一 n 阶对称正定矩阵, 证明: $\|\boldsymbol{x}\|_{\boldsymbol{A}}=\left(\boldsymbol{x}^{\mathrm{T}}\boldsymbol{Ax}\right)^{\frac{1}{2}}$ 是一种向量范数.

13. 设 $\boldsymbol{A}$ 为实矩阵, 求证 $\boldsymbol{A}^{\mathrm{T}}\boldsymbol{A}$ 与 $\boldsymbol{A}\boldsymbol{A}^{\mathrm{T}}$ 特征值相等.

14. 求方程组 $\begin{cases} 3x_1 - x_2 + 4x_3 = 7, \\ -x_1 + 2x_2 - 2x_3 = -1, \\ 2x_1 - 3x_2 + 2x_3 = 0 \end{cases}$ 的条件数.

15. 已知方程组 $\begin{pmatrix} 5 & 2 & 2 \\ -1 & 3 & 0 \\ 1 & 1 & 2 \end{pmatrix}\begin{pmatrix} x_1 \\ x_2 \\ x_3 \end{pmatrix} = \begin{pmatrix} 1 \\ 7 \\ 3 \end{pmatrix}$, 有误差 $\delta\boldsymbol{b} = \begin{pmatrix} 0 \\ 2.1 \times 10^{-4} \\ -1.3 \times 10^{-3} \end{pmatrix}$, 求解的相对误差.

16. 设 $\boldsymbol{A} = \begin{pmatrix} 1 & -6 & 4 \\ 2 & 2 & -3 \\ 0 & 2 & -1 \end{pmatrix}$, $\boldsymbol{b} = \begin{pmatrix} 1 \\ 11 \\ 3 \end{pmatrix}$, $\|\delta\boldsymbol{A}\|_\infty = 10^{-5}$, $\|\delta\boldsymbol{b}\|_\infty = 2 \times 10^{-5}$, 求 $\boldsymbol{A}\boldsymbol{x} = \boldsymbol{b}$ 解的相对误差.

第 4 章　线性方程组的迭代解法

线性方程组仍记为

$$Ax = b, \tag{4.1}$$

其中系数矩阵 A 非奇异 (精确解记为 x^*),

$$A = \begin{pmatrix} a_{11} & a_{12} & \cdots & a_{1n} \\ a_{21} & a_{22} & \cdots & a_{2n} \\ \vdots & \vdots & & \vdots \\ a_{n1} & a_{n2} & \cdots & a_{nn} \end{pmatrix}, \quad b = \begin{pmatrix} b_1 \\ b_2 \\ \vdots \\ b_n \end{pmatrix}, \quad x = \begin{pmatrix} x_1 \\ x_2 \\ \vdots \\ x_n \end{pmatrix},$$

线性方程组 (4.1) 写成方程形式

$$\begin{cases} a_{11}x_1 + a_{12}x_2 + \cdots + a_{1n}x_n = b_1, \\ a_{21}x_1 + a_{22}x_2 + \cdots + a_{2n}x_n = b_2, \\ \cdots\cdots \\ a_{n1}x_1 + a_{n2}x_2 + \cdots + a_{nn}x_n = b_n. \end{cases} \tag{4.2}$$

式 (4.2) 也可以简单表示为

$$\sum_{j=1}^{n} a_{ij}x_j = b_i, \quad i = 1, 2, \cdots, n. \tag{4.3}$$

第 3 章讨论了线性方程组 (4.1) 的 (选主元) 消元法、LU 分解法等直接解法, 但当系数矩阵阶数较大时, 特别是零元素较多的大型稀疏矩阵方程组, 直接法难以利用矩阵稀疏的特点. 本章将讨论迭代法的基本理论及雅可比和高斯–赛德尔 (Gauss-Seidel) 等迭代解法, 并讨论迭代法的收敛性及误差分析.

4.1　迭代法的基本概念

先看个简单例子, 以便了解迭代法的基本思想.

例 4.1　求解线性方程组

$$\begin{cases} 10x_1 - x_2 - 2x_3 = 7, \\ -x_1 + 10x_2 - 2x_3 = 7, \\ -x_1 - x_2 + 5x_3 = 3, \end{cases} \tag{4.4}$$

要求 $\|\boldsymbol{x}^{(k)}-\boldsymbol{x}^{(k-1)}\|<0.001$.

方程组的系数矩阵和常数项为

$$\boldsymbol{A}=\begin{pmatrix}10 & -1 & -2\\ -1 & 10 & -2\\ -1 & -1 & 5\end{pmatrix},\quad \boldsymbol{b}=\begin{pmatrix}7\\7\\3\end{pmatrix},$$

其精确解是 $\boldsymbol{x}^*=(1,1,1)^{\mathrm{T}}$. 首先将式 (4.4) 中的三个方程分别分离出变量 x_1,x_2,x_3, 即将方程 (4.4) 作便于迭代的等价变换

$$\begin{cases}x_1=0.1x_2+0.2x_3+0.7,\\ x_2=0.1x_1+0.2x_3+0.7,\\ x_3=0.2x_1+0.2x_2+0.6.\end{cases}\tag{4.5}$$

式 (4.5) 可简写为 $\boldsymbol{x}=\boldsymbol{B}\boldsymbol{x}+\boldsymbol{f}$, 其中 $\boldsymbol{B}=\begin{pmatrix}0 & 0.1 & 0.2\\ 0.1 & 0 & 0.2\\ 0.2 & 0.2 & 0\end{pmatrix},\boldsymbol{f}=\begin{pmatrix}0.7\\0.7\\0.6\end{pmatrix}$.

任取初始值 $\boldsymbol{x}^{(0)}$, 比如取 $\boldsymbol{x}^{(0)}=(0,0,0)^{\mathrm{T}}$ 代入 (4.5) 式, 若等式成立, $\boldsymbol{x}^{(0)}$ 即为方程组的解, 否则等号右边的新值记为 $\boldsymbol{x}^{(1)}=\left(x_1^{(1)},x_2^{(1)},x_3^{(1)}\right)^{\mathrm{T}}=(0.7,0.7,0.6)^{\mathrm{T}}$, 再将 $\boldsymbol{x}^{(1)}$ 代入 (4.5) 式右边, 其值记为 $\boldsymbol{x}^{(2)}$, 如此反复可得一向量序列

$$\boldsymbol{x}^{(0)}=\begin{pmatrix}x_1^{(0)}\\x_2^{(0)}\\x_3^{(0)}\end{pmatrix},\boldsymbol{x}^{(1)}=\begin{pmatrix}x_1^{(1)}\\x_2^{(1)}\\x_3^{(1)}\end{pmatrix},\cdots,\boldsymbol{x}^{(k)}=\begin{pmatrix}x_1^{(k)}\\x_2^{(k)}\\x_3^{(k)}\end{pmatrix},\cdots$$

和迭代公式

$$\begin{cases}x_1^{(k+1)}=0.1x_2^{(k)}+0.2x_3^{(k)}+0.7,\\ x_2^{(k+1)}=0.1x_1^{(k)}+0.2x_3^{(k)}+0.7,\\ x_3^{(k+1)}=0.2x_1^{(k)}+0.2x_2^{(k)}+0.6.\end{cases}\tag{4.6}$$

式 (4.6) 可表示为矩阵形式$\boldsymbol{x}^{(k+1)}=\boldsymbol{B}\boldsymbol{x}^{(k)}+\boldsymbol{f}$, 其中, $k(k=0,1,2,\cdots)$ 表示迭代次数, $\boldsymbol{B}=\begin{pmatrix}0 & 0.1 & 0.2\\ 0.1 & 0 & 0.2\\ 0.2 & 0.2 & 0\end{pmatrix}$ 称为迭代矩阵, 迭代结果见表 4.1.

表 4.1　迭代过程 (例 4.1)

k	$x_1^{(k)}$	$x_2^{(k)}$	$x_3^{(k)}$	$\lVert \boldsymbol{x}^{(k)} - \boldsymbol{x}^{(k-1)} \rVert_\infty$
0	0	0	0	
1	0.70000	0.70000	0.60000	0.70000
2	0.89000	0.89000	0.88000	0.28000
3	0.96500	0.96500	0.95600	0.07600
4	0.98770	0.98770	0.98600	0.03000
5	0.99597	0.99597	0.99508	0.00908
6	0.99861	0.99861	0.99839	0.00331
7	0.99954	0.99954	0.99945	0.00106
8	0.99984	0.99984	0.99982	0.00037

从表 4.1 可以看到, 当迭代次数增加时, 迭代结果越来越逼近精确解 $\boldsymbol{x}^*$. 当迭代到第 8 次时, $\lVert \boldsymbol{x}^{(8)} - \boldsymbol{x}^{(7)} \rVert_\infty = 0.00037 < 0.001$, 满足精度要求, $\boldsymbol{x}^{(8)}$ 即为 $\boldsymbol{x}^*$ 的近似值. 换句话说, 这个迭代过程是收敛的, 即迭代序列 $\boldsymbol{x}^{(k)}$ 以精确解 $\boldsymbol{x}^*$ 为极限. 这就是迭代法解线性方程组的基本思想.

由方程组 $\boldsymbol{A}\boldsymbol{x} = \boldsymbol{b}$ 等价变换得到的任何一个同解方程组 $\boldsymbol{x} = \boldsymbol{B}\boldsymbol{x} + \boldsymbol{f}$, 由此产生的迭代序列 $\boldsymbol{x}^{(k)}$ 是否一定收敛到方程组的解 $\boldsymbol{x}^*$ 呢? 答案是否定的. 下面给出迭代公式及收敛的概念.

设方程组 $\boldsymbol{A}\boldsymbol{x} = \boldsymbol{b}$ 有唯一解 $\boldsymbol{x}^*$, 其等价变换为 $\boldsymbol{x} = \boldsymbol{B}\boldsymbol{x} + \boldsymbol{f}$, 则有

$$\boldsymbol{x}^* = \boldsymbol{B}\boldsymbol{x}^* + \boldsymbol{f}. \tag{4.7}$$

任取初始向量 $\boldsymbol{x}^{(0)}$, 构造迭代公式

$$\boldsymbol{x}^{(k+1)} = \boldsymbol{B}\boldsymbol{x}^{(k)} + \boldsymbol{f}, \quad k = 0, 1, 2, \cdots, \tag{4.8}$$

其中 k 表示迭代次数, $\boldsymbol{B}$ 称为迭代矩阵.

定义 4.1　*对于给定的方程组 $\boldsymbol{x} = \boldsymbol{B}\boldsymbol{x} + \boldsymbol{f}$, 用公式(4.8) 求其近似解的方法称为迭代法, 如果 $\lim\limits_{k\to\infty} \boldsymbol{x}^{(k)}$ 存在 (记为 $\boldsymbol{x}^*$), 称此迭代法***收敛***, 显然 $\boldsymbol{x}^*$ 就是方程组的解, 否则称此迭代法***发散***.*

构造求解方程组 $\boldsymbol{A}\boldsymbol{x} = \boldsymbol{b}$ 的迭代法, 就是要构造迭代矩阵 $\boldsymbol{B}$, 使迭代公式 (4.8) 收敛, 并且收敛的速度比较快. 下面讨论迭代公式 (4.8) 收敛的充要条件.

研究迭代公式的收敛性, 就是研究迭代序列 $\{\boldsymbol{x}^{(k)}\}$ 的收敛性. 为此, 引进误差向量

$$\boldsymbol{e}^{(k)} = \boldsymbol{x}^{(k)} - \boldsymbol{x}^*,$$

由式 (4.8) 减去式 (4.7), 可得

$$\boldsymbol{e}^{(k+1)} = \boldsymbol{B}\boldsymbol{e}^{(k)}, \quad k = 0, 1, 2, \cdots,$$

递推得

$$e^{(k)} = Be^{(k-1)} = \cdots = B^k e^{(0)}.$$

可见, 要考察 $\{x^{(k)}\}$ 的收敛性, 就要研究在什么条件下有 $\lim\limits_{k\to\infty} e^{(k)} = \mathbf{0}$. 由上式, 由于 $e^{(0)}$ 为常向量, 迭代序列 $\{x^{(k)}\}$ 收敛问题等价于 $\lim\limits_{k\to\infty} B^k = \mathbf{0}$.

由定理 3.15, 很容易得到收敛基本定理.

定理 4.1 (迭代法收敛基本定理) 对于任意初值 $x^{(0)}$, 迭代公式(4.8)收敛 $\Leftrightarrow$ $\rho(B) < 1$.

由此可见, 迭代公式 (4.8) 是否收敛仅与迭代矩阵的谱半径有关, 而与右端项 b 及初值 $x^{(0)}$ 无关.

迭代法的基本定理在理论上是非常重要的, 它给出了判别迭代法收敛的充要条件, 但是由于在大多数情况下求迭代矩阵的谱半径 $\rho(B)$ 比较麻烦, 故通常判别迭代法是否收敛不用该定理, 常用收敛的充分条件进行判别.

定理 4.2 (迭代法收敛的充分条件) 若迭代矩阵 B 的某种范数 $\|B\| = q < 1$, 则迭代法(4.8)对任给的初值 $x^{(0)}$ 都收敛于 $Ax = b$ 的精确解 x^*, 且有估计式

$$(1)\ \|x^{(k)} - x^*\| \leqslant q^k \|x^{(0)} - x^*\|; \tag{4.9}$$

$$(2)\ \|x^{(k)} - x^*\| \leqslant \frac{1}{1-q}\|x^{(k+1)} - x^{(k)}\|; \tag{4.10}$$

$$(3)\ \|x^{(k)} - x^*\| \leqslant \frac{q^k}{1-q}\|x^{(1)} - x^{(0)}\|. \tag{4.11}$$

证明 因为 $\rho(B) \leqslant \|B\| = q < 1$, 所以由定理 4.1知迭代法收敛性显然成立. 下证估计式.

(1) 显然有

$$x^{(k+1)} - x^* = B(x^{(k)} - x^*),$$

故

$$\|x^{(k+1)} - x^*\| = \|B(x^{(k)} - x^*)\| \leqslant \|B\| \cdot \|x^{(k)} - x^*\| = q\|x^{(k)} - x^*\| \leqslant q^2\|x^{(k-1)} - x^*\|,$$

递推即得式 (4.9).

(2) 因为

$$x^{(k)} - x^* = x^{(k)} - x^{(k+1)} + x^{(k+1)} - x^* = -(x^{(k+1)} - x^{(k)}) + B(x^{(k)} - x^*),$$

所以, 对上式取范数, 利用范数的性质有

$$\|x^{(k)} - x^*\| \leqslant \|x^{(k+1)} - x^{(k)}\| + \|B(x^{(k)} - x^*)\| \leqslant \|x^{(k+1)} - x^{(k)}\| + \|B\| \cdot \|x^{(k)} - x^*\|.$$

又 $\|\boldsymbol{B}\| = q < 1$, 整理上式可得

$$\|\boldsymbol{x}^{(k)} - \boldsymbol{x}^*\| \leqslant \frac{1}{1-q}\|\boldsymbol{x}^{(k+1)} - \boldsymbol{x}^{(k)}\|.$$

(3) 因为

$$\boldsymbol{x}^{(k+1)} - \boldsymbol{x}^{(k)} = \boldsymbol{B}(\boldsymbol{x}^{(k)} - \boldsymbol{x}^{(k-1)}),$$

由范数性质, 有

$$\|\boldsymbol{x}^{(k+1)} - \boldsymbol{x}^{(k)}\| \leqslant \|\boldsymbol{B}\| \cdot \|\boldsymbol{x}^{(k)} - \boldsymbol{x}^{(k-1)}\| = q\|\boldsymbol{x}^{(k)} - \boldsymbol{x}^{(k-1)}\| \leqslant \cdots \leqslant q^k\|\boldsymbol{x}^{(1)} - \boldsymbol{x}^{(0)}\|.$$

所以有

$$\|\boldsymbol{x}^{(k)} - \boldsymbol{x}^*\| \leqslant \frac{q^k}{1-q}\|\boldsymbol{x}^{(1)} - \boldsymbol{x}^{(0)}\|.$$

注　(1) 由于矩阵范数 $\|\boldsymbol{B}\|_1$ 和 $\|\boldsymbol{B}\|_\infty$ 容易计算, 所以实际判定中常用 $\|\boldsymbol{B}\|_1 < 1$ 或 $\|\boldsymbol{B}\|_\infty < 1$ 作为收敛的充分条件.

(2) 当 $\|\boldsymbol{B}\|_1 > 1$ 或 $\|\boldsymbol{B}\|_\infty > 1$ 时, 并不能判断迭代序列是否发散, 而要通过计算 $\rho(\boldsymbol{B})$ 来判断迭代序列的收敛与否.

例如 $\boldsymbol{B} = \begin{pmatrix} 0.9 & 0 \\ 0.3 & 0.8 \end{pmatrix}$, $\|\boldsymbol{B}\|_\infty = 1.1$, $\|\boldsymbol{B}\|_1 = 1.2$, $\|\boldsymbol{B}\|_2 = 1.043$, $\|\boldsymbol{B}\|_F = \sqrt{1.54}$, 但它的特征值是 0.9 和 0.8, $\rho(\boldsymbol{B}) < 1$, $\boldsymbol{B}$ 是收敛矩阵.

(3) 由式 (4.10) 可知, 当 $\|\boldsymbol{x}^{(k+1)} - \boldsymbol{x}^{(k)}\|$ 充分小时, 一般认为 $\|\boldsymbol{x}^{(k)} - \boldsymbol{x}^*\|$ 就充分小 $\left(\text{差 } \dfrac{1}{1-q} \text{ 倍数}\right)$, 常用来检验或控制迭代何时结束.

(4) 式 (4.11) 可用于估计满足误差 ε 要求的迭代次数 k.

事实上, 由

$$\|\boldsymbol{x}^{(k)} - \boldsymbol{x}^*\| \leqslant \frac{q^k}{1-q}\|\boldsymbol{x}^{(1)} - \boldsymbol{x}^{(0)}\| < \varepsilon$$

及 $q < 1$ 可得

$$k > \ln \frac{\varepsilon(1-q)}{\|\boldsymbol{x}^{(1)} - \boldsymbol{x}^{(0)}\|} \Big/ \ln q.$$

另外, 式 (4.9) 和式 (4.11) 都说明, q 越小迭代序列收敛的越快.

4.2　雅可比迭代法与高斯–赛德尔迭代法

本节给出两种经典的迭代法：雅可比迭代法和高斯–赛德尔迭代法, 并讨论它们的收敛性.

4.2.1 雅可比迭代法

设 n 阶线性方程组 (4.2) 的系数矩阵 $\boldsymbol{A}$ 非奇异, 且 $a_{ii} \neq 0(i=1,2,\cdots,n)$. 将方程组 (4.2) 第 i 个方程的 $a_{ii}x_i$ 留在方程的左边, 其余各项移到方程的右边, 方程两边同除以 a_{ii}, 得到同解方程组

$$\begin{cases} x_1 = \dfrac{1}{a_{11}}(b_1 - a_{12}x_2 - a_{13}x_3 - \cdots - a_{1n}x_n), \\ x_2 = \dfrac{1}{a_{22}}(b_2 - a_{21}x_1 - a_{23}x_3 - \cdots - a_{2n}x_n), \\ \qquad\qquad\cdots\cdots \\ x_n = \dfrac{1}{a_{nn}}(b_n - a_{n1}x_1 - a_{n2}x_2 - \cdots - a_{n,n-1}x_{n-1}). \end{cases} \tag{4.12}$$

构造迭代公式

$$\begin{cases} x_1^{(k+1)} = \dfrac{1}{a_{11}}\left(b_1 - a_{12}x_2^{(k)} - a_{13}x_3^{(k)} - \cdots - a_{1n}x_n^{(k)}\right), \\ x_2^{(k+1)} = \dfrac{1}{a_{22}}\left(b_2 - a_{21}x_1^{(k)} - a_{23}x_3^{(k)} - \cdots - a_{2n}x_n^{(k)}\right), \\ \qquad\qquad\cdots\cdots \\ x_n^{(k+1)} = \dfrac{1}{a_{nn}}\left(b_n - a_{n1}x_1^{(k)} - a_{n2}x_2^{(k)} - \cdots - a_{n,n-1}x_{n-1}^{(k)}\right). \end{cases} \tag{4.13}$$

任取 $\boldsymbol{x}^{(0)} = \left(x_1^{(0)}, x_2^{(0)}, \cdots, x_n^{(0)}\right)^{\mathrm{T}}$ 代入 (4.13), 得到向量序列 $\{\boldsymbol{x}^{(k)}\}(k=1,2,\cdots)$, 称迭代式 (4.13) 为简单迭代或**雅可比迭代法**.

式 (4.12) 可简写为

$$x_i = \frac{1}{a_{ii}}\left(b_i - \sum_{j=1,j\neq i}^{n} a_{ij}x_j\right), \quad i=1,2,\cdots,n. \tag{4.14}$$

雅可比迭代法 (4.13) 即为

$$x_i^{(k+1)} = \frac{1}{a_{ii}}\left(b_i - \sum_{j=1,j\neq i}^{n} a_{ij}x_j^{(k)}\right), \quad i=1,2,\cdots,n,$$

或者写为

$$x_i^{(k+1)} = \frac{1}{a_{ii}}\left(b_i - \sum_{j=1}^{i-1} a_{ij}x_j^{(k)} - \sum_{j=i+1}^{n} a_{ij}x_j^{(k)}\right), \quad i=1,2,\cdots,n. \tag{4.15}$$

为便于收敛性分析, 可将 (4.15) 式改写为矩阵形式. 将系数矩阵 $\boldsymbol{A}$ 写为 $\boldsymbol{A}=\boldsymbol{D}-\boldsymbol{L}-\boldsymbol{U}$, 其中

$$\boldsymbol{D}=\begin{pmatrix} a_{11} & & & \\ & a_{22} & & \\ & & \ddots & \\ & & & a_{nn} \end{pmatrix},\quad -\boldsymbol{L}=\begin{pmatrix} 0 & & & \\ a_{21} & 0 & & \\ \vdots & \vdots & \ddots & \\ a_{n1} & a_{n2} & \cdots & 0 \end{pmatrix},$$

$$-\boldsymbol{U}=\begin{pmatrix} 0 & a_{12} & \cdots & a_{1n} \\ & 0 & \cdots & a_{2n} \\ & & \ddots & \vdots \\ & & & 0 \end{pmatrix}.$$

则方程组 $\boldsymbol{Ax}=\boldsymbol{b}$ 即为 $(\boldsymbol{D}-\boldsymbol{L}-\boldsymbol{U})\boldsymbol{x}=\boldsymbol{b}$, 由此可得 $\boldsymbol{Dx}=(\boldsymbol{L}+\boldsymbol{U})\boldsymbol{x}+\boldsymbol{b}$, 从而有

$$\boldsymbol{x}=\boldsymbol{D}^{-1}[(\boldsymbol{L}+\boldsymbol{U})\boldsymbol{x}+\boldsymbol{b}]=\boldsymbol{D}^{-1}[(\boldsymbol{D}-\boldsymbol{A})\boldsymbol{x}+\boldsymbol{b}]\triangleq\boldsymbol{B}_{\mathrm{J}}\boldsymbol{x}+\boldsymbol{f}_{\mathrm{J}},$$

故雅可比迭代的矩阵形式为

$$\boldsymbol{x}^{(k+1)}=\boldsymbol{B}_{\mathrm{J}}\boldsymbol{x}^{(k)}+\boldsymbol{f}_{\mathrm{J}}, \tag{4.16}$$

其中, $\boldsymbol{B}_{\mathrm{J}}=\boldsymbol{D}^{-1}(\boldsymbol{L}+\boldsymbol{U})=\boldsymbol{D}^{-1}(\boldsymbol{D}-\boldsymbol{A})=\boldsymbol{I}-\boldsymbol{D}^{-1}\boldsymbol{A}, \boldsymbol{f}_{\mathrm{J}}=\boldsymbol{D}^{-1}\boldsymbol{b}$.

事实上, 例 4.1 的求解法就是采用的雅可比迭代法.

4.2.2　高斯–赛德尔迭代法

由雅可比迭代法的计算可知, 每一步的迭代新值

$$\boldsymbol{x}^{(k+1)}=\left(x_1^{(k+1)},x_2^{(k+1)},\cdots,x_n^{(k+1)}\right)^{\mathrm{T}}$$

都是用

$$\boldsymbol{x}^{(k)}=\left(x_1^{(k)},x_2^{(k)},\cdots,x_n^{(k)}\right)^{\mathrm{T}}$$

的分量计算出来的. 在计算第 i 个分量 $x_i^{(k+1)}$ 时, 已经计算出

$$x_1^{(k+1)},x_2^{(k+1)},\cdots,x_{i-1}^{(k+1)}$$

这前 $i-1$ 个新的迭代值, 却没有用在计算 $x_i^{(k+1)}$ 上. 一般来说, 对于一个收敛的迭代过程, 新值 $x_i^{(k+1)}$ 将比旧值 $x_i^{(k)}$ 更准确一些. 因此, 如果每计算出一个新的分量, 便立即用它取代对应的旧分量进行迭代, 可能收敛得更快.

据此, 考察式 (4.13), 将其右端前 $i-1$ 个分量的上标 k 换成 $k+1$, 得新的迭代公式

$$\begin{cases} x_1^{(k+1)} = \dfrac{1}{a_{11}}\left(b_1 - a_{12}x_2^{(k)} - a_{13}x_3^{(k)} - \cdots - a_{1n}x_n^{(k)}\right), \\ x_2^{(k+1)} = \dfrac{1}{a_{22}}\left(b_2 - a_{21}x_1^{(k+1)} - a_{23}x_3^{(k)} - \cdots - a_{2n}x_n^{(k)}\right), \\ \cdots\cdots \\ x_n^{(k+1)} = \dfrac{1}{a_{nn}}\left(b_n - a_{n1}x_1^{(k+1)} - a_{n2}x_2^{(k+1)} - \cdots - a_{n,n-1}x_{n-1}^{(k+1)}\right). \end{cases} \tag{4.17}$$

称 (4.17) 为**高斯–赛德尔迭代法**, 简称为 G-S 迭代法.

高斯–赛德尔迭代法也可简写为

$$x_i^{(k+1)} = \frac{1}{a_{ii}}\left(b_i - \sum_{j=1}^{i-1} a_{ij}x_j^{(k+1)} - \sum_{j=i+1}^{n} a_{ij}x_j^{(k)}\right), \quad i=1,2,\cdots,n; \quad k=0,1,2,\cdots \tag{4.18}$$

或

$$\begin{cases} x_i^{(k+1)} = x_i^{(k)} + \Delta x_i, \\ \Delta x_i = \dfrac{1}{a_{ii}}\left(b_i - \displaystyle\sum_{j=1}^{i-1} a_{ij}x_j^{(k+1)} - \sum_{j=i}^{n} a_{ij}x_j^{(k)}\right), \end{cases} \quad i=1,2,\cdots,n; \quad k=0,1,2,\cdots. \tag{4.19}$$

下面推导 G-S 迭代法的矩阵形式. 仍将系数矩阵 $\boldsymbol{A}$ 记为 $\boldsymbol{A}=\boldsymbol{D}-\boldsymbol{L}-\boldsymbol{U}$ ($\boldsymbol{D},\boldsymbol{L},\boldsymbol{U}$ 的含义同前), 则方程组 $\boldsymbol{Ax}=\boldsymbol{b}$ 即为 $(\boldsymbol{D}-\boldsymbol{L}-\boldsymbol{U})\boldsymbol{x}=\boldsymbol{b}$, 由此可得 $(\boldsymbol{D}-\boldsymbol{L})\boldsymbol{x}=\boldsymbol{Ux}+\boldsymbol{b}$, 从而有 $(\boldsymbol{D}-\boldsymbol{L})\boldsymbol{x}^{(k+1)}=\boldsymbol{Ux}^{(k)}+\boldsymbol{b}$, 整理即得高斯–赛德尔迭代法的矩阵形式

$$\boldsymbol{x}^{(k+1)} = \boldsymbol{B}_{\text{G-S}}\boldsymbol{x}^{(k)} + \boldsymbol{f}_{\text{G-S}}, \tag{4.20}$$

其中, $\boldsymbol{B}_{\text{G-S}}=(\boldsymbol{D}-\boldsymbol{L})^{-1}\boldsymbol{U}$, $\boldsymbol{f}_{\text{G-S}}=(\boldsymbol{D}-\boldsymbol{L})^{-1}\boldsymbol{b}$.

例 4.2 用高斯–赛德尔迭代法再解例 4.1.

解 由式 (4.17), 方程组的高斯–赛德尔迭代公式为

$$\begin{cases} x_1^{(k+1)} = 0.1x_2^{(k)} + 0.2x_3^{(k)} + 0.7, \\ x_2^{(k+1)} = 0.1x_1^{(k+1)} + 0.2x_3^{(k)} + 0.7, \\ x_3^{(k+1)} = 0.2x_1^{(k+1)} + 0.2x_2^{(k+1)} + 0.6. \end{cases} \tag{4.21}$$

取 $\boldsymbol{x}^{(0)}=(0,0,0)^{\mathrm{T}}$ 代入式 (4.21), 计算结果见表 4.2.

表 4.2　例 4.2 的高斯–赛德尔迭代计算结果

k	$x_1^{(k)}$	$x_2^{(k)}$	$x_3^{(k)}$	$\\|\boldsymbol{x}^{(k)}-\boldsymbol{x}^{(k-1)}\\|_\infty$
0	0	0	0	
1	0.70000	0.77000	0.89400	0.89400
2	0.95580	0.97438	0.98604	0.25580
3	0.99465	0.99667	0.99826	0.03885
4	0.99932	0.99958	0.99978	0.00467
5	0.99991	0.99995	0.99997	0.00059

从表 4.2 中可以看到, 当迭代次数增加时, 迭代结果越来越逼近准确解. 迭代到第 5 次有 $\|\boldsymbol{x}^{(5)}-\boldsymbol{x}^{(4)}\|_\infty=0.00059$, $\boldsymbol{x}^{(5)}$ 作为方程的近似解满足精度要求. 表 4.2 与表 4.1 的计算结果表明, 本方程组高斯–赛德尔迭代公式的效果比雅可比迭代公式的效果好.

应当指出的是, 一般而言高斯–赛德尔迭代法的收敛速度比雅可比迭代法快, 但这两种迭代法的收敛范围并不完全重合, 而只是部分相交, 有时候雅可比迭代法可能比高斯–赛德尔迭代法的收敛速度更快, 甚至可举出雅可比法收敛而高斯–赛德尔法发散的例子.

例 4.3　设有 $\begin{cases} x_1+2x_2-2x_3=1, \\ x_1+x_2+x_3=2, \\ 2x_1+2x_2+x_3=3, \end{cases}$ 雅可比和高斯–赛德尔迭代法是否收敛?

解　因为

$$\boldsymbol{A}=\begin{pmatrix} 1 & 2 & -2 \\ 1 & 1 & 1 \\ 2 & 2 & 1 \end{pmatrix}=\begin{pmatrix} 1 & 0 & 0 \\ 0 & 1 & 0 \\ 0 & 0 & 1 \end{pmatrix}-\begin{pmatrix} 0 & 0 & 0 \\ -1 & 0 & 0 \\ -2 & -2 & 0 \end{pmatrix}-\begin{pmatrix} 0 & -2 & 2 \\ 0 & 0 & -1 \\ 0 & 0 & 0 \end{pmatrix}$$

$$=\boldsymbol{D}-\boldsymbol{L}-\boldsymbol{U},$$

所以, 雅可比迭代矩阵为

$$\boldsymbol{B}_{\mathrm{J}}=\boldsymbol{I}-\boldsymbol{D}^{-1}\boldsymbol{A}=\begin{pmatrix} 0 & -2 & 2 \\ -1 & 0 & -1 \\ -2 & -2 & 0 \end{pmatrix},$$

其特征方程为

$$|\lambda\boldsymbol{I}-\boldsymbol{B}_{\mathrm{J}}|=\begin{vmatrix} \lambda & 2 & -2 \\ 1 & \lambda & 1 \\ 2 & 2 & \lambda \end{vmatrix}=\lambda^3=0,$$

可得特征值为 $\lambda_1=\lambda_2=\lambda_3=0$, 故 $\rho(\boldsymbol{B}_{\mathrm{J}})=0<1$, 所以, 方程组对应的雅可比迭代法收敛.

高斯–赛德尔迭代矩阵

$$B_{\text{G-S}} = (D - L)^{-1}U = \begin{pmatrix} 0 & -2 & 2 \\ 0 & 2 & -3 \\ 0 & 0 & 2 \end{pmatrix},$$

其特征方程为

$$|\lambda I - B_{\text{G-S}}| = \begin{vmatrix} \lambda & 2 & -2 \\ 0 & \lambda - 2 & 3 \\ 0 & 0 & \lambda - 2 \end{vmatrix} = \lambda(\lambda - 2)^2 = 0,$$

可得特征值为 $\lambda_1 = 0, \lambda_2 = \lambda_3 = 2$, 故 $\rho(B_{\text{G-S}}) = 2 > 1$, 所以, 方程组对应的高斯–赛德尔迭代法发散.

例 4.4 已知方程组 $\begin{cases} 2x_1 - x_2 + x_3 = 1, \\ x_1 + x_2 + x_3 = 1, \\ x_1 + x_2 - 2x_3 = 1, \end{cases}$ 证明雅可比迭代法发散和高斯–赛德尔迭代法收敛.

解 因为

$$A = \begin{pmatrix} 2 & -1 & 1 \\ 1 & 1 & 1 \\ 1 & 1 & -2 \end{pmatrix} = \begin{pmatrix} 2 & 0 & 0 \\ 0 & 1 & 0 \\ 0 & 0 & -2 \end{pmatrix} - \begin{pmatrix} 0 & 0 & 0 \\ -1 & 0 & 0 \\ -1 & -1 & 0 \end{pmatrix} - \begin{pmatrix} 0 & 1 & -1 \\ 0 & 0 & -1 \\ 0 & 0 & 0 \end{pmatrix}$$
$$= D - L - U,$$

所以, 雅可比迭代矩阵为

$$B_{\text{J}} = I - D^{-1}A = \begin{pmatrix} 0 & \frac{1}{2} & -\frac{1}{2} \\ -1 & 0 & -1 \\ \frac{1}{2} & \frac{1}{2} & 0 \end{pmatrix},$$

其特征方程为

$$|\lambda I - B_{\text{J}}| = \lambda^3 + \frac{5}{4}\lambda = 0 \Rightarrow \lambda_1 = 0, \lambda_{2,3} = \pm\frac{\sqrt{5}}{2}\mathrm{i},$$

故 $\rho(B_{\text{J}}) = \dfrac{\sqrt{5}}{2} > 1$, 方程组对应的雅可比迭代法发散.

高斯–赛德尔迭代矩阵为

$$\boldsymbol{B}_{\text{G-S}} = (\boldsymbol{D}-\boldsymbol{L})^{-1}\boldsymbol{U} = \begin{pmatrix} 0 & \dfrac{1}{2} & -\dfrac{1}{2} \\ 0 & -\dfrac{1}{2} & -\dfrac{1}{2} \\ 0 & 0 & -\dfrac{1}{2} \end{pmatrix},$$

其特征方程为

$$|\lambda \boldsymbol{I} - \boldsymbol{B}_{\text{G-S}}| = \lambda\left(\lambda+\frac{1}{2}\right)^2 = 0 \Rightarrow \lambda_1 = 0, \lambda_{2,3} = -\frac{1}{2},$$

故 $\rho(\boldsymbol{B}_{\text{G-S}}) = \dfrac{1}{2} < 1$, 所以, 方程组对应的高斯–赛德尔迭代法收敛. 从例 4.4 中可以看出雅可比迭代矩阵 $\boldsymbol{B}_{\text{J}}$ 的主对角线为零, 而高斯–赛德尔迭代矩阵 $\boldsymbol{B}_{\text{G-S}}$ 的第 1 列都是零, 这对一般情况也是成立的.

4.2.3 特殊系数矩阵迭代法的收敛性

在科学或工程计算时, 所建立的方程组 $\boldsymbol{Ax}=\boldsymbol{b}$, 其系数矩阵 $\boldsymbol{A}=(a_{ij})_{n\times n}$ 往往具有某些特性. 例如 $\boldsymbol{A}$ 是对角占优矩阵, 或 $\boldsymbol{A}$ 为不可约矩阵, 或 $\boldsymbol{A}$ 是对称正定矩阵等, 这些矩阵的定义和性质请参看有关线性代数或高等代数书籍, 例如:

如果 $\boldsymbol{A}$ 的元素满足

$$\sum_{j=1,j\neq i}^{n} |a_{ij}| \leqslant |a_{ii}| \quad (i=1,2,\cdots,n),$$

且至少有一个不等式严格成立, 称 $\boldsymbol{A}$ 为按行对角占优; 若所有不等式都严格成立, 则称 $\boldsymbol{A}$ 为按行严格对角占优矩阵. 如果存在置换矩阵 $\boldsymbol{P}$ 使得

$$\boldsymbol{P}^{\text{T}}\boldsymbol{AP} = \begin{pmatrix} \boldsymbol{A}_{11} & \boldsymbol{A}_{12} \\ \boldsymbol{0} & \boldsymbol{A}_{22} \end{pmatrix},$$

其中, $\boldsymbol{A}_{11}$ 为 r 阶方阵, $\boldsymbol{A}_{22}$ 为 $n-r$ $(1\leqslant r\leqslant n, n\geqslant 2)$ 阶方阵, 则称 $\boldsymbol{A}$ 为可约矩阵, 否则称 $\boldsymbol{A}$ 为不可约矩阵.

对角占优定理

对角占优定理: 如果 $\boldsymbol{A}=(a_{ij})_{n\times n}$ 为严格对角占优矩阵或 $\boldsymbol{A}$ 为不可约对角占优矩阵, 则 $\boldsymbol{A}$ 为非奇异矩阵.

下面讨论这些方程组的雅可比与高斯–赛德尔迭代法的收敛性.

定理 4.3 设 $\boldsymbol{Ax}=\boldsymbol{b}$, 如果 $\boldsymbol{A}$ 为

(1) 按行 (或列) 严格对角占优矩阵, 则雅可比迭代法和高斯–赛德尔迭代法均收敛;

(2) 按行 (或列) 对角占优且为不可约矩阵, 则雅可比迭代法和高斯–赛德尔迭代法均收敛.

证明 仅证 (1). 不妨设 $\boldsymbol{A}$ 为按行严格对角占优, 先证雅可比迭代法的收敛性.

因为 $\boldsymbol{A}$ 是按行严格对角占优矩阵, 所以 $a_{ii} \neq 0(i=1,2,\cdots,n)$, 雅可比迭代矩阵为

$$\boldsymbol{B}_{\mathrm{J}} = \boldsymbol{D}^{-1}(\boldsymbol{L}+\boldsymbol{U}) = -\begin{pmatrix} 0 & \dfrac{a_{12}}{a_{11}} & \cdots & \dfrac{a_{1n}}{a_{11}} \\ \dfrac{a_{21}}{a_{22}} & 0 & \cdots & \dfrac{a_{2n}}{a_{22}} \\ \vdots & \vdots & & \vdots \\ \dfrac{a_{n1}}{a_{nn}} & \dfrac{a_{n2}}{a_{nn}} & \cdots & 0 \end{pmatrix},$$

从而有

$$\|\boldsymbol{B}_{\mathrm{J}}\|_\infty = \max_{1\leqslant i\leqslant n} \sum_{j=1,j\neq i}^{n} \frac{|a_{ij}|}{|a_{ii}|} < 1,$$

故雅可比迭代法收敛.

再证高斯–赛德尔迭代法的收敛性.

$$\boldsymbol{B}_{\text{G-S}} = (\boldsymbol{D}-\boldsymbol{L})^{-1}\boldsymbol{U},$$

设 λ 为其特征值, 则有

$$\det(\lambda \boldsymbol{I} - \boldsymbol{B}_{\text{G-S}}) = \det(\lambda\boldsymbol{I} - (\boldsymbol{D}-\boldsymbol{L})^{-1}\boldsymbol{U}) = \det((\boldsymbol{D}-\boldsymbol{L})^{-1})\det(\lambda(\boldsymbol{D}-\boldsymbol{L}) - \boldsymbol{U}) = 0,$$

因为 $\det((\boldsymbol{D}-\boldsymbol{L})^{-1}) \neq 0$, 所以 $\det(\lambda(\boldsymbol{D}-\boldsymbol{L}) - \mathbf{U}) = 0$. 下面证明 $|\lambda| < 1$. 若不然, 即 $|\lambda| \geqslant 1$, 则

$$|\lambda a_{ii}| > |\lambda| \sum_{j=1,j\neq i}^{n} |a_{ij}| \geqslant \sum_{j=1}^{i-1} |\lambda a_{ij}| + \sum_{j=i+1}^{n} |a_{ij}| \quad (i=1,2,\cdots,n).$$

也就是说, 矩阵

$$\lambda(\boldsymbol{D}-\boldsymbol{L}) - \boldsymbol{U} = \begin{pmatrix} \lambda a_{11} & a_{12} & \cdots & a_{1,n-1} & a_{1n} \\ \lambda a_{21} & \lambda a_{22} & \cdots & a_{2,n-1} & a_{2n} \\ \vdots & \vdots & \ddots & \vdots & \vdots \\ \lambda a_{n-1,1} & \lambda a_{n-1,2} & \cdots & \lambda a_{n-1,n-1} & a_{n-1,n} \\ \lambda a_{n1} & \lambda a_{n2} & \cdots & \lambda a_{n,n-1} & \lambda a_{nn} \end{pmatrix}$$

是按行严格对角占优矩阵, 故可逆, 这与其行列式为 0 矛盾, 所以 $|\lambda| < 1$, 从而 $\rho(\boldsymbol{B}_{\text{G-S}}) < 1$, 即高斯–赛德尔迭代法收敛.

例 4.1 中, 容易验证系数矩阵为行严格对角占优矩阵, 因此, 其雅可比迭代法和高斯–赛德尔迭代公式都是收敛的.

定理 4.4 设 $\boldsymbol{Ax} = \boldsymbol{b}$, 如果系数矩阵 $\boldsymbol{A}$ 为对称正定矩阵, 则

(1) 高斯–赛德尔迭代法收敛;

(2) 雅可比迭代法收敛 $\Leftrightarrow 2\boldsymbol{D} - \boldsymbol{A}$ 为正定矩阵.

证明略.

定理表明, 若 $\boldsymbol{A}$ 对称正定, 则高斯–赛德尔迭代法一定收敛, 但雅可比迭代法不一定收敛. 在偏微分方程数值解法中, 有限差分法往往导出的是对角占优的线性方程组, 有限元法中的刚度矩阵往往是对称正定矩阵. 因此定理 4.3 和定理 4.4 是很有实用价值的.

例 4.5 设线性方程组系数矩阵 $\boldsymbol{A} = \begin{pmatrix} 1 & 0.9 & 0.9 \\ 0.9 & 1 & 0.9 \\ 0.9 & 0.9 & 1 \end{pmatrix}$, 讨论雅可比迭代法和高斯–赛德尔迭代法的收敛性.

解 因为 $\boldsymbol{A}$ 对称, 且易计算各阶顺序主子式都大于 0, 所以 $\boldsymbol{A}$ 对称正定, 由定理 4.4 知, 高斯–赛德尔迭代法收敛. 但由于

$$2\boldsymbol{D} - \boldsymbol{A} = \begin{pmatrix} 1 & -0.9 & -0.9 \\ -0.9 & 1 & -0.9 \\ -0.9 & -0.9 & 1 \end{pmatrix},$$

$\det(2\boldsymbol{D} - \boldsymbol{A}) < 0$, 所以 $2\boldsymbol{D} - \boldsymbol{A}$ 非正定, 故雅可比迭代法不收敛.

例 4.6 设线性方程组系数矩阵 $\boldsymbol{A} = \begin{pmatrix} 1 & a & a \\ a & 1 & a \\ a & a & 1 \end{pmatrix}$, 证明:

(1) 当 $-\dfrac{1}{2} < a < 1$ 时, 高斯–赛德尔迭代法收敛;

(2) 当 $-\dfrac{1}{2} < a < \dfrac{1}{2}$ 时, 雅可比迭代法收敛.

证明 (1) 对称性显然, 只要证明当 $-\dfrac{1}{2} < a < 1$ 时, $\boldsymbol{A}$ 正定即可.

事实上, $\boldsymbol{A}$ 的顺序主子式

$$D_1 = 1 > 0, \quad D_2 = 1 - a^2 > 0, \quad D_3 = 2a^3 - 3a^2 + 1 = (a-1)^2(2a+1) > 0,$$

解得 $-\dfrac{1}{2} < a < 1$. 此时 $\boldsymbol{A}$ 对称正定, 故高斯–赛德尔迭代法收敛.

(2) 雅可比迭代矩阵

$$\boldsymbol{B}_{\mathrm{J}}=\begin{pmatrix}0&-a&-a\\-a&0&-a\\-a&-a&0\end{pmatrix},$$

有

$$|\boldsymbol{I}-\boldsymbol{B}_{\mathrm{J}}|=\begin{vmatrix}\lambda&a&a\\a&\lambda&a\\a&a&\lambda\end{vmatrix}=(\lambda+2a)(\lambda-a)^2=0,$$

所以当 $\rho(\boldsymbol{B}_{\mathrm{J}})=|2a|<1$, 即 $|a|<\dfrac{1}{2}$ 时, 雅可比迭代法收敛.

4.3 超松弛迭代法

4.3.1 超松弛迭代法

为了提高迭代公式的收敛速度, 对高斯–赛德尔迭代公式进行改进、修正:

设方程组第 k 步近似解 $x_i^{(k)}$ 已知, 由高斯–赛德尔迭代公式计算得到的第 $k+1$ 步近似解记为 $\widetilde{x}_i^{(k+1)}$, 即

$$\widetilde{x}_i^{(k+1)}=\frac{1}{a_{ii}}\left(b_i-\sum_{j=1}^{i-1}a_{ij}x_j^{(k+1)}-\sum_{j=i+1}^{n}a_{ij}x_j^{(k)}\right),\quad i=1,2,\cdots,n;\quad k=0,1,2,\cdots,\tag{4.22}$$

令 $x_i^{(k)}$ 和 $\widetilde{x}_i^{(k+1)}$ 加权平均为 $x_i^{(k+1)}$, 即

$$x_i^{(k+1)}=(1-\omega)x_i^{(k)}+\omega\widetilde{x}_i^{(k+1)},\quad i=1,2,\cdots,n;\quad k=0,1,\cdots,\tag{4.23}$$

其中 ω 是参数, 将 (4.22) 式代入 (4.23) 式, 整理得

$$\begin{aligned}x_i^{(k+1)}=(1-\omega)x_i^{(k)}+\frac{\omega}{a_{ii}}\left(b_i-\sum_{j=1}^{i-1}a_{ij}x_j^{(k+1)}-\sum_{j=i+1}^{n}a_{ij}x_j^{(k)}\right),\\ i=1,2,\cdots,n;\quad k=0,1,\cdots.\end{aligned}\tag{4.24}$$

(4.24) 式又可写为

$$\begin{cases}x_i^{(k+1)}=x_i^{(k)}+\Delta x_i,\\ \Delta x_i=\dfrac{\omega}{a_{ii}}\left(b_i-\displaystyle\sum_{j=1}^{i-1}a_{ij}x_j^{(k+1)}-\sum_{j=i}^{n}a_{ij}x_j^{(k)}\right),\end{cases}\quad i=1,2,\cdots,n;\quad k=0,1,2,\cdots.\tag{4.25}$$

称 (4.24) 式为**松弛迭代法**, 它是在高斯–赛德尔迭代法的基础上建立的, 参数 $\omega(>0)$ 称为**松弛因子**.

当 $\omega>1$ 时, 式 (4.24) 称为超松弛法;
当 $\omega<1$ 时, 式 (4.24) 称为低松弛法;
当 $\omega=1$ 时, 式 (4.24) 就是高斯–赛德尔迭代法.

SOR 迭代法

一般这些方法统称为逐次超松弛迭代法, 简称为 **SOR 迭代法**.

上面是 SOR 迭代法的计算分量形式, 下面给出其矩阵形式. 由 $\boldsymbol{A}=\boldsymbol{D}-\boldsymbol{L}-\boldsymbol{U}$, SOR 的迭代公式 (4.24) 可以写为

$$\boldsymbol{x}^{(k+1)}=(1-\omega)\boldsymbol{x}^{(k)}+\omega\boldsymbol{D}^{-1}\left(\boldsymbol{L}\boldsymbol{x}^{(k+1)}+\boldsymbol{U}\boldsymbol{x}^{(k)}+\boldsymbol{b}\right),$$

即

$$(\boldsymbol{D}-\omega\boldsymbol{L})\boldsymbol{x}^{(k+1)}=[(1-\omega)\boldsymbol{D}+\omega\boldsymbol{U}]\boldsymbol{x}^{(k)}+\omega\boldsymbol{b},$$

也就是说

$$\boldsymbol{x}^{(k+1)}=(\boldsymbol{D}-\omega\boldsymbol{L})^{-1}[(1-\omega)\boldsymbol{D}+\omega\boldsymbol{U}]\boldsymbol{x}^{(k)}+\omega(\boldsymbol{D}-\omega\boldsymbol{L})^{-1}\boldsymbol{b}.$$

若记

$$\boldsymbol{B}_{\mathrm{S}}=(\boldsymbol{D}-\omega\boldsymbol{L})^{-1}[(1-\omega)\boldsymbol{D}+\omega\boldsymbol{U}],\quad \boldsymbol{f}_{\mathrm{S}}=\omega(\boldsymbol{D}-\omega\boldsymbol{L})^{-1}\boldsymbol{b},$$

则 SOR 迭代法 (4.24) 的矩阵形式为

$$\boldsymbol{x}^{(k+1)}=\boldsymbol{B}_{\mathrm{S}}\boldsymbol{x}^{(k)}+\boldsymbol{f}_{\mathrm{S}}, \tag{4.26}$$

并称 $\boldsymbol{B}_{\mathrm{S}}$ 为 SOR 迭代矩阵.

SOR 迭代法可认为是带参数 ω 的高斯–赛德尔迭代法, 每迭代一次主要运算量是计算一次矩阵与向量的乘法. 在计算机求解时, 对给定的精度 ε, 可用 $\|\boldsymbol{x}^{(k)}-\boldsymbol{x}^{(k-1)}\|<\varepsilon$ 或者 $\|\boldsymbol{r}^{(k)}\|=\|\boldsymbol{b}-\boldsymbol{A}\boldsymbol{x}^{(k)}\|<\varepsilon$ 控制迭代终止, 向量范数常取 ∞-范数.

SOR 迭代法具有计算公式简单、编程容易等优点, 它是求解大型稀疏方程组的一种有效方法. 如果松弛因子 ω 选择合适, SOR 方法有可能显著提高收敛速度. 使用 SOR 方法的关键在于选取合适的松弛因子, 松弛因子的选择对收敛速度影响极大. 实际计算时, 通常依据系数矩阵的特点, 并结合科学计算的实践经验来选取合适的松弛因子.

例 4.7 用 SOR 迭代法解线性方程组 $\begin{cases}-4x_1+x_2+x_3+x_4=1,\\ x_1-4x_2+x_3+x_4=1,\\ x_1+x_2-4x_3+x_4=1,\\ x_1+x_2+x_3-4x_4=1\end{cases}$ (精度 $\varepsilon=10^{-5}$, $\boldsymbol{x}^*=(-1,-1,-1,-1)^{\mathrm{T}}$).

解 应用 SOR 迭代公式 (4.25), 取 $\boldsymbol{x}^0=(0,0,0,0)^{\mathrm{T}}$, 则有

$$\begin{cases} x_1^{(k+1)}=x_1^{(k)}-\dfrac{\omega}{4}(1+4x_1^{(k)}-x_2^{(k)}-x_3^{(k)}-x_4^{(k)}),\\ x_2^{(k+1)}=x_2^{(k)}-\dfrac{\omega}{4}(1-x_1^{(k+1)}+4x_2^{(k)}-x_3^{(k)}-x_4^{(k)}),\\ x_3^{(k+1)}=x_3^{(k)}-\dfrac{\omega}{4}(1-x_1^{(k+1)}-x_2^{(k+1)}+4x_3^{(k)}-x_4^{(k)}),\\ x_4^{(k+1)}=x_4^{(k)}-\dfrac{\omega}{4}(1-x_1^{(k+1)}-x_2^{(k+1)}-x_3^{(k+1)}+4x_4^{(k)}). \end{cases}$$

表 4.3 给出了用 SOR 方法求解此例时, 松弛因子 ω 与迭代次数 N 的关系, $\omega=1.0$ 为高斯–赛德尔迭代法. 从表中可以看出, SOR 迭代法的计算量与松弛因子 ω 的选取密切相关, 松弛因子选择得好, 会使 SOR 迭代法的收敛速度大大提高, 本例中 $\omega=1.25$ 为最佳松弛因子.

表 4.3 SOR 迭代计算结果

ω	0.6	0.7	0.8	0.9	1.0	1.1	1.2	1.25	1.3	1.4	1.5	1.6	1.7	1.8
N	47	38	31	26	21	17	12	10	12	15	19	24	35	55

例 4.7 的 MATLAB 的求解程序参见本章 MATLAB 应用.

4.3.2 SOR 迭代法的收敛性

关于 SOR 迭代法 (4.26) 的收敛性, 我们首先讨论 $\rho(\boldsymbol{B}_{\mathrm{S}})$ 与 ω 的关系, 再讨论 SOR 法的收敛条件.

定理 4.5 设 $\boldsymbol{A}\in\mathbb{R}^{n\times n}$, 其对角元 $a_{ii}\neq 0(i=1,2,\cdots,n)$, 则对所有实数 ω 有

$$\rho(\boldsymbol{B}_{\mathrm{S}})\geqslant|\omega-1|. \tag{4.27}$$

证明 由于 $a_{ii}\neq 0(i=1,2,\cdots,n)$, 可以构造 SOR 迭代公式 (4.26), 其迭代矩阵为

$$\boldsymbol{B}_{\mathrm{S}}=(\boldsymbol{D}-\omega\boldsymbol{L})^{-1}[(1-\omega)\boldsymbol{D}+\omega\boldsymbol{U}].$$

设 $\boldsymbol{B}_{\mathrm{S}}$ 的 n 个特征值为 $\lambda_1,\lambda_2,\cdots,\lambda_n$, 则有

$$\begin{aligned}\lambda_1\lambda_2\cdots\lambda_n&=\det(\boldsymbol{B}_{\mathrm{S}})\\ &=\det((\boldsymbol{D}-\omega\boldsymbol{L})^{-1})\times\det((1-\omega)\boldsymbol{D}+\omega\boldsymbol{U})\\ &=\det(\boldsymbol{D}^{-1})\times\det((1-\omega)\boldsymbol{D})\\ &=(1-\omega)^n.\end{aligned}$$

由此可得

$$\rho(\boldsymbol{B}_{\mathrm{S}})=\max|\lambda_i|\geqslant|\lambda_1\lambda_2\cdots\lambda_n|^{1/n}=|\omega-1|.$$

定理 4.6　设 $\boldsymbol{Ax}=\boldsymbol{b}$, 关于 SOR 迭代法, 有下面的收敛结果:

(1) SOR 迭代法收敛的必要条件是 $0<\omega<2$;

(2) 如果系数矩阵 $\boldsymbol{A}$ 为对称正定矩阵, 则 $0<\omega<2$ 时, SOR 迭代法收敛.

证明　(1) 由定理 4.5 知 $\rho(\boldsymbol{B}_{\rm S})\geqslant|\omega-1|$. 再由 SOR 迭代法收敛的充要条件 $\rho(\boldsymbol{B}_{\rm S})<1$, 得 $|\omega-1|\leqslant\rho(\boldsymbol{B}_{\rm S})<1$, 由此解得 $0<\omega<2$.

(2) 若能证明 $\boldsymbol{B}_{\rm S}$ 的任一特征值 λ 满足 $|\lambda|<1$, 则定理得证.

设 $\boldsymbol{y}$ 为迭代矩阵 $\boldsymbol{B}_{\rm S}$ 对应于特征值 λ 的特征向量, 即有

$$(\boldsymbol{D}-\omega\boldsymbol{L})^{-1}[(1-\omega)\boldsymbol{D}+\omega\boldsymbol{U}]\boldsymbol{y}=\lambda\boldsymbol{y},$$

从而有

$$[(1-\omega)\boldsymbol{D}+\omega\boldsymbol{U}]\boldsymbol{y}=\lambda(\boldsymbol{D}-\omega\boldsymbol{L})\boldsymbol{y}.$$

考虑到 $\boldsymbol{B}_{\rm S}$ 的特征值和对应的特征向量可能是复数, 用 $\boldsymbol{y}$ 的共轭转置向量 $\boldsymbol{y}^{\rm H}$ 左乘上式两端 (即作内积), 有

$$(1-\omega)\boldsymbol{y}^{\rm H}\boldsymbol{D}\boldsymbol{y}+\omega\boldsymbol{y}^{\rm H}\boldsymbol{U}\boldsymbol{y}=\lambda(\boldsymbol{y}^{\rm H}\boldsymbol{D}\boldsymbol{y}-\omega\boldsymbol{y}^{\rm H}\boldsymbol{L}\boldsymbol{y}),$$

解出 λ, 可得

$$\lambda=\frac{(1-\omega)\boldsymbol{y}^{\rm H}\boldsymbol{D}\boldsymbol{y}+\omega\boldsymbol{y}^{\rm H}\boldsymbol{U}\boldsymbol{y}}{\boldsymbol{y}^{\rm H}\boldsymbol{D}\boldsymbol{y}-\omega\boldsymbol{y}^{\rm H}\boldsymbol{L}\boldsymbol{y}}.\tag{4.28}$$

记 $\boldsymbol{y}^{\rm H}\boldsymbol{D}\boldsymbol{y}=q$, $\boldsymbol{y}^{\rm H}\boldsymbol{L}\boldsymbol{y}=\alpha+{\rm i}\beta$, 因为 $\boldsymbol{A}$ 为对称正定矩阵, 所以 $\boldsymbol{U}=\boldsymbol{L}^{\rm T}$, 且

$$\boldsymbol{y}^{\rm H}\boldsymbol{D}\boldsymbol{y}=\sum_{i=1}^{n}a_{ii}|y_i|^2=q>0,\ \ \boldsymbol{y}^{\rm H}\boldsymbol{U}\boldsymbol{y}=\boldsymbol{y}^{\rm H}\boldsymbol{L}^{\rm H}\boldsymbol{y}=(\boldsymbol{y}^{\rm H}\boldsymbol{L}\boldsymbol{y})^{\rm H}=\alpha-{\rm i}\beta,$$

$$\boldsymbol{y}^{\rm H}\boldsymbol{A}\boldsymbol{y}=\boldsymbol{y}^{\rm H}(\boldsymbol{D}-\boldsymbol{L}-\boldsymbol{U})\boldsymbol{y}=\boldsymbol{y}^{\rm H}\boldsymbol{D}\boldsymbol{y}-\boldsymbol{y}^{\rm H}\boldsymbol{L}\boldsymbol{y}-\boldsymbol{y}^{\rm H}\boldsymbol{U}\boldsymbol{y}=q-2\alpha>0.\tag{4.29}$$

将上述相关结果代入 (4.28) 式, 得

$$\lambda=\frac{(1-\omega)q+\omega(\alpha-{\rm i}\beta)}{q-\omega(\alpha+{\rm i}\beta)}=\frac{[(1-\omega)q+\omega\alpha]-{\rm i}\omega\beta}{(q-\omega\alpha)-{\rm i}\omega\beta},$$

注意到 λ 的分子、分母虚部相等, 而当 $0<\omega<2$ 时, 有

$$(q-\omega\alpha)^2-[(1-\omega)q+\omega\alpha]^2=(2-\omega)q\omega(q-2\alpha)>0,$$

由此可得 $|\lambda|<1$, 从而有 $\rho(\boldsymbol{B}_{\rm S})\geqslant|\omega-1|$, 故迭代法收敛. 证毕.

定理 4.7　设 $\boldsymbol{Ax}=\boldsymbol{b}$, 如果 $\boldsymbol{A}$ 为行 (列) 严格对角占优矩阵, 或 $\boldsymbol{A}$ 为行 (列) 对角占优且不可约矩阵, 当 $0<\omega\leqslant1$ 时 SOR 迭代法收敛.

证明 只对 $\boldsymbol{A}$ 为严格对角占优矩阵给出证明. 不妨设 $\boldsymbol{A}$ 为行严格对角占优矩阵, 故 $a_{ii} \neq 0(i=1,2,\cdots,n)$, 且 $\boldsymbol{A}$ 非奇异.

SOR 迭代法的迭代矩阵 $\boldsymbol{B}_{\mathrm{S}}$ 为

$$\boldsymbol{B}_{\mathrm{S}} = (\boldsymbol{D}-\omega\boldsymbol{L})^{-1}[(1-\omega)\boldsymbol{D}+\omega\boldsymbol{U}],$$

其中 $\boldsymbol{A}=\boldsymbol{D}-\boldsymbol{L}-\boldsymbol{U}$. 只需证明 $0<\omega\leqslant 1$ 时 $\rho(\boldsymbol{B}_{\mathrm{S}})<1$ 即可.

采用反证法: 设 $\boldsymbol{B}_{\mathrm{S}}$ 有一个特征值 λ 满足 $|\lambda|\geqslant 1$, 则有

$$\det(\lambda\boldsymbol{I}-\boldsymbol{B}_{\mathrm{S}})=0,$$

从而有

$$\det\left\{(\boldsymbol{D}-\omega\boldsymbol{L})^{-1}\left[(\boldsymbol{D}-\omega\boldsymbol{L})-\frac{1}{\lambda}((1-\omega)\boldsymbol{D}+\omega\boldsymbol{U})\right]\right\}=0,$$

整理可得

$$\det(\boldsymbol{D}-\omega\boldsymbol{L})^{-1}\cdot\det\left[\left(1-\frac{1}{\lambda}(1-\omega)\right)\boldsymbol{D}-\omega\boldsymbol{L}-\frac{\omega}{\lambda}\boldsymbol{U}\right]=0.$$

因为 $\boldsymbol{A}$ 为严格对角占优矩阵, 故 $\det(\boldsymbol{D}-\omega\boldsymbol{L})^{-1}\neq 0$.

令 $\boldsymbol{C}=\left[1-\dfrac{1}{\lambda}(1-\omega)\right]\boldsymbol{D}-\omega\boldsymbol{L}-\dfrac{\omega}{\lambda}\boldsymbol{U}$, 则有

$$\begin{aligned}
|c_{ii}| &= \left|1-\frac{1}{\lambda}(1-\omega)\right|\cdot|a_{ii}| \geqslant \left[1-\frac{1}{|\lambda|}(1-\omega)\right]|a_{ii}| \\
&\geqslant \omega|a_{ii}| > \omega\sum_{j=1,j\neq i}^{n}|a_{ii}| \\
&\geqslant \omega\sum_{j=1}^{i-1}|a_{ii}|+\frac{\omega}{|\lambda|}\sum_{j=i+1}^{n}|a_{ii}| \quad (i=1,2,\cdots,n),
\end{aligned}$$

这说明矩阵 $\boldsymbol{C}$ 在 $0<\omega\leqslant 1$ 时也是严格对角占优矩阵, 故 $\det\boldsymbol{C}\neq 0$. 这与 $\det(\lambda\boldsymbol{I}-\boldsymbol{B}_{\mathrm{S}})=0$ 的假设矛盾, 从而 $|\lambda|<1$, 即 $\rho(\boldsymbol{B}_{\mathrm{S}})<1$, 故 SOR 迭代法收敛. 证毕.

前面已述, SOR 迭代法的收敛快慢与松弛因子 ω 的选择有关, 那么如何选择松弛因子 ω 使迭代 (4.26) 收敛得较快? 即在理论上确定 ω_{opt} 使得

$$\min_{0<\omega<2}\rho(\boldsymbol{B}_{\mathrm{S}})=\rho(\boldsymbol{B}_{\mathrm{S}}(\omega_{\mathrm{opt}})).$$

这一问题理论上没有肯定的答案, 需要反复试验才能得到比较满意的结果. 不过杨 (Young) 在 1950 年给出了系数矩阵为正定三对角矩阵的最佳松弛因子公式, 可表述为如下定理.

定理 4.8 设 $\boldsymbol{Ax}=\boldsymbol{b}$ 的系数矩阵 $\boldsymbol{A}$ 为正定三对角矩阵, 则有 $\rho(\boldsymbol{B}_{\text{G-S}})=\rho^2(\boldsymbol{B}_{\text{J}})<1$, 且 SOR 迭代法中 ω 的最佳选择是

$$\omega=\frac{2}{1+\sqrt{1-\rho^2(\boldsymbol{B}_{\text{J}})}},$$

此时有 $\rho(\boldsymbol{B}_{\text{S}})=\omega-1$.

4.4 小结与 MATLAB 应用

4.4.1 本章小结

本章介绍了解线性方程组迭代法的概念和理论, 它适合解大型稀疏线性方程组, 具有算法简单、所占内存较少、便于在计算机上实现等优点.

应用迭代法求解方程组时, 需要判别迭代公式是否收敛, 收敛性是迭代法的前提, 其判别基本方法是通过判别迭代矩阵谱半径的大小, 但对特殊系数矩阵可直接判别迭代法的收敛性.

本章重点讨论了常用的雅可比迭代法、高斯–赛德尔迭代法和 SOR 迭代法, 其中雅可比迭代法比较简单, 具有很好的并行运算能力, 适合并行计算, 但收敛速度较慢; 高斯–赛德尔迭代法, 在收敛情况下可加快收敛速度, 但它并行运算能力差, 是典型的串行算法. 在雅可比迭代法与高斯–赛德尔迭代法均收敛的情况下, 后者比前者收敛得快, 但两种迭代收敛域不相容, 不能相互代替. 对于 SOR 迭代法, 一般认为不适合并行处理, 但与雅可比迭代法、高斯–赛德尔迭代法等相比收敛速度较快, 且由 SOR 迭代法求出的方程组的数值解具有较高的精确度, 但其最佳松弛因子的选择比较困难.

4.4.2 MATLAB 应用

下面给出 SOR 方法求解线性方程组 $\boldsymbol{Ax}=\boldsymbol{b}$ (例 4.7) 的 MATLAB 程序:

```
% 输入: A——系数矩阵; b——常数项; omega——松弛因子 (0—2); jd——精度
% 输出: x——方程的解向量; n——迭代次数;
clear; clc;
A=[-4 1 1 1;1 -4 1 1; 1 1 -4 1;1 1 1 -4];
b=[1;1;1;1]; omega=1.1; jd=1e-5;
D=diag(diag(A));    % diag(A) 返回的是 A 的对角元组成的列向量, diag(b) 返回的是以列向量 b 为对角元的方阵
L=D-tril(A);   % tril(A)返回的是矩阵 A 的下三角矩阵
U=D-triu(A);   % triu(A) 返回的是矩阵 A 的上三角矩阵
```

```
x=zeros(size(b)); % 给定迭代初始值零向量
n=1;
while n<500
  x=(D-omega*L) \ (omega*b+(1-omega)*D*x+omega*U*x); % 迭代格式
  error=norm(b-A*x)/norm(b); % 收敛条件
  if error<jd
    break;
  end
  n=n+1;
end
if n≥ 500
  fprintf('root not found!');
end
x,n
```

习 题 4

1. 判断用雅可比迭代法和高斯–赛德尔迭代法解下列线性方程组的收敛性.

(1) $\begin{pmatrix} 7 & -2 & -3 \\ -1 & 6 & -2 \\ -1 & -1 & 4 \end{pmatrix}\begin{pmatrix} x_1 \\ x_2 \\ x_3 \end{pmatrix}=\begin{pmatrix} 2.8 \\ 3.5 \\ 6.2 \end{pmatrix}$;

(2) $\begin{pmatrix} 4 & -2 & -1 \\ -2 & 4 & 3 \\ -1 & -3 & 3 \end{pmatrix}\begin{pmatrix} x_1 \\ x_2 \\ x_3 \end{pmatrix}=\begin{pmatrix} 1 \\ 5 \\ 0 \end{pmatrix}$.

2. 设有方程组 $\begin{cases} -x_1+4x_2+2x_3=20, \\ 5x_1+2x_2+x_3=-12, \\ 2x_1-3x_2+10x_3=3, \end{cases}$

(1) 考察雅可比迭代法、高斯–赛德尔迭代法解此方程组的收敛性;

(2) 写出收敛的雅可比迭代法及高斯–赛德尔迭代法的迭代公式, 对 $\boldsymbol{x}^{(0)}=(0,0,0)^{\mathrm{T}}$ 求满足 $\|\boldsymbol{x}^{(k+1)}-\boldsymbol{x}^{(k)}\|_\infty<10^{-4}$ 的近似解.

3. 已知方程组 $\begin{cases} -x_1+8x_2=7, \\ 9x_1-\ x_2-x_3=7, \\ -x_1+\ 9x_3=8. \end{cases}$

(1) 分别给出收敛的雅可比迭代公式与高斯–赛德尔迭代公式，并说明你的理由；

(2) 取初值$\boldsymbol{x}^{(0)}=(0,0,0)^{\mathrm{T}}$，分别求满足 $\left\|\boldsymbol{x}^{(k+1)}-\boldsymbol{x}^{(k)}\right\|_\infty<10^{-3}$ 的近似解.

4. 已知方程组 $\begin{cases} 20x_1 + 2x_2 + 3x_3 = 15, \\ x_1 + 8x_2 + x_3 = 12, \\ 2x_1 - 3x_2 + 15x_3 = 16, \end{cases}$ 对 $\boldsymbol{x}^{(0)} = \begin{pmatrix} 0 \\ 0 \\ 0 \end{pmatrix}$, 若求满足 $\left\|\boldsymbol{x}^* - \boldsymbol{x}^{(k)}\right\|_\infty < 10^{-3}$ 的近似解, 雅可比迭代法与高斯–赛德尔迭代法分别需要迭代多少次?

5. 考虑方程组 $\begin{cases} x_1 + ax_2 + ax_3 = 2, \\ ax_1 + x_2 + ax_3 = 3, \\ ax_1 + ax_2 + x_3 = 1. \end{cases}$

(1) 当 a 取何值时, 系数矩阵为正定矩阵;

(2) 当 a 取何值时, 雅可比迭代法是收敛的;

(3) 当 a 取何值时, 高斯–赛德尔迭代法是收敛的?

6. 设 a 为常数, 对方程组

$$\begin{pmatrix} 3 & 2 & 0 \\ 2 & a & 4 \\ 0 & 4 & 3 \end{pmatrix} \begin{pmatrix} x_1 \\ x_2 \\ x_3 \end{pmatrix} = \begin{pmatrix} 10 \\ 6 \\ 8 \end{pmatrix},$$

(1) 写出高斯–赛德尔迭代格式;

(2) 讨论 a 在何范围内取值时, 高斯–赛德尔迭代法是收敛的?

7. 线性方程组 $\boldsymbol{Ax} = \boldsymbol{b}$, $\boldsymbol{A} = \begin{pmatrix} \lambda & -2 & 2 \\ -1 & \lambda & -1 \\ -2 & -2 & \lambda \end{pmatrix}$, λ 取何值雅可比迭代法收敛?

8. 线性方程组 $\boldsymbol{Ax} = \boldsymbol{b}$, $\boldsymbol{A} = \begin{pmatrix} a & 1 & 3 \\ 1 & a & 2 \\ -3 & 2 & a \end{pmatrix}$, 试求能使雅可比迭代法收敛的 a 的取值范围.

9. 对于线性方程组 $\boldsymbol{Ax} = \boldsymbol{b}$, 即 $\begin{pmatrix} 3 & 2 \\ 1 & 2 \end{pmatrix} \begin{pmatrix} x_1 \\ x_2 \end{pmatrix} = \begin{pmatrix} 3 \\ -1 \end{pmatrix}$, 若用迭代公式

$$\boldsymbol{x}^{(k+1)} = \boldsymbol{x}^{(k)} + \alpha(\boldsymbol{Ax}^{(k)} - \boldsymbol{b}), \quad k = 0, 1, \cdots$$

求解, 求迭代收敛的 α 的取值范围.

10. 用高斯–赛德尔迭代法求解线性方程组 $\begin{cases} x_1 + ax_2 = 4, \\ 2ax_1 + x_2 = -3, \end{cases}$ 其中 a 为实数, 写出迭代矩阵并讨论收敛的充要条件是什么?

11. 设有系数矩阵 $\boldsymbol{A}$ 和 $\boldsymbol{B}$:

$$\boldsymbol{A} = \begin{pmatrix} 1 & 2 & -2 \\ 1 & 1 & 1 \\ 2 & 2 & 1 \end{pmatrix}, \quad \boldsymbol{B} = \begin{pmatrix} 2 & 1 & 1 \\ 1 & 2 & 1 \\ 1 & 1 & 2 \end{pmatrix}.$$

证明: (1) 对系数矩阵 $\boldsymbol{A}$, 雅可比迭代法收敛而高斯–赛德尔迭代法不收敛;

(2) 对系数矩阵 $\boldsymbol{B}$, 雅可比迭代法不收敛而高斯–赛德尔迭代法收敛.

12. 用 SOR 迭代法 ($\omega = 1.2$) 求解 $\begin{cases} 2x_1 + x_2 = 1, \\ x_1 - 4x_2 = 5, \end{cases}$ 要求 $\|\boldsymbol{x}^{(k+1)} - \boldsymbol{x}^{(k)}\|_\infty < 10^{-4}$.

13. 分别取 $\omega = 1.03, 1.1$, 用 SOR 方法解 $\begin{cases} 4x_1 - x_2 = 3, \\ -x_1 + 4x_2 - x_3 = 2, \\ -x_2 + 4x_3 = 3, \end{cases}$ 对 $\boldsymbol{x}^{(0)} = \begin{pmatrix} 0 \\ 0 \\ 0 \end{pmatrix}$, 若求满足 $\left\|\boldsymbol{x}^* - \boldsymbol{x}^{(k)}\right\|_\infty < 10^{-4}$ 的近似解, 分别需要迭代多少次?

14. 设有方程组 $\begin{cases} 4x_1 + 3x_2 = 24, \\ 3x_1 + 4x_2 - x_3 = 30, \\ -x_2 + 4x_3 = -24. \end{cases}$

(1) 研究 SOR 迭代法解此方程组的收敛性;

(2) 用高斯–赛德尔迭代法及 $\omega = 1.25$ 的 SOR 法解此方程组, 并从 $\boldsymbol{x}^{(0)} = (1, 1, 1)^{\mathrm{T}}$ 计算到 $\|\boldsymbol{x}^{(k+1)} - \boldsymbol{x}^{(k)}\|_\infty < 10^{-5}$ 为止.

15. 给定求解线性方程组 $\boldsymbol{Ax} = \boldsymbol{b}$ 的迭代格式 $\boldsymbol{Bx}^{(k+1)} + \omega \boldsymbol{Cx}^{(k)} = \boldsymbol{b}$, 其中

$$\boldsymbol{B} = \begin{pmatrix} 4 & 0 & 0 \\ -2 & 4 & 0 \\ 1 & -2 & 4 \end{pmatrix}, \qquad \boldsymbol{C} = \begin{pmatrix} 0 & -2 & 1 \\ 0 & 0 & -2 \\ 0 & 0 & 0 \end{pmatrix}.$$

试确定 ω 的值, 使上述迭代格式收敛.

16. 设 $\boldsymbol{A} = \begin{pmatrix} 10 & \alpha & 0 \\ \beta & 10 & \beta \\ 0 & \alpha & 5 \end{pmatrix}$ 是非奇异矩阵, 试用 α, β 表示求解线性方程组 $\boldsymbol{Ax} = \boldsymbol{b}$ 的雅可比迭代法与高斯–赛德尔迭代法收敛的充分必要条件.

第 5 章　插　　值

在工程实践等许多实际问题中, 通常用函数 $y = f(x)$ 表示其内在规律的数量关系, 尽管 $f(x)$ 在给定的区间存在甚至连续、可导, 但有相当一部分函数只能通过实验或观测得到有限个值. 例如在一次实验中, 我们只能观测到区间 $[a, b]$ 内有限个点 $x_0, x_1, \cdots, x_n$ 处的函数值 $y_0, y_1, \cdots, y_n$, 如何求得 $[a, b]$ 内其他点处的函数值? 或者能否由已知点 $(x_i, y_i)(i = 0, 1, \cdots, n)$ 求得函数 $f(x)$ 的近似表达式? 插值和曲线拟合能够较好地解决这个问题, 本章研究插值问题.

插值方法的主要思想是将所考察的函数 $f(x)$ “简单化”, 即构造某个简单函数 $\phi(x)$ (如多项式、三角函数、有理多项式等) 近似代替 $f(x)$, 要求近似函数 $\phi(x)$ 经过已知的点 $(x_i, y_i)(i = 0, 1, \cdots, n)$, 则称 $\phi(x)$ 为 $f(x)$ 的插值函数. 选用不同类型的插值函数, 近似的效果也会有所不同. 下面给出插值的定义.

定义 5.1　设 $y = f(x)$ 为定义在区间 $[a, b]$ 上的函数, $x_i \in [a, b]$ 且互不相同, 其对应的函数值为 $y_i(i = 0, 1, \cdots, n)$, $\varPhi$ 为给定的某一函数类, 若存在某一函数 $g(x) \in \varPhi$, 使得

$$g(x_i) = y_i, \quad i = 0, 1, \cdots, n$$

成立, 则称 $g(x)$ 为 $f(x)$ 关于节点 x_i 在函数类 $\varPhi$ 上的**插值函数**, 点 $x_i(i = 0, 1, \cdots, n)$ 称为**插值节点**, 包含插值节点的区间 $[a, b]$ 称为**插值区间**, $f(x)$ 称为**被插值函数**, 求插值函数 $g(x)$ 的方法称为**插值法**.

5.1　多项式插值

由于多项式的结构简单, 数值计算和理论分析都很方便, 因此常用多项式作为插值函数, 这就是**多项式插值**, 又称**代数插值**.

给定 $n + 1$ 个数据点, 如表 5.1 所示, 其中, $x_i(i = 0, 1, \cdots, n)$ 互不相同, 求一个次数不高于 n 的多项式 $p(x)$, 使得

$$p(x_i) = y_i, \quad i = 0, 1, \cdots, n, \tag{5.1}$$

这样的多项式 $p(x)$ 就称为关于数据 $(x_i, y_i)(i = 0, 1, \cdots, n)$ 的插值多项式, 公式 (5.1) 称为**插值条件**.

表 5.1

x_i	x_0	x_1	x_2	$\cdots$	x_n
$y_i = f(x_i)$	y_0	y_1	y_2	$\cdots$	y_n

这样的插值多项式 $p(x)$ 是否存在? 如果存在, 唯一吗?

定理 5.1 *满足式 (5.1) 的插值多项式 $p(x)$ 存在且唯一.*

证明 设 n 次多项式 $p(x) = a_0+a_1x+a_2x^2+\cdots+a_nx^n$, 其中 $a_0, a_1, a_2, \cdots, a_n$ 为实数, $p(x)$ 满足插值条件 (5.1), 即

$$a_0 + a_1x_i + a_2x_i^2 + \cdots + a_nx_i^n = y_i, \quad i = 0, 1, \cdots, n,$$

将上式写成矩阵形式即

$$\begin{pmatrix} 1 & x_0 & x_0^2 & \cdots & x_0^n \\ 1 & x_1 & x_1^2 & \cdots & x_1^n \\ 1 & x_2 & x_2^2 & \cdots & x_2^n \\ \vdots & \vdots & \vdots & & \vdots \\ 1 & x_n & x_n^2 & \cdots & x_n^n \end{pmatrix} \begin{pmatrix} a_0 \\ a_1 \\ a_2 \\ \vdots \\ a_n \end{pmatrix} = \begin{pmatrix} y_0 \\ y_1 \\ y_2 \\ \vdots \\ y_n \end{pmatrix}.$$

易知, 此线性方程组系数矩阵的行列式为范德蒙德 (Vandermonde) 行列式, 其值等于

$$\prod_{0 \leqslant j < i \leqslant n} (x_i - x_j) \neq 0,$$

由克拉默法则可推得上述线性方程组的解存在且唯一. 证毕.

根据克拉默法则, 定理 5.1 也给出了解的具体形式, 但是当数据点很多时, 上述线性方程组的规模会很大, 求解需要很大的工作量. 下面给出两种常用的插值多项式算法.

5.2 拉格朗日插值

当插值多项式的次数为 1 时, 我们也称其为线性插值. 下面从最简单的线性插值开始介绍拉格朗日插值.

5.2.1 线性插值

线性插值问题可以描述为: 给定两个插值节点 $(x_0, f(x_0)), (x_1, f(x_1)), x_0 \neq x_1$, 寻找一个线性多项式 $p_1(x) = a + bx$ 满足插值条件, 即有

$$p_1(x_0) = f(x_0), \quad p_1(x_1) = f(x_1).$$

从几何的角度就是寻找通过两个不同点 $(x_0, f(x_0)), (x_1, f(x_1))$ 的直线 (图 5.1). 由直线的两点式或点斜式方程, 经过整理, 线性插值多项式可表示为

$$p_1(x) = \frac{x - x_1}{x_0 - x_1} f(x_0) + \frac{x - x_0}{x_1 - x_0} f(x_1).$$

记 $l_0(x) = \dfrac{x - x_1}{x_0 - x_1}, l_1(x) = \dfrac{x - x_0}{x_1 - x_0}$, 称形如 $l_0(x)f(x_0) + l_1(x)f(x_1)$ 的插值多项式为拉格朗日插值多项式, 通常用 $L_1(x)$ 表示, 即

$$L_1(x) = l_0(x)f(x_0) + l_1(x)f(x_1),$$

易验证有

$$l_0(x_0) = 1, \quad l_0(x_1) = 0;$$

$$l_1(x_0) = 0, \quad l_1(x_1) = 1.$$

$l_0(x), l_1(x)$ 分别称为节点 x_0, x_1 处的插值基函数, 其图形见图 5.2.

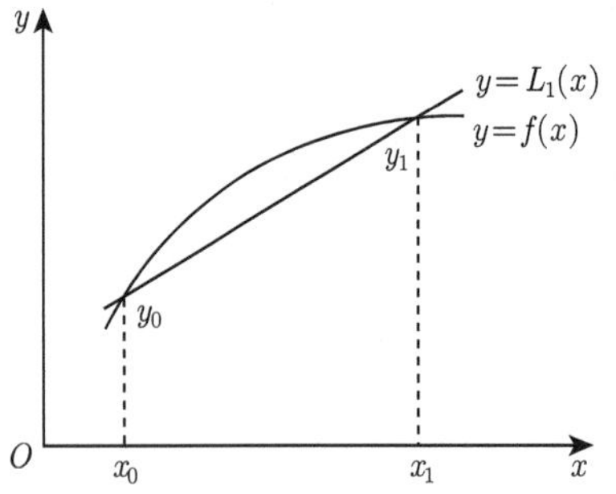

图 5.1　线性插值

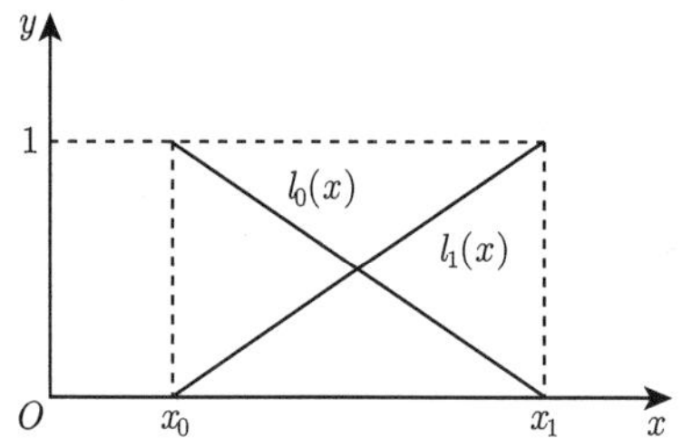

图 5.2　线性插值基函数

例 5.1　计算通过数据点 $(0, 0.5), (1, 2)$ 的拉格朗日插值多项式 $L_1(x)$.

解　插值基函数为

$$l_0(x) = \frac{x - x_1}{x_0 - x_1} = \frac{x - 1}{0 - 1} = 1 - x,$$

$$l_1(x) = \frac{x - x_0}{x_1 - x_0} = \frac{x - 0}{1 - 0} = x,$$

则拉格朗日插值多项式为

$$L_1(x) = f(x_0)l_0(x) + f(x_1)l_1(x) = 0.5(1 - x) + 2x = 1.5x + 0.5.$$

拉格朗日插值多项式 $L_1(x)$ 可以看成是基函数 $l_0(x)$ 和 $l_1(x)$ 的线性组合, 而组合系数就是插值节点 x_0, x_1 处的函数值. 拉格朗日插值多项式避免了求解线性方程组, 而且易于向高次插值多项式推广.

5.2.2 二次插值

二次插值问题可以描述为：给定三个插值点 $(x_0, f(x_0)), (x_1, f(x_1)), (x_2, f(x_2))$, 其中 x_0, x_1, x_2 互不相同, 寻找一个二次多项式 $L_2(x)$, 满足

$$L_2(x_0) = f(x_0), \quad L_2(x_1) = f(x_1), \quad L_2(x_2) = f(x_2).$$

从几何的角度就是寻找通过三个互异点 $(x_0, f(x_0)), (x_1, f(x_1)), (x_2, f(x_2))$ 的抛物线, 因此, 二次插值也称为抛物线插值. 下面通过构造二次插值基函数给出二次插值多项式 $L_2(x)$.

仿照线性插值, 可设

$$L_2(x) = l_0(x)f(x_0) + l_1(x)f(x_1) + l_2(x)f(x_2),$$

其中, $l_i(x)$ 为节点 $x_i(i = 0, 1, 2)$ 处的插值基函数, 满足

$$l_i(x_j) = \begin{cases} 1, & j = i, \\ 0, & j \neq i, \end{cases} \qquad i, j = 0, 1, 2.$$

由于 x_1, x_2 是 $l_0(x)$ 的零点, 且 $l_0(x_0) = 1$, 可得

$$l_0(x) = \frac{(x - x_1)(x - x_2)}{(x_0 - x_1)(x_0 - x_2)},$$

同理可得

$$l_1(x) = \frac{(x - x_0)(x - x_2)}{(x_1 - x_0)(x_1 - x_2)}, \quad l_2(x) = \frac{(x - x_0)(x - x_1)}{(x_2 - x_0)(x_2 - x_1)},$$

因此二次拉格朗日插值多项式为

$$\begin{aligned} L_2(x) = &\frac{(x - x_1)(x - x_2)}{(x_0 - x_1)(x_0 - x_2)} f(x_0) + \frac{(x - x_0)(x - x_2)}{(x_1 - x_0)(x_1 - x_2)} f(x_1) \\ &+ \frac{(x - x_0)(x - x_1)}{(x_2 - x_0)(x_2 - x_1)} f(x_2). \end{aligned}$$

二次插值基函数的图形见图 5.3.

例 5.2 求经过点 $(0, 1), (1, 3), (2, 7)$ 的二次插值多项式 $L_2(x)$.

解 插值基函数为

$$\begin{aligned} l_0(x) &= \frac{(x - x_1)(x - x_2)}{(x_0 - x_1)(x_0 - x_2)} = \frac{(x - 1)(x - 2)}{(0 - 1)(0 - 2)} = \frac{1}{2}(x - 1)(x - 2), \\ l_1(x) &= \frac{(x - x_0)(x - x_2)}{(x_1 - x_0)(x_1 - x_2)} = \frac{(x - 0)(x - 2)}{(1 - 0)(1 - 2)} = -x(x - 2), \\ l_2(x) &= \frac{(x - x_0)(x - x_1)}{(x_2 - x_0)(x_2 - x_1)} = \frac{(x - 0)(x - 1)}{(2 - 0)(2 - 1)} = \frac{1}{2}x(x - 1), \end{aligned}$$

则二次插值多项式为

$$\begin{aligned}L_2(x) &= f(x_0)l_0(x) + f(x_1)l_1(x) + f(x_2)l_2(x) \\ &= \frac{1}{2}(x-1)(x-2) - 3x(x-2) + \frac{7}{2}x(x-1) \\ &= x^2 + x + 1.\end{aligned}$$

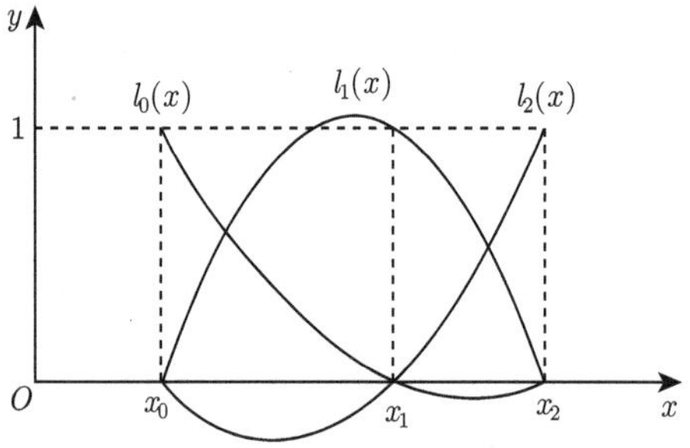

图 5.3　二次插值基函数

5.2.3　n 次拉格朗日插值

n 次插值问题可以描述为: 给定 $n+1$ 个互不相同的插值点 $(x_i, y_i)(i=0,1,\cdots,n)$, 构造一个次数不高于 n 次的多项式满足插值条件 (5.1). 类似线性和二次插值, 我们先构造插值基函数.

设 n 次拉格朗日插值基函数为 $l_i(x)(i=0,1,2,\cdots,n)$, 其中 $l_i(x)$ 满足

$$l_i(x_j) = \begin{cases} 1, & j=i, \\ 0, & j\neq i, \end{cases} \qquad i,j=0,1,2,\cdots,n, \tag{5.2}$$

则 n 次插值多项式 $L_n(x)$ 可以表示为

$$L_n(x) = f(x_0)l_0(x) + f(x_1)l_1(x) + f(x_2)l_2(x) + \cdots + f(x_n)l_n(x) = \sum_{i=0}^{n} y_i l_i(x). \tag{5.3}$$

下面我们求 $l_i(x)$.

由式 (5.2) 知, $l_i(x)$ 具有如下形式:

$$l_i(x) = a_i(x-x_0)(x-x_1)\cdots(x-x_{i-1})(x-x_{i+1})\cdots(x-x_n) = a_i \prod_{j=0,j\neq i}^{n}(x-x_j),$$

将 $l_i(x_i)=1$ 代入, 得

$$a_i = \frac{1}{\prod\limits_{j=0,j\neq i}^{n}(x_i-x_j)} = \prod_{j=0,j\neq i}^{n}\frac{1}{x_i-x_j},$$

故

$$l_i(x)=\prod_{j=0,j\neq i}^{n}\frac{x-x_j}{x_i-x_j},\quad i=0,1,2,\cdots,n. \tag{5.4}$$

称公式 (5.3) 为 n 次**拉格朗日插值多项式**, $l_i(x)$ 为节点 $x_i(i=0,1,2,\cdots,n)$ 处的**拉格朗日插值基函数**.

特别地, 当 $n=1$ 时, 式 (5.3) 即为线性插值公式; 当 $n=2$ 时, 式 (5.3) 即为二次 (抛物线) 插值.

例 5.3 已知 $y=f(x)$ 经过表 5.2 中的各点. 求拉格朗日插值多项式 $L_3(x)$, 并计算 $f(1)$ 的近似值.

表 5.2

x_i	-1	0	2	3
$y_i=f(x_i)$	2	0	1	3

解 因为

$$\begin{aligned}
l_0(x)&=\frac{(x-x_1)(x-x_2)(x-x_3)}{(x_0-x_1)(x_0-x_2)(x_0-x_3)}=\frac{(x-0)(x-2)(x-3)}{(-1-0)(-1-2)(-1-3)}\\
&=-\frac{x(x-2)(x-3)}{12},\\
l_1(x)&=\frac{(x-x_0)(x-x_2)(x-x_3)}{(x_1-x_0)(x_1-x_2)(x_1-x_3)}=\frac{(x+1)(x-2)(x-3)}{(0+1)(0-2)(0-3)}\\
&=\frac{(x+1)(x-2)(x-3)}{6},\\
l_2(x)&=\frac{(x-x_0)(x-x_1)(x-x_3)}{(x_2-x_0)(x_2-x_1)(x_2-x_3)}=\frac{(x+1)(x-0)(x-3)}{(2+1)(2-0)(2-3)}\\
&=-\frac{x(x+1)(x-3)}{6},\\
l_3(x)&=\frac{(x-x_0)(x-x_1)(x-x_2)}{(x_3-x_0)(x_3-x_1)(x_3-x_2)}=\frac{(x+1)(x-0)(x-2)}{(3+1)(3-0)(3-2)}\\
&=\frac{x(x+1)(x-2)}{12},
\end{aligned}$$

则拉格朗日插值多项式为

$$\begin{aligned}
L_3(x)&=f(x_0)l_0(x)+f(x_1)l_1(x)+f(x_2)l_2(x)+f(x_3)l_3(x)\\
&=-\frac{x(x-2)(x-3)}{6}-\frac{x(x+1)(x-3)}{6}+\frac{x(x+1)(x-2)}{4}\\
&=-\frac{x^3}{12}+\frac{11}{12}x^2-x,
\end{aligned}$$

$$f(1)\approx L_3(1)=-\frac{1}{6}.$$

5.2.4　插值余项及误差估计

若 $L_n(x)$ 为 $f(x)$ 在区间 $[a,b]$ 上的插值多项式, 则其截断误差为

$$R_n(x)=f(x)-L_n(x),$$

也称为插值多项式的**余项**. 关于插值余项估计有如下定理.

定理 5.2　设 $f^{(n)}(x)$ 在 $[a,b]$ 上连续, $f^{(n+1)}(x)$ 在 (a,b) 上存在, $x_i(i=0,1,2,\cdots,n)$ 为区间 $[a,b]$ 上 $n+1$ 个互异的节点, $L_n(x)$ 为满足插值条件 (5.1) 的插值多项式, 则对任意的 $x\in[a,b]$, 插值余项

$$R_n(x)=f(x)-L_n(x)=\frac{f^{(n+1)}(\xi)}{(n+1)!}\omega_{n+1}(x), \tag{5.5}$$

其中, $\xi\in(a,b)$ 且依赖于 x, $\omega_{n+1}(x)=(x-x_0)(x-x_1)(x-x_2)\ \cdots\ (x-x_n)$.

证明　由插值条件 (5.1) 知, $R_n(x)$ 在节点 x_i 上为零, 即 $R_n(x_i)=0(i=0,1,2,\cdots,n)$, 于是可设

$$R_n(x)=K(x)(x-x_0)(x-x_1)\cdots(x-x_n)=K(x)\omega_{n+1}(x), \tag{5.6}$$

其中, $K(x)$ 是与 x 有关的待定函数. 现把 x 看成 $[a,b]$ 上的一固定点, 定义函数

$$\phi(t)=f(t)-L_n(t)-K(x)(t-x_0)(t-x_1)\cdots(t-x_n),$$

根据插值条件和余项定义可知, $\phi(t)$ 在 $x_0,x_1,x_2,\cdots,x_n,x$ 处均为零. 故 $\phi(t)$ 在 $[a,b]$ 上有 $n+2$ 个零点, 根据罗尔 (Rolle) 定理, $\phi'(t)$ 在 (a,b) 内至少有 $n+1$ 个零点. 对 $\phi'(t)$ 再应用罗尔定理, $\phi''(t)$ 在 (a,b) 内至少有 n 个零点. 以此类推, $\phi^{(n+1)}(t)$ 在 (a,b) 内至少有一个零点, 记作 $\xi\in(a,b)$, 使得 $\phi^{(n+1)}(\xi)=f^{(n+1)}(\xi)-(n+1)!K(x)=0$. 故 $K(x)=\dfrac{f^{(n+1)}(\xi)}{(n+1)!},\xi\in(a,b)$, 且依赖于 x. 将其代入公式 (5.6), 即得到余项公式 (5.5). 证毕.

事后误差估计

应当指出, 余项表达式只有在 $f(x)$ 的高阶导数存在时才能应用. ξ 在 (a,b) 内的具体位置通常无法给出, 但若 $\max\limits_{a<x<b}|f^{(n+1)}(x)|$ 存在, 记为 M_{n+1}, 则插值多项式 $L_n(x)$ 逼近 $f(x)$ 的误差为

$$|R_n(x)|\leqslant\frac{M_{n+1}}{(n+1)!}|\omega_{n+1}(x)|.$$

当 $n=1$ 时, 线性插值的误差为

$$|R_1(x)| = \frac{|f''(\xi)|}{2!}|\omega_2(x)| \leqslant \frac{M_2}{2}|(x-x_0)(x-x_1)| \leqslant \frac{M_2}{8}(b-a)^2.$$

当 $n=2$ 时, 抛物线插值的误差为

$$|R_2(x)| = \frac{|f'''(\xi)|}{3!}|\omega_3(x)| \leqslant \frac{M_3}{6}|(x-x_0)(x-x_1)(x-x_2)|.$$

例 5.4 设函数 $f(x)=\sin x$, 如果用函数 $f(x)$ 在区间 $[0,1]$ 中 10 个点上的 9 次插值多项式 $L_9(x)$ 去逼近 $f(x)$, 试问在该区间上的误差有多大?

解 设区间 $[0,1]$ 中的 10 个点为 $x_0, x_1, x_2, \cdots, x_9$. 易知 $|f^{(10)}(x)| \leqslant 1$, 且 $\prod\limits_{i=0}^{n}|x-x_i| \leqslant 1$. 根据定理 5.2 中的公式 (5.5), 对 $[0,1]$ 中的所有 x,

$$|\sin x - L_9(x)| \leqslant \frac{1}{10!} < 2.8\times 10^{-7}.$$

5.3 牛顿插值

拉格朗日插值多项式结构简单, 虽然由基函数很容易得到插值多项式, 但基函数计算麻烦, 且当插值节点增加时, 全部插值基函数 $l_i(x)(i=0,1,2,\cdots,n)$ 均要重新计算, 这在实际应用中很不方便. 牛顿插值多项式就克服了这些缺点.

在介绍牛顿插值多项式之前, 我们先给出差商的定义及性质.

5.3.1 差商

定义 5.2 设 $x_i(i=0,1,2,\cdots,k)$ 为函数 $f(x)$ 的定义域内 $k+1$ 个互异的点. 称

$$f[x_0,x_1] = \frac{f(x_1)-f(x_0)}{x_1-x_0}$$

为函数 $f(x)$ 关于节点 x_0, x_1 的**一阶差商**.

$$f[x_0,x_1,x_2] = \frac{f[x_1,x_2]-f[x_0,x_1]}{x_2-x_0}$$

为函数 $f(x)$ 关于节点 x_0, x_1, x_2 的**二阶差商**. 一般地, 称

$$f[x_0,x_1,x_2,\cdots,x_k] = \frac{f[x_1,x_2,\cdots,x_k]-f[x_0,x_1,\cdots,x_{k-1}]}{x_k-x_0}$$

为函数 $f(x)$ 关于节点 $x_i(i=0,1,2,\cdots,k)$ 的 k **阶差商**.

特别地, 规定**零阶差商** $f[x_0]=f(x_0)$.

差商具有如下性质:

(1) 线性性. k 阶差商可表示为函数值 $f(x_0), f(x_1), \cdots, f(x_k)$ 的线性组合.

$$f[x_0, x_1, \cdots, x_k] = \sum_{i=0}^{k} \frac{f(x_i)}{(x_i - x_0)(x_i - x_1)\cdots(x_i - x_{i-1})(x_i - x_{i+1})\cdots(x_i - x_k)}.$$

(2) 对称性. k 阶差商与节点的排列顺序无关, 即

$$f[x_0, x_1, x_2, \cdots, x_k] = f[x_{l_0}, x_{l_1}, x_{l_2}, \cdots, x_{l_k}],$$

这里 $x_{l_0}, x_{l_1}, x_{l_2}, \cdots, x_{l_k}$ 是 $x_0, x_1, x_2, \cdots, x_k$ 的任意排列.

(3) 差商与导数的关系. 若 $f(x)$ 在其定义域内 k 阶可导, 则存在 $\xi \in \left(\min\limits_{0\leqslant i\leqslant k} x_i, \max\limits_{0\leqslant i\leqslant k} x_i\right)$ 使得

$$f[x_0, x_1, \cdots, x_k] = \frac{f^{(k)}(\xi)}{k!}. \tag{5.7}$$

为便于计算, 通常将差商以表格形式给出, 见表 5.3.

表 5.3　差商表

x_k	$f(x_k)$	一阶差商	二阶差商	三阶差商	$\cdots$	k 阶差商
x_0	$f(x_0)$					
x_1	$f(x_1)$	$f[x_0, x_1]$				
x_2	$f(x_2)$	$f[x_1, x_2]$	$f[x_0, x_1, x_2]$			
x_3	$f(x_3)$	$f[x_2, x_3]$	$f[x_1, x_2, x_3]$	$f[x_0, x_1, x_2, x_3]$		
$\vdots$	$\vdots$	$\vdots$	$\vdots$	$\vdots$		
x_k	$f(x_k)$	$f[x_{k-1}, x_k]$	$f[x_{k-2}, x_{k-1}, x_k]$	$f[x_{k-3}, x_{k-2}, x_{k-1}, x_k]$	$\cdots$	$f[x_0, x_1, x_2, \cdots, x_k]$

5.3.2　牛顿插值多项式

根据差商定义可得

$$\begin{aligned}
&f(x) = f(x_0) + f[x, x_0](x - x_0),\\
&f[x, x_0] = f[x_0, x_1] + f[x, x_0, x_1](x - x_1),\\
&f[x, x_0, x_1] = f[x_0, x_1, x_2] + f[x, x_0, x_1, x_2](x - x_2),\\
&\qquad\qquad\cdots\cdots\\
&f[x, x_0, x_1, \cdots, x_{n-1}] = f[x_0, x_1, \cdots, x_n] + f[x, x_0, x_1, \cdots, x_n](x - x_n),
\end{aligned}$$

把后一式代入前一式, 即可得

$$\begin{aligned}f(x)=&f(x_0)+f[x_0,x_1](x-x_0)\\&+f[x_0,x_1,x_2](x-x_0)(x-x_1)\\&+f[x_0,x_1,x_2,x_3](x-x_0)(x-x_1)(x-x_2)\\&+\cdots\\&+f[x_0,x_1,\cdots,x_n](x-x_0)(x-x_1)\cdots(x-x_{n-1})\\&+f[x,x_0,x_1,\cdots,x_n]\omega_{n+1}(x).\end{aligned}$$

记

$$\begin{aligned}N_n(x)=&f(x_0)+f[x_0,x_1](x-x_0)\\&+f[x_0,x_1,x_2](x-x_0)(x-x_1)\\&+f[x_0,x_1,x_2,x_3](x-x_0)(x-x_1)(x-x_2)\\&+\cdots\\&+f[x_0,x_1,\cdots,x_n](x-x_0)(x-x_1)\cdots(x-x_{n-1}),\\R_n(x)=&f[x,x_0,x_1,\cdots,x_n]\omega_{n+1}(x),\end{aligned}$$

则 $f(x)=N_n(x)+R_n(x)$.

容易验证, $N_n(x)$ 满足插值条件 (5.1), 且次数不高于 n. 令 $a_k=f[x_0,x_1,\cdots,x_k]$, 则 $N_n(x)=a_0+a_1(x-x_0)+a_2(x-x_0)(x-x_1)+\cdots+a_n(x-x_0)(x-x_1)\cdots(x-x_{n-1})$, 称 $N_n(x)$ 为**牛顿插值多项式**, $a_k(k=0,1,2,\cdots,n)$ 为**牛顿插值系数**. 牛顿插值系数就是差商表 (表 5.1) 中每列最上面的值. 为了方便计算牛顿插值多项式, 通常先计算差商表. $R_n(x)$ 为插值余项, 由插值多项式的唯一性知, 它和式 (5.5) 是等价的.

由牛顿插值多项式的定义, 如增加插值节点 x_{n+1}, 则对应的牛顿插值多项式为

$$N_{n+1}(x)=N_n(x)+f[x_0,x_1,\cdots,x_{n+1}](x-x_0)(x-x_1)\cdots(x-x_n),$$

即只需在 $N_n(x)$ 上增加 $n+1$ 次项即可, 因此, 牛顿插值多项式具有承袭性.

例 5.5 利用牛顿插值多项式再解例 5.3.

解 首先计算差商表 (表 5.4).

表 5.4 差商表 (例 5.5)

x_k	$f(x_k)$	一阶差商	二阶差商	三阶差商
-1	2			
0	0	-2		
2	1	$\frac{1}{2}$	$\frac{5}{6}$	
3	3	2	$\frac{1}{2}$	$-\frac{1}{12}$

所以, 牛顿插值多项式为

$$N_3(x)=2-2(x+1)+\frac{5}{6}(x+1)(x-0)-\frac{1}{12}(x+1)(x-0)(x-2)=-\frac{x^3}{12}+\frac{11}{12}x^2-x.$$

显然, 在计算插值多项式时, 牛顿插值法要比拉格朗日插值法方便得多.

例 5.6　设 $f(x)=\sin x$, 求过点 $\left(\frac{\pi}{6},\frac{1}{2}\right)$, $\left(\frac{\pi}{4},\frac{1}{\sqrt{2}}\right)$, $\left(\frac{\pi}{3},\frac{\sqrt{3}}{2}\right)$ 的二次牛顿插值多项式, 并计算 $\sin 50^\circ$ 的近似值.

解　首先计算差商表 (表 5.5).

表 5.5　差商表 (例 5.6)

x_k	$f(x_k)$	一阶差商	二阶差商
$\frac{\pi}{6}$	1/2		
$\frac{\pi}{4}$	$\frac{1}{\sqrt{2}}$	0.791090	
$\frac{\pi}{3}$	$\frac{\sqrt{3}}{2}$	0.607024	−0.351540

牛顿插值多项式为

$$N_2(x)=\frac{1}{2}+0.791090\left(x-\frac{\pi}{6}\right)-0.351540\left(x-\frac{\pi}{6}\right)\left(x-\frac{\pi}{4}\right),$$

$$\sin 50^\circ\approx N_2(0.277778\pi)=0.765434.$$

5.4　埃尔米特插值

拉格朗日插值和牛顿插值只要求插值函数和被插值函数在插值节点处的函数值相同, 但是很多实际问题不仅要求插值节点处的函数值相同, 还要求对应的一阶导数值甚至更高阶导数值也相同, 满足这种要求的插值多项式称为埃尔米特 (Hermite) 插值多项式. 我们只讨论插值函数值和一阶导数值的情况.

埃尔米特插值问题可以描述为: 设 $x_0,x_1,\cdots,x_n$ 为区间 $[a,b]$ 上 $n+1$ 个互异的节点, 对应的函数值和导数值分别为 $f(x_i)=y_i, f'(x_i)=y_i', i=0,1,\cdots,n$. 求次数不超过 $2n+1$ 的插值多项式 $H(x)$, 满足条件

$$H(x_i)=y_i,\quad H'(x_i)=y_i',\quad i=0,1,\cdots,n. \tag{5.8}$$

满足条件 (5.8) 的插值多项式称为**埃尔米特插值多项式**.

埃尔米特插值多项式的存在唯一性, 可仿照定理 5.1 的证明进行, 这里不再赘述.

5.4.1 埃尔米特插值多项式的构造

本节我们以三次埃尔米特插值, 即 $n = 1$ 的情况为例来说明埃尔米特插值过程.

设 $h_0(x), g_0(x)$ 和 $h_1(x), g_1(x)$ 分别为节点 x_0, x_1 处的埃尔米特插值基函数, 其次数均不超过 3, 仿照拉格朗日插值多项式的构造, 可设

$$H_3(x) = h_0(x)y_0 + g_0(x)y_0' + h_1(x)y_1 + g_1(x)y_1',$$

依插值定义, 这里

$$\begin{cases} h_0(x_0) = 1, h_0(x_1) = 0, h_0'(x_0) = 0, h_0'(x_1) = 0, \\ g_0(x_0) = 0, g_0(x_1) = 0, g_0'(x_0) = 1, g_0'(x_1) = 0, \\ h_1(x_0) = 0, h_1(x_1) = 1, h_1'(x_0) = 0, h_1'(x_1) = 0, \\ g_1(x_0) = 0, g_1(x_1) = 0, g_1'(x_0) = 0, g_1'(x_1) = 1. \end{cases}$$

由于 $h_0(x)$ 次数不高于 3, 且 x_1 是它的二重根, 可设

$$h_0(x) = (a_0 + a_1x)\left(\frac{x - x_1}{x_0 - x_1}\right)^2 = (a_0 + a_1x)l_0^2(x),$$

将 $h_0(x_0) = 1, h_0'(x_0) = 0$ 代入可解得

$$h_0(x) = \left(1 - 2\frac{x - x_0}{x_0 - x_1}\right)l_0^2(x).$$

同理可得

$$h_1(x) = \left(1 - 2\frac{x - x_1}{x_1 - x_0}\right)l_1^2(x).$$

由 x_0 是 $g_0(x)$ 的单根, x_1 是 $g_0(x)$ 的二重根, 可设

$$g_0(x) = a(x - x_0)(x - x_1)^2,$$

将 $g_0'(x_0) = 1$ 代入可解得

$$g_0(x) = (x - x_0)l_0^2(x).$$

同理可得

$$g_1(x) = (x - x_1)l_1^2(x).$$

以 x_0, x_1 为插值节点的三次埃尔米特插值函数为

$$H_3(x) = \left(1 - 2\frac{x - x_0}{x_0 - x_1}\right)\left(\frac{x - x_1}{x_0 - x_1}\right)^2 f(x_0) + \left(1 - 2\frac{x - x_1}{x_1 - x_0}\right)\left(\frac{x - x_0}{x_1 - x_0}\right)^2 f(x_1)$$
$$+ (x - x_0)\left(\frac{x - x_1}{x_0 - x_1}\right)^2 f'(x_0) + (x - x_1)\left(\frac{x - x_0}{x_1 - x_0}\right)^2 f'(x_1).$$

例 5.7 设 $f(-1)=0, f(1)=4, f'(-1)=2, f'(1)=0$, 求三次埃尔米特插值多项式, 并计算 $f(0.5)$ 的近似值.

解 因 $f(-1)=0,\ f'(1)=0$, 故不需要计算 $h_0(x)$ 和 $g_1(x)$.

$$h_1(x)=\left(1-2\frac{x-1}{x+1}\right)\left(\frac{x-(-1)}{1-(-1)}\right)^2=\frac{1}{4}(2-x)(x+1)^2,$$

$$g_0(x)=(x-(-1))\left(\frac{x-1}{-1-1}\right)^2=\frac{1}{4}(x+1)(x-1)^2,$$

故

$$H_3(x)=(2-x)(x+1)^2+\frac{1}{2}(x+1)(x-1)^2,$$

$$H_3(0.5)=3.5625,$$

因此, $f(0.5)$ 的近似值为 3.5625.

一般地, 满足插值条件 (5.8) 的埃尔米特插值多项式 $H_{2n+1}(x)$, 可以表示为

$$H_{2n+1}(x)=\sum_{i=0}^{n}y_ih_i(x)+\sum_{i=0}^{n}y_i'g_i(x),$$

其中, $h_i(x)$, $g_i(x)$ 为节点 $x_i(i=0,1,\cdots,n)$ 处的埃尔米特插值基函数, 对 $i,j=0,1,2,\cdots,n$ 有

$$h_i(x_j)=\begin{cases}1, & j=i,\\ 0, & j\neq i,\end{cases}\qquad h_i'(x_j)=0,$$

$$g_i(x_j)=0,\quad g_i'(x_j)=\begin{cases}1, & j=i,\\ 0, & j\neq i.\end{cases}$$

类似 $n=1$ 的情况, 可求得

$$h_i(x)=[1-2(x-x_i)l_i'(x_i)]l_i^2(x),\quad g_i(x)=(x-x_i)l_i^2(x),\quad i=0,1,2,\cdots,n,$$

其中, $l_i(x)=\prod\limits_{j=0,j\neq i}^{n}\dfrac{x-x_j}{x_i-x_j}$ 为拉格朗日插值基函数.

5.4.2 埃尔米特插值的余项

利用罗尔定理, 我们容易得到埃尔米特插值多项式的余项定理.

定理 5.3 设 $f'''(x)$ 在 $[a,b]$ 上连续, $f^{(4)}(x)$ 在 (a,b) 内存在, x_0,x_1 是区间 $[a,b]$ 上互异的点, 其对应的函数值和导数值分别为 $y_0=f(x_0), y_1=f(x_1), y_0'=f'(x_0), y_1'=f'(x_1)$, $H_3(x)$ 是满足插值条件

$$H_3(x_0)=y_0,\quad H_3(x_1)=y_1,\quad H_3'(x_0)=y_0',\quad H_3'(x_1)=y_1' \tag{5.9}$$

的三次埃尔米特插值多项式, 则对任意 $x \in [a,b]$, $H_3(x)$ 的插值余项为

$$R_3(x) = f(x) - H_3(x) = \frac{f^{(4)}(\xi)}{4!}(x-x_0)^2(x-x_1)^2, \quad \xi \in (a,b).$$

证明 由插值条件 (5.9) 知, $R(x_0) = R'(x_0) = 0$, $R(x_1) = R'(x_1) = 0$, 故存在 $C(x)$ 使得

$$R(x) = C(x)(x-x_0)^2(x-x_1)^2,$$

即

$$R(x) = f(x) - H_3(x) = C(x)(x-x_0)^2(x-x_1)^2.$$

将 x 看成 $[a,b]$ 中一固定点, 构造函数

$$F(t) = f(t) - H_3(t) - C(x)(t-x_0)^2(t-x_1)^2,$$

则 $F(t)$ 在 $[a,b]$ 上有三个零点 x_0, x_1, x, 且 x_0, x_1 是二重零点. 由罗尔中值定理知, $F'(x)$ 在 (a,b) 内至少有四个互异零点. 再由罗尔中值定理, $F''(x)$ 在 (a,b) 内至少有三个互异零点. 以此类推, $F^{(4)}(x)$ 在 (a,b) 内至少有一个零点. 设 $F^{(4)}(x)$ 的一个零点为 $\xi \in (a,b)$, 则

$$F^{(4)}(\xi) = f^{(4)}(\xi) - H_3^{(4)}(\xi) - C(x)[(t-x_0)^2(t-x_1)^2]^{(4)}|_{t=\xi} = 0,$$

易知 $[(t-x_0)^2(t-x_1)^2]^{(4)}|_{t=\xi} = 4!$, 同时由于 $H_3(x)$ 是三次多项式, $H_3^{(4)}(x) = 0$, 故

$$f^{(4)}(\xi) - 4!C(x) = 0,$$

即

$$C(x) = \frac{f^{(4)}(\xi)}{4!},$$

所以, 三次埃尔米特插值多项式的余项为

$$R(x) = \frac{f^{(4)}(\xi)}{4!}(x-x_0)^2(x-x_1)^2, \quad \xi \in (a,b).$$

类似地有: 设 $f^{2n+1}(x)$ 在 $[a,b]$ 上连续, $f^{(2n+2)}(x)$ 在 (a,b) 内存在, $x_i(i = 0,1,2,\cdots,n)$ 是区间 $[a,b]$ 上互异的点, $H_{2n+1}(x)$ 是满足插值条件 (5.8) 的埃尔米特插值多项式, 则对任意 $x \in [a,b]$, 插值余项为

$$R_{2n+1}(x) = f(x) - H_{2n+1}(x) = \frac{f^{(2n+2)}(\xi)}{(2n+2)!}\prod_{j=0}^{n}(x-x_j)^2, \quad \xi \in (a,b).$$

5.5 分段插值

给定区间 $[a,b]$ 上的插值节点作插值多项式 $L_n(x)$ 来近似 $f(x)$, 是否随着插值节点数 n 的增加, 误差 $|R_n(x)|$ 就越来越小呢? 回答是否定的. 20 世纪初龙格 (Runge) 就给出了一个反例, 这就是著名的龙格现象, 下面我们介绍此例.

5.5.1 龙格现象

令函数 $f(x)=\dfrac{1}{1+x^2}$, 则在区间 $[-5,5]$ 上其各阶导数均存在. 在 $[-5,5]$ 上取等距插值节点 $x_i=-5+10\times\dfrac{i}{n}(i=0,1,\cdots,n)$, 构造 n 次拉格朗日插值多项式

$$L_n(x)=\sum_{i=0}^{n}\left[\frac{1}{1+{x_i}^2}\times\prod_{j=0,j\neq i}^{n}\frac{x-x_j}{x_i-x_j}\right].$$

取 $n=10$, 构造 10 次拉格朗日插值多项式 $L_{10}(x)$. 表 5.6 给出几个点处的函数值, 并分别画出插值函数 $L_{10}(x)$ 和 $f(x)$ 在区间 $[-5,5]$ 上的图像 (图 5.4).

表 5.6

x	-4.50	-3.50	-2.50	-1.50
$f(x)$	0.04706	0.07547	0.13793	0.30769
$L_{10}(x)$	1.57872	-0.22620	0.25376	0.23535

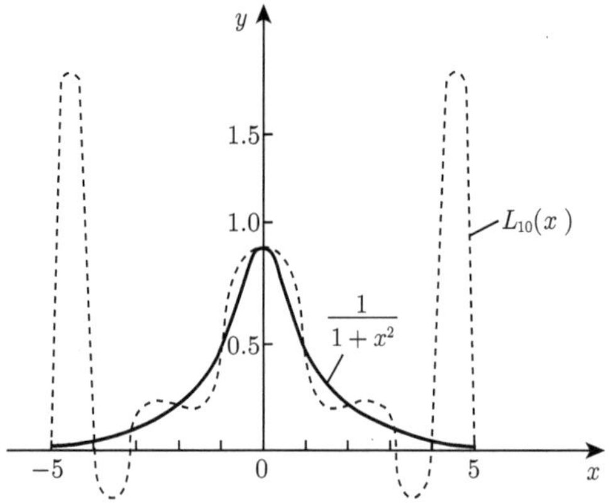

图 5.4 龙格现象

从表 5.6 及图 5.4 可以看出, 插值多项式在插值区间内发生剧烈振荡, 在 $x=\pm5$ 附近, $L_{10}(x)$ 对 $f(x)$ 的逼近效果并不好, 这就是著名的龙格现象. 事实上, 对 $f(x)=$

$\dfrac{1}{1+x^2}$ 这个函数在 $[-5,5]$ 上取等距节点进行多项式插值, 当 $n\to\infty$ 时, $L_n(x)$ 并不收敛于 $f(x)$. 因此, 为避免用高次多项式进行插值时产生振荡现象, 通常不用高次多项式插值, 而是用分段低次多项式进行插值.

龙格现象

5.5.2 分段线性插值

对有限个插值节点, 不妨设节点具有 $a=x_0<x_1<x_2<\cdots<x_n=b$ 的关系, 在每个小区间 $I_i=[x_i,x_{i+1}](i=0,1,\cdots,n-1)$ 上作线性插值, 记为

$$s_{1,i}(x)=f(x_i)\frac{x-x_{i+1}}{x_i-x_{i+1}}+f(x_{i+1})\frac{x-x_i}{x_{i+1}-x_i},\quad x\in I_i,$$

构造分段函数 $s_1(x)$, 满足

$$s_1(x)=s_{1,i}(x),\quad x\in I_i,\quad i=0,1,\cdots,n-1,\tag{5.10}$$

则

(1) $s_1(x_i)=f(x_i)(i=0,1,\cdots,n)$;

(2) $s_1(x)$ 在区间 $[a,b]$ 上连续;

(3) $s_1(x)$ 在每个小区间 $I_i=[x_i,x_{i+1}](i=0,1,\cdots,n-1)$ 上是线性函数.

称式 (5.10) 为**分段线性插值函数**.

由于节点增多时, 公式 (5.10) 的表达式书写过于繁琐, 仿照拉格朗日插值, 我们也先构造基函数, 然后将 $s_1(x)$ 写成基函数的线性组合.

构造插值基函数

$$\beta_0(x)=\begin{cases}0, & x\notin[x_0,x_1),\\ \dfrac{x_1-x}{x_1-x_0}, & x\in[x_0,x_1),\end{cases}$$

$$\beta_i(x)=\begin{cases}\dfrac{x-x_{i-1}}{x_i-x_{i-1}}, & x\in[x_{i-1},x_i),\\ \dfrac{x_{i+1}-x}{x_{i+1}-x_i}, & x\in[x_i,x_{i+1}),\\ 0, & x\notin[x_{i-1},x_{i+1}),\end{cases}\qquad i=1,2,\cdots,n-1,$$

$$\beta_n(x)=\begin{cases}\dfrac{x-x_{n-1}}{x_n-x_{n-1}}, & x\in[x_{n-1},x_n),\\ 0, & x\notin[x_{n-1},x_n].\end{cases}$$

则

$$s_1(x)=\beta_0(x)y_0+\beta_1(x)y_1+\cdots+\beta_n(x)y_n.$$

假设 $\max\limits_{x\in(a,b)}|f''(x)|$ 存在, 记为 M_2, 下面讨论分段线性插值的误差. 由公式 (5.5) 知

$$|f(x)-s_{1,i}(x)|=\left|\frac{f''(\xi_i)}{2!}(x-x_i)(x-x_{i+1})\right|\leqslant\frac{M_2}{2}\left(\frac{x_{i+1}-x_i}{2}\right)^2,$$

其中, $\xi_i\in(x_i,x_{i+1})$. 令 $h=\max\limits_{0\leqslant i\leqslant n-1}|x_{i+1}-x_i|$, 则分段线性插值的误差限为

$$|R_1(x)|=|f(x)-s_1(x)|\leqslant\max_{0\leqslant i\leqslant n-1}\left\{\frac{M_2}{2}\left(\frac{x_{i+1}-x_i}{2}\right)^2\right\}\leqslant\frac{M_2}{8}h^2. \tag{5.11}$$

例 5.8　给定函数

$$f(x)=\frac{1}{1+x^2},\quad -5\leqslant x\leqslant 5,$$

取等距节点 $x_i=-5+i,\ i=0,1,\cdots,10$, 作分段线性插值函数 $s_1(x)$, 并计算 $f(-4.5)$ 的近似值.

解　给出区间 $[-5,0]$ 上的函数值表 (表 5.7), 区间 $[0,5]$ 上的值可由对称性得到.

表 5.7

x	-5	-4	-3	-2	-1	0
$f(x)$	0.03846	0.05882	0.10000	0.20000	0.50000	1.00000

作分段线性插值基函数

$$\beta_0(x)=\begin{cases}-4-x, & x\in[-5,-4),\\ 0, & x\notin[-5,-4),\end{cases}$$

$$\beta_i(x)=\begin{cases}x+6-i, & x\in[-6+i,-5+i),\\ -4+i-x, & x\in[-5+i,-4+i),\quad i=1,2,\cdots,9,\\ 0, & x\notin[-6+i,-4+i),\end{cases}$$

$$\beta_{10}(x)=\begin{cases}x-4, & x\in[4,5),\\ 0, & x\notin[4,5).\end{cases}$$

分段线性插值函数为

$$\begin{aligned}s_1(x)=&0.03846(\beta_0(x)+\beta_{10}(x))+0.05882(\beta_1(x)+\beta_9(x))\\&+0.10000(\beta_2(x)+\beta_8(x))+0.20000(\beta_3(x)+\beta_7(x))\\&+0.50000(\beta_4(x)+\beta_6(x))+1.00000\beta_5(x).\end{aligned}$$

则 $f(-4.5)$ 处的近似值为

$$s_1(-4.5) = 0.04864.$$

从图 5.5 可以看出, 分段线性插值避免了使用高次插值产生的振荡现象.

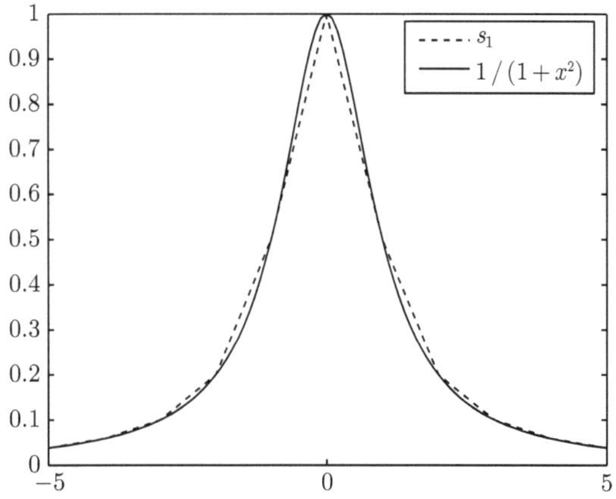

图 5.5 分段线性插值

例 5.9 要制作 $\sin x$ 的三角函数值表, 要求有四位小数, 用线性插值多项式的值近似代替 $\sin x$ 的值, 若精度 $\varepsilon = 5\times10^{-5}$, 试确定允许步长.

解 已知 $f(x)=\sin x$, 则 $|f''(x)| = |-\sin x| \leqslant 1 = M_2$, 设 x_i, x_{i+1} 为任意两个相邻的插值节点, 记 $h=\max\limits_i |x_{i+1}-x_i|$, 由式 (5.11) 知, 只要

$$\frac{1}{8}h^2 < 5\times 10^{-5},$$

解得 $h < 0.02$ 即可.

5.5.3 分段二次插值

若在 $[a,b]$ 上插入 $2n+1$ 个节点, 即有 $a = x_0 < x_1 < x_2 < \cdots < x_{2n-1} < x_{2n} = b$, 每相邻三个节点组合作二次多项式插值, 在几何上就是用分段抛物线逼近曲线 $y=f(x)$, 称为**分段二次插值**或分段抛物线插值, 其插值公式为

$$\begin{aligned} s_{2,i}(x) =& \frac{(x-x_{2i+1})(x-x_{2i+2})}{(x_{2i}-x_{2i+1})(x_{2i}-x_{2i+2})}y_{2i} + \frac{(x-x_{2i})(x-x_{2i+2})}{(x_{2i+1}-x_{2i})(x_{2i+1}-x_{2i+2})}y_{2i+1} \\ &+ \frac{(x-x_{2i})(x-x_{2i+1})}{(x_{2i+2}-x_{2i})(x_{2i+2}-x_{2i+1})}y_{2i+2}, \end{aligned}$$

其中, $x\in[x_{2i}, x_{2i+2}], i=0,1,2,\cdots,n-1$.

若采用等距节点, 即 $x_i = a + ih(i = 0, 1, 2, \cdots, 2n, h = (b-a)/(2n))$, 并假设 $\max\limits_{x\in(a,b)} |f'''(x)|$ 存在, 记为 M_3, 则分段抛物线插值的误差为

$$\begin{aligned}|f(x) - s_{2,i}(x)| &= \frac{|f'''(\xi)|}{3!}|\omega_3(x)|\\ &\leqslant \frac{M_3}{6}|(x-x_{2i})(x-x_{2i+1})(x-x_{2i+2})|, \quad x\in(x_{2i}, x_{2i+2}).\end{aligned} \tag{5.12}$$

例 5.10 用分段二次插值多项式再解例5.9, 此时允许步长是多少?

解 已知 $f(x) = \sin x$, 则 $|f'''(x)| = |-\cos x| \leqslant 1 = M_3$, 依题意 $x_i = a + ih$, 在第 i 个插值区间 $[x_{2i},\ x_{2i+2}]$ 上, 令 $x = x_{2i} + th$, 则 $t \in [0, 2]$, 由式 (5.12) 知

$$\begin{aligned}|R_{2,i}(x)| = |f(x) - s_{2,i}(x)| &\leqslant \frac{M_3}{6}|(x-x_{2i})(x-x_{2i+1})(x-x_{2i+2})|\\ &\leqslant \frac{M_3}{6}h^3|t(t-1)(t-2)|, \quad t\in[0,2].\end{aligned}$$

令 $\phi(t) = t(t-1)(t-2)$, $t \in [0, 2]$, 由 $\phi'(t) = 3t^2 - 6t + 2 = 0$, 得驻点 $t = 1 \pm \dfrac{\sqrt{3}}{3}$, 比较得, $\max\limits_{0\leqslant t\leqslant 2} \phi(t) = \dfrac{2\sqrt{3}}{9}$, 从而得到

$$|R_{2,i}(x)| \leqslant \frac{\sqrt{3}}{27}M_3h^3.$$

由插值区间 i 的任意性, 得

$$|R_2(x)| \leqslant \frac{\sqrt{3}}{27}M_3h^3, \tag{5.13}$$

故只要

$$\frac{\sqrt{3}}{27}M_3h^3 < 0.5\times10^{-4},$$

把 $M_3 = 1$ 代入, 解得 $h < 0.092$ 即可.

比较例 5.9 和例 5.10 不难发现, 分段抛物线插值的步长是分段线性插值步长的 4 倍还多, 可见其精度更高.

注意, 余项估计式 (5.13), 对于等距节点的分段抛物线插值多项式均成立.

5.6 三次样条插值

从分段线性和分段抛物线插值的余项公式 (5.11) 和 (5.12) 可知, 分段插值具有 (一致) 收敛性, 但其光滑性欠缺, 而在诸如飞机的机翼形线等很多实际问题中, 往往要求具有二阶甚至更高阶的光滑度, 即二阶甚至更高阶导数连续. 早期的绘图员为了将一些节点 (样点)$(x_i, y_i)(i = 0, 1, \cdots, n)$ 连成一条光滑曲线, 用富有弹性的

细长的木条 (所谓样条) 放在样点 (x_i, y_i) 处, 然后让木条自然弯曲, 画下木条的曲线, 这样得到的曲线称为样条曲线. 样条曲线实际上是由分段多项式曲线拼接而成的, 在节点处要求二阶导数连续, 从数学上加以概括就得到数学样条的概念. 下面讨论最常用的三次样条函数.

定义 5.3 给定区间 $[a,b]$ 上 $n+1$ 个节点 $a=x_0<x_1<x_2<\cdots<x_n=b$ 和对应的函数值 $y_i=f(x_i)(i=0,1,\cdots,n)$. 若函数 $S(x)$ 满足:

(1) $S(x_i)=y_i,\ i=0,1,\cdots,n$;

(2) $S(x)$ 在每个小区间 $[x_i,x_{i+1}]$ 上是三次多项式;

(3) $S(x)$ 在 $[a,b]$ 上二阶导数连续,

则称 $S(x)$ 为函数 $f(x)$ 在区间 $[a,b]$ 上关于剖分 $a=x_0<x_1<x_2<\cdots<x_n=b$ 的**三次样条函数**, 节点 $x_i(i=0,1,\cdots,n)$ 也称为**样条节点**.

下面我们讨论三次样条插值函数的存在唯一性问题.

将 $S(x)$ 在区间 $[x_i,x_{i+1}]$ 上的表达式记作 $S_i(x)$, 由于 $S_i(x)$ 在小区间 $[x_i,x_{i+1}]$ 上是一个三次多项式, 可设

$$S_i(x)=a_ix^3+b_ix^2+c_ix+d_i,\quad x\in[x_i,x_{i+1}],\quad i=0,1,\cdots,n-1,$$

则 $S(x)$ 有 $4n$ 个未知量, 确定 $S(x)$ 需要 $4n$ 个条件. 插值条件 $S(x_i)=y_i, i=0,1,\cdots,n$ 提供了 $n+1$ 个条件. 每个内节点 $x_i(i=1,2,\cdots,n-1)$ 处有连续的二阶导数, 可得到如下 $3n-3$ 个条件:

$$\begin{cases} S(x_i^+)=S(x_i^-), \\ S'(x_i^+)=S'(x_i^-), \qquad i=1,2,\cdots,n-1. \\ S''(x_i^+)=S''(x_i^-), \end{cases}$$

要唯一确定 $S(x)$ 还需要根据实际情况补充两个条件. 通常是在区间端点 $x_0=a, x_n=b$ 处各加一个条件 (称边界条件), 常见的边界条件有以下三种:

(1) 给定两端点处的二阶导数值, 即已知

$$S''(x_0)=M_0,\quad S''(x_n)=M_n.$$

特别地, 当 $S''(x_0)=S''(x_n)=0$ 时称为**自然边界条件**.

(2) 给定两端点处的一阶导数值, 即已知

$$S'(x_0)=m_0,\quad S'(x_n)=m_n.$$

(3) 当 $f(x)$ 是以 x_n-x_0 为周期的周期函数时, 要求样条函数 $S(x)$ 也是周期函数, 即

$$S(x_0)=S(x_n),\quad S'(x_0)=S'(x_n),\quad S''(x_0)=S''(x_n).$$

这样得到的样条函数又称为**周期样条函数**.

设二阶导数值 $S''(x_i)=M_i(i=0,1,\cdots,n)$, 由其构造三次样条插值函数.

由于 $S_i(x)$ 在区间 $[x_i,x_{i+1}]$ 上是三次多项式, 故 $S_i''(x)$ 在该区间上是线性函数, 有

$$S_i''(x)=\frac{x-x_{i+1}}{x_i-x_{i+1}}M_i+\frac{x-x_i}{x_{i+1}-x_i}M_{i+1},\quad x_i\leqslant x\leqslant x_{i+1}.$$

记 $h_i=x_{i+1}-x_i$, 对 $S_i''(x)$ 积分两次可得

$$\begin{aligned}S_i(x)&=\frac{(x_{i+1}-x)^3}{6h_i}M_i+\frac{(x-x_i)^3}{6h_i}M_{i+1}+cx+d\\&=\frac{(x_{i+1}-x)^3}{6h_i}M_i+\frac{(x-x_i)^3}{6h_i}M_{i+1}+C(x_{i+1}-x)+D(x-x_i).\end{aligned}$$

将 $S_i(x_i)=y_i$, $S_i(x_{i+1})=y_{i+1}$ 代入可解得

$$C=\frac{y_i}{h_i}-\frac{h_iM_i}{6},\quad D=\frac{y_{i+1}}{h_i}-\frac{h_iM_{i+1}}{6}.$$

则

$$\begin{aligned}S_i(x)=&\frac{(x_{i+1}-x)^3M_i+(x-x_i)^3M_{i+1}}{6h_i}+\frac{(x_{i+1}-x)y_i+(x-x_i)y_{i+1}}{h_i}\\&-\frac{h_i}{6}[(x_{i+1}-x)M_i+(x-x_i)M_{i+1}].\end{aligned}\tag{5.14}$$

由 $S_i'(x_i)=S_{i-1}'(x_i)$ 可得

$$f[x_i,x_{i+1}]-\frac{h_i}{3}M_i-\frac{h_i}{6}M_{i+1}=f[x_{i-1},x_i]+\frac{h_{i-1}}{6}M_{i-1}+\frac{h_{i-1}}{3}M_i,$$

整理后有

$$\mu_iM_{i-1}+2M_i+\lambda_iM_{i+1}=d_i,\quad i=1,2,\cdots,n-1,\tag{5.15}$$

这里

$$\begin{aligned}&\lambda_i=\frac{h_i}{h_i+h_{i-1}},\quad \mu_i=1-\lambda_i,\\&d_i=\frac{6}{h_i+h_{i-1}}\left(\frac{y_{i+1}-y_i}{h_i}-\frac{y_i-y_{i-1}}{h_{i-1}}\right)=6f[x_{i-1},x_i,x_{i+1}].\end{aligned}$$

加上边界条件, 解方程组 (5.15) 即可求得 $M_0,M_1,\cdots,M_n$, 再代入公式 (5.14), 即可得三次样条插值函数.

下面我们就前面提到的三种常见的边界条件讨论方程组 (5.15) 的解.

(1) 给定 $S''(x_0)=M_0$, $S''(x_n)=M_n$ 的值, 这时方程组 (5.15) 为 $n-1$ 阶方程组:

$$\begin{pmatrix} 2 & \lambda_1 & & & \\ \mu_2 & 2 & \lambda_2 & & \\ & \ddots & \ddots & \ddots & \\ & & \mu_{n-2} & 2 & \lambda_{n-2} \\ & & & \mu_{n-1} & 2 \end{pmatrix} \begin{pmatrix} M_1 \\ M_2 \\ \vdots \\ M_{n-2} \\ M_{n-1} \end{pmatrix} = \begin{pmatrix} d_1 - \mu_1 M_0 \\ d_2 \\ \vdots \\ d_{n-2} \\ d_{n-1} - \lambda_{n-1} M_n \end{pmatrix}.$$

(2) 给定 $S'(x_0) = m_0$, $S'(x_n) = m_n$, 分别代入 $S_0'(x), S_{n-1}'(x)$ 中, 得到方程

$$2M_0 + M_1 = \frac{6}{h_0}[f[x_0, x_1] - m_0] = d_0,$$

$$M_{n-1} + 2M_n = \frac{6}{h_{n-1}}[m_n - f[x_{n-1}, x_n]] = d_n.$$

$$\begin{pmatrix} 2 & 1 & & & & \\ \mu_1 & 2 & \lambda_1 & & & \\ & \mu_2 & 2 & \lambda_2 & & \\ & & \ddots & \ddots & \ddots & \\ & & & \mu_{n-1} & 2 & \lambda_{n-1} \\ & & & & 1 & 2 \end{pmatrix} \begin{pmatrix} M_0 \\ M_1 \\ M_2 \\ \vdots \\ M_{n-1} \\ M_n \end{pmatrix} = \begin{pmatrix} d_0 \\ d_1 \\ d_2 \\ \vdots \\ d_{n-1} \\ d_n \end{pmatrix}.$$

(3) 给定 $y_0 = y_n, S'(x_0) = S'(x_n), S''(x_0) = S''(x_n)$, 将 $S'(x_0) = S'(x_n)$ 加入方程组, 即可得到 n 个变量 n 个方程.

三次样条插值构造的有关 M_i 的方程组，其系数矩阵都是对角占优的三对角矩阵，可用追赶法求解方程组.

例 5.11 给定数据点 $(1,1),(2,3),(4,4),(5,2)$, 取 $M_0 = M_n = 0$, 构造三次样条插值多项式, 并计算 $f(1.25)$.

解 由题中数据, 计算得: $h_0 = 1, h_1 = 2, h_2 = 1$, 所以

$$\lambda_1 = \frac{2}{3}, \quad \lambda_2 = \frac{1}{3}; \quad \mu_1 = \frac{1}{3}, \quad \mu_2 = \frac{2}{3}; \quad d_1 = -3, \quad d_2 = -5.$$

由 $M_0 = M_n = 0$ 得

$$\begin{pmatrix} 2 & \frac{2}{3} \\ \frac{2}{3} & 2 \end{pmatrix} \begin{pmatrix} M_1 \\ M_2 \end{pmatrix} = \begin{pmatrix} -3 \\ -5 \end{pmatrix},$$

即 $\lambda_2 = \frac{1}{3}$, $\mu_1 = \frac{1}{3}, \mu_2 = \frac{2}{3}$, 解得 $M_1 = -\frac{3}{4}, M_2 = -\frac{9}{4}$; 再代入式 (5.14), 整理得三

次样条插值多项式为

$$S(x)=\begin{cases}-\dfrac{1}{8}x^3+\dfrac{3}{8}x^2+\dfrac{7}{4}x-1, & x\in[1,2),\\ -\dfrac{1}{8}x^3+\dfrac{3}{8}x^2+\dfrac{7}{4}x-1, & x\in[2,4),\\ \dfrac{3}{8}x^3-\dfrac{45}{8}x^2+\dfrac{103}{4}x-33, & x\in[4,5].\end{cases}$$

计算得 $f(1.25)=1.5293$, 其三次样条函数的图像见图 5.6, 绘图程序见本章 MATLAB 应用.

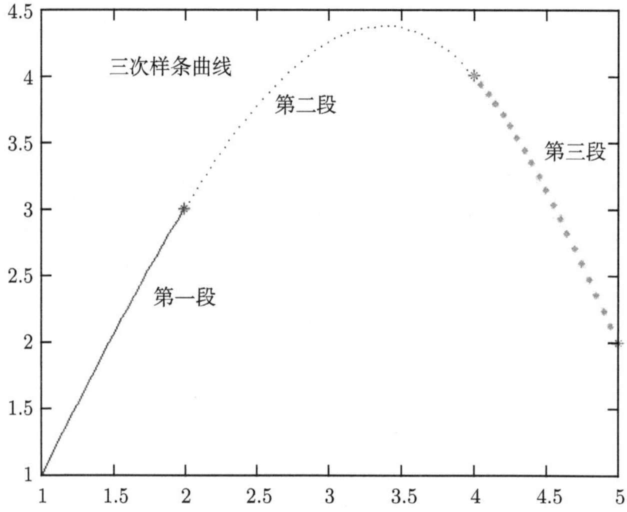

图 5.6　三次样条插值

另外, 容易求得经过 $(1,1),(2,3),(4,4),(5,2)$ 四点的插值多项式为 $-\dfrac{1}{12}x^3+\dfrac{1}{12}x^2+\dfrac{7}{3}x-\dfrac{4}{3}$, 请读者画出其图像, 并与三次样条插值函数图像就进行比较.

5.7　小结与 MATLAB 应用

5.7.1　本章小结

本章首先介绍了插值、多项式插值的基本概念及多项式插值的存在唯一性和误差估计, 重点学习了拉格朗日插值多项式的结构及求法; 5.3 节还学习了差商的概念及牛顿插值多项式, 请同学们在学习时对比导数概念和泰勒展开式, 加深对这些概念的理解; 5.4 节讨论了带导数的插值问题, 即埃尔米特插值多项式; 为了减少误差, 5.5 节引入了分段插值的概念, 分段线性插值在几何上就是割线逼近曲线, 这种方法虽具有一致收敛等特点, 但缺乏光滑性, 为此在本章最后讲解了具有二阶光滑度的三次样条插值方法, 也是实际中常用的方法, 应用中需注意补充条件来保证唯一解.

5.7.2 MATLAB 应用

在 MATLAB 中, 插值主要由函数 interp1 实现, 调用格式为

```
yi=interp1(x,y,xi,method),
```

插值方法比较

其中 $\boldsymbol{x}, \boldsymbol{y}$ 是同维向量, 分别是数据点的 x 坐标和函数值的 y 坐标, 要求 $\boldsymbol{x}$ 的分量单调排列; xi 是待插值点的 x 坐标, method 为插值方法, 返回 xi 处的函数值. 参数 method 可以是:

参数	含义
nearest	最邻近插值
linear	分段线性插值 (默认)
spline	三次样条插值
cubic	分段三次埃尔米特插值

下面给出几个 MATLAB 在插值问题中的具体应用.

1. 对 $y=\sin(2x), x\in[0,10]$, 画图比较不同插值方法的插值效果 (图 5.7)

```
x = 0:10; y = sin(2*x)  % 插值点 x, y 坐标
xi = 0:.25:10;  % 待插值点 x 坐标
y0i = interp1(x,y,xi,'nearest');  % 最邻近插值
y1i = interp1(x,y,xi);  % 分段线性插值
y2i = interp1(x,y,xi,'spline');  % 三次样条插值
y3i = interp1(x,y,xi,'cubic');  % 分段三次埃尔米特插值
subplot(2,2,1); plot(x,y,'*');hold on;plot(xi,y0i,'k-'),title
    ('method=nearest');
subplot(2,2,2);plot(x,y,'*');hold on;plot(xi,y1i,'k-'),title
    ('method=linear');
subplot(2,2,3);plot(x,y,'*');hold on;plot(xi,y2i,'k-'),title
    ('method=spline');
subplot(2,2,4);plot(x,y,'*');hold on;plot(xi,y3i,'k-'),title
    ('method=cubic');
```

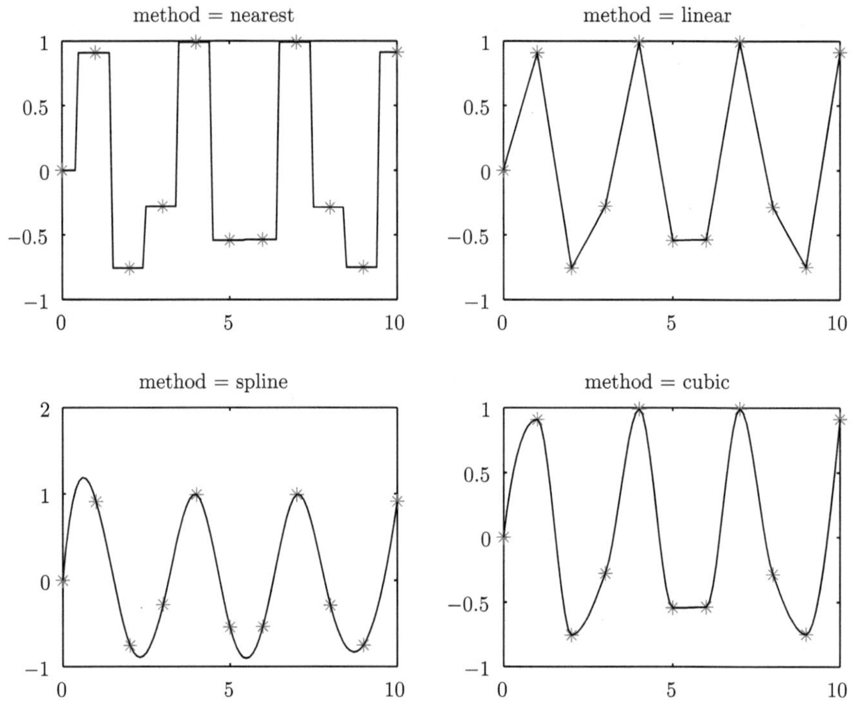

图 5.7　不同插值方法效果比较

2. 构造拉格朗日插值多项式函数

%自定义函数, 函数名 lagr1.m

```
function  y=lagr1(x0,y0,x)
n=length(x0); m=length(x);
for   i=1:m
  z=x(i); s=0.0;
  for   k=1:n
    p=1.0;
    for   j=1:n
      if   j ~ = k
        p=p*(z-x0(j))/(x0(k)-x0(j));
      end
    end
    s=p*y0(k)+s;
    end
  y(i)=s;
```

```
end
```

3. 调用拉格朗日插值多项式函数演示龙格现象

```
%龙格现象演示程序
m=101;  % 设置区间等分数, 这里 100 等分
x=-5:10/(m-1):5;y=1./(1+x.^2);z=0*x;
plot(x,z,'r',x,y,'LineWidth',1.5),
gtext('y=1/(1+x^2)'),pause
% 对区间 n-1 等分时插值多项式求近似值并画图
n=3;   % 设初始值, 进行二等分
while   n<12;
  x0=-5:10/(n-1):5;y0=1./(1+x0.^2);   % n-1 等分, 并计算函数值
  y1=lagr1(x0,y0,x);  % 调用拉格朗日插值函数
  ss=['n=',num2str(n-1)];  % 合并字符串
  hold on,plot(x,y1,'b'),gtext(ss),
  n=n+2;
  hold off
end
```

4. 绘制例 5.11 散点图的 MATLAB 语句

```
x=[1 2 4 5];y=[1 3 4 2]; plot(x,y,'r*'), hold on
%等分第一个区间，计算函数值并画图
x1=1:0.05:2; y1=-x1.^3/8+3*x1.^2/8+7*x1/4-1;
plot(x1,y1,'-')
x2=2:0.05:4;y2=-x2.^3/8+3*x2.^2/8+7*x2/4-1;
plot(x2,y2,'b:')
x3=4:0.05:5; y3=3*x3.^3/8-45*x3.^2/8+103*x3/4-33;
plot(x3,y3,'g.')
```

习 题 5

1. 设 $f(x)=\sqrt{x}$, 则点 $x=100,121,144$ 处的函数值很容易求得, 试求以这三点作为插值节点的拉格朗日插值多项式, 并计算 $\sqrt{115}$ 的近似值.

2. 设 $x_i\ (i=0,1,\cdots,n)$ 为互异节点, 求证:

(1) $\sum\limits_{i=0}^{n} x_i^k l_i(x)\equiv x^k,\ k=0,1,\cdots,n;$

(2) $\sum\limits_{i=0}^{n} (x_i-x)^k l_i(x)\equiv 0,\ k=1,2,\cdots,n.$

3. 已知 $p(x)=x^4-x^3+x^2-x-1$ 经过表 5.8 中各点.

表 5.8

x_i	-2	-1	0	1	2	3
$p(x_i)$	29	3	-1	-1	9	59

试构造一多项式 $q(x)$, 满足表 5.9 中的数据.

表 5.9

x_i	-2	-1	0	1	2	3
$q(x_i)$	29	3	-1	-1	9	58

4. 设 $f(x) = 6.3x^6 - 1.6x^3 + 8x + 18$, 求差商 $f[2^0, 2^1, 2^2, \cdots, 2^k], k = 1, 2, 6, 7$.

5. 求经过点 $(1, 0)$, $(-1, -3)$ 和 $(2, 4)$ 的拉格朗日和牛顿插值多项式, 并计算 $f(0.5)$ 的近似值.

6. 已知函数 $f(x)$ 严格单调且连续, 当 $x = -2, -1, 1, 2, 3$ 时对应函数值 $f(x) = -10, -5, 1, 11, 18$, 求方程 $f(x) = 0.5$ 精度尽可能高的根.

7. 给定数据 $f(0) = 0, f'(0) = 0, f(1) = 1, f'(1) = 1$, 求 $H_3(x)$, 并计算 $f(0.5)$ 的近似值.

8. 已知函数 $f(x)$ 当 $x = 0, 1, 2$ 时对应函数值分别为 $1, -1, -3$ 且 $f'(1) = -3$, 求次数不超过三次的插值多项式.

9. 给定数据 $f(0) = 0, f'(0) = 0, f(1) = 1, f'(1) = 1, f(2) = 1$, 求次数不高于 4 的多项式 $p(x)$, 并给出插值余项的表达式.

10. 根据表 5.10 中的数据表作分段线性插值, 并计算 $x = 76.5$ 和 $x = 77.5$ 处的函数值.

表 5.10

x_i	74	76	77	78
y_i	2.768	2.833	2.903	2.979

11. 若分别用线性和二次插值编制 $f(x) = \sin x$ 在区间 $[0, 2\pi]$ 上的等距节点的函数值表, 希望误差小于 5×10^{-3}, 步长 h 最大取多少?

12. 若分别用线性和二次插值 $f(x) = \mathrm{e}^x$ 在区间 $[0, 2]$ 上的等距节点函数值表, 希望误差小于 5×10^{-3}, 步长 h 最大取多少?

13. 设 $S(x) = \begin{cases} x^3 + x^2, & 0 \leqslant x \leqslant 1, \\ 2x^3 + bx^2 + cx - 1, & 1 < x \leqslant 2 \end{cases}$ 是 0, 1, 2 为节点的三次样条插值函数, 求 b, c.

14. 给定数据点 (1.1, 0.4000), (1.2, 0.8000), (1.4, 1.6500), (1.5, 1.8000), 取 $M_0 = M_n = 0$, 构造三次样条插值多项式, 并计算 $f(1.25)$.

15. 给定数据表 (表 5.11) 和边值条件 $S''(-2) = 0$, $S''(2) = 1$, 求满足上述条件的三次样条插值函数, 并计算 $f(0.5)$ 处的近似值.

表 5.11

x_i	−2.00	−1.00	1.00	2.00
y_i	−4.00	3.00	5.00	12.00

16. 给定数据表 (表 5.12) 和边值条件 $S'(-2) = 0$, $S'(2) = 0$, 求满足上述条件的三次样条插值函数, 并计算 $f(0.5)$ 处的近似值.

表 5.12

x_i	−2.00	−1.00	1.00	2.00
y_i	−4.00	3.00	5.00	12.00

第 6 章　曲线拟合与函数逼近

第 5 章学习了插值法, 也了解了龙格现象的存在, 而在实际应用中, 数据点本身不可避免地带有观测误差, 插值函数通过所有数据点会将数据点的观测误差保留下来, 这是不希望看到的, 数据拟合则不要求拟合曲线经过所有的数据点, 而是寻找一个函数 $\phi(x)$, 在充分反映数据内在规律的前提下, 尽可能地接近数据点. 本章介绍曲线拟合和函数逼近的理论方法与应用.

插值与拟合

6.1　最小二乘拟合

6.1.1　最小二乘拟合

拟合问题可以描述为：给定数据点 $(x_i, y_i)(i = 0, 1, \cdots, n)$, 构造函数 $\phi(x)$ 使得向量 $\boldsymbol{Z} = (\phi(x_0), \phi(x_1), \cdots, \phi(x_n))$ 与向量 $\boldsymbol{Y} = (y_0, y_1, \cdots, y_n)$ 之间的距离最小, $\phi(x)$ 就称为拟合函数.

度量两个向量间距离的大小通常用范数, 常用的范数有

$$\|\boldsymbol{Z}-\boldsymbol{Y}\|_1 = \sum_{i=0}^{n} |\phi(x_i) - y_i|,$$

$$\|\boldsymbol{Z}-\boldsymbol{Y}\|_2 = \left(\sum_{i=0}^{n} (\phi(x_i) - y_i)^2\right)^{\frac{1}{2}},$$

$$\|\boldsymbol{Z}-\boldsymbol{Y}\|_\infty = \max_{0\leqslant i\leqslant n} |\phi(x_i) - y_i|,$$

其中, $\|\boldsymbol{Z}-\boldsymbol{Y}\|_2$ 就是欧氏空间中两向量 (两点) 间的距离, 因其计算简单而被广泛采用. 记

$$Q = \|\boldsymbol{Z}-\boldsymbol{Y}\|_2^2 = \sum_{i=0}^{n} (\phi(x_i) - y_i)^2,$$

Q 称为**误差平方和**, 使得误差平方和最小的拟合方法称为**最小二乘拟合**, 或称**最佳平方拟合**. 本章我们主要介绍最小二乘拟合.

假设 $\phi_0(x), \phi_1(x), \cdots, \phi_m(x)$ 是区间 $[a, b]$ 上的一簇线性无关的函数, 其一切可能的线性组合的全体记为 Φ, 用 $\Phi = \mathrm{span}\{\phi_0(x), \phi_1(x), \cdots, \phi_m(x)\}$ 表示, 则有 $\phi(x) \in \Phi \ \Leftrightarrow\ $ 存在实数 $a_0, a_1, \cdots, a_m$, 使得 $\phi(x) = \sum\limits_{j=0}^{m} a_j \phi_j(x)$.

若 $\phi(x) \in \Phi$, $\boldsymbol{Z} = (\phi(x_0), \phi(x_1), \cdots, \phi(x_n))$, 则

$$Q(a_0, a_1, \cdots, a_m) = \|\boldsymbol{Z} - \boldsymbol{Y}\|_2^2 = \sum_{i=0}^{n}(\phi(x_i) - y_i)^2 = \sum_{i=0}^{n}\left(\sum_{j=0}^{m} a_j\phi_j(x_i) - y_i\right)^2 \tag{6.1}$$

是以 $a_0, a_1, \cdots, a_m$ 为自变量的非负二次多项式. 要使 Q 达到最小, 只需求 $Q(a_0, a_1, \cdots, a_m)$ 的最小值点即可. 令

$$\frac{\partial Q}{\partial a_k} = 0, \quad k = 0, 1, \cdots, m, \tag{6.2}$$

求导可得

$$\sum_{i=0}^{n}\phi_k(x_i)\left(\sum_{j=0}^{m} a_j\phi_j(x_i) - y_i\right) = 0, \quad k = 0, 1, \cdots, m,$$

上式为有限项求和, 可以交换求和顺序, 整理得

$$\sum_{j=0}^{m}\left(\sum_{i=0}^{n}\phi_k(x_i)\phi_j(x_i)\right)a_j = \sum_{i=0}^{n}\phi_k(x_i)y_i, \quad k = 0, 1, \cdots, m,$$

即

$$\sum_{j=0}^{m}(\phi_k, \phi_j)a_j = (\phi_k, \boldsymbol{Y}), \quad k = 0, 1, \cdots, m, \tag{6.3}$$

其中, $(\phi_k, \phi_j) = \sum\limits_{i=0}^{n}\phi_k(x_i)\phi_j(x_i)$, $(\phi_k, \boldsymbol{Y}) = \sum\limits_{i=0}^{n}\phi_k(x_i)y_i$(向量内积的一种表示形式). 式 (6.3) 写成矩阵形式, 即有

$$\begin{pmatrix} (\phi_0, \phi_0) & (\phi_0, \phi_1) & \cdots & (\phi_0, \phi_m) \\ (\phi_1, \phi_0) & (\phi_1, \phi_1) & \cdots & (\phi_1, \phi_m) \\ \vdots & \vdots & & \vdots \\ (\phi_m, \phi_0) & (\phi_m, \phi_1) & \cdots & (\phi_m, \phi_m) \end{pmatrix}\begin{pmatrix} a_0 \\ a_1 \\ \vdots \\ a_m \end{pmatrix} = \begin{pmatrix} (\phi_0, \boldsymbol{Y}) \\ (\phi_1, \boldsymbol{Y}) \\ \vdots \\ (\phi_m, \boldsymbol{Y}) \end{pmatrix}, \tag{6.4}$$

式 (6.4) 称为**法方程组**或**正规方程组**. 当 $\phi_0(x), \phi_1(x), \cdots, \phi_m(x)$ 线性无关时该方程组有唯一解, 即可求得的解记为 $a_0^*, a_1^*, \cdots, a_m^*$, 从而有函数

$$\phi^*(x) = a_0^*\phi_0(x) + a_1^*\phi_1(x) + \cdots + a_m^*\phi_m(x).$$

可以证明, $\phi^*(x)$ 就是在 Φ 上使 Q 达到最小的函数, 即有

$$Q(a_0^*, a_1^*, \cdots, a_m^*) = \sum_{i=0}^{n}(\phi^*(x_i) - y_i)^2 = \min_{\phi(x)\in\Phi}\sum_{i=0}^{n}(\phi(x_i) - y_i)^2,$$

并有

$$Q(a_0^*, a_1^*, \cdots, a_m^*) = (\boldsymbol{Y}, \boldsymbol{Y}) - (\boldsymbol{Y}, \phi^*) = (\boldsymbol{Y}, \boldsymbol{Y}) - \sum_{j=0}^{m} a_j^* \cdot (\boldsymbol{Y}, \phi_j).$$

称 $\sqrt{Q(a_0^*, a_1^*, \cdots, a_m^*)}$ 为均方误差.

上述方法就是最小二乘拟合, 要求 $m < n$. 最小二乘拟合的关键在于分析数据内在规律，选择合适的函数类 Φ. 通常我们先画出数据点的散点图, 根据数据点的分布趋势选择合适的拟合函数. 下面介绍常用的多项式拟合.

6.1.2 多项式拟合

当拟合函数是多项式, 即取 $\Phi = \mathrm{span}\{1, x, \cdots, x^m\}$, $\phi(x) = a_0 + a_1 x + a_2 x^2 + \cdots + a_m x^m$ 时, 称为**多项式拟合**, 此时 $(\phi_k, \phi_j) = \sum\limits_{i=0}^{n} x_i^k x_i^j = \sum\limits_{i=0}^{n} x_i^{k+j}$, $(\phi_k, \boldsymbol{Y}) = \sum\limits_{i=0}^{n} x_i^k y_i$, 正规方程组 (6.3) 为

$$\sum_{j=0}^{m}\sum_{i=0}^{n} x_i^{k+j} a_j = \sum_{i=0}^{n} x_i^k y_i, \quad k = 0, 1, \cdots, m, \tag{6.5}$$

矩阵形式的法方程组 (6.4) 简化为

$$\begin{pmatrix} n+1 & \sum\limits_{i=0}^{n} x_i & \cdots & \sum\limits_{i=0}^{n} x_i^m \\ \sum\limits_{i=0}^{n} x_i & \sum\limits_{i=0}^{n} x_i^2 & \cdots & \sum\limits_{i=0}^{n} x_i^{m+1} \\ \sum\limits_{i=0}^{n} x_i^2 & \sum\limits_{i=0}^{n} x_i^3 & \cdots & \sum\limits_{i=0}^{n} x_i^{m+2} \\ \vdots & \vdots & & \vdots \\ \sum\limits_{i=0}^{n} x_i^m & \sum\limits_{i=0}^{n} x_i^{m+1} & \cdots & \sum\limits_{i=0}^{n} x_i^{2m} \end{pmatrix} \begin{pmatrix} a_0 \\ a_1 \\ a_2 \\ \vdots \\ a_m \end{pmatrix} = \begin{pmatrix} \sum\limits_{i=0}^{n} y_i \\ \sum\limits_{i=0}^{n} x_i y_i \\ \sum\limits_{i=0}^{n} x_i^2 y_i \\ \vdots \\ \sum\limits_{i=0}^{n} x_i^m y_i \end{pmatrix}. \tag{6.6}$$

若方程组的解仍记为 $a_0^*, a_1^*, \cdots, a_m^*$, 则最佳平方拟合多项式为

$$\phi^*(x) = a_0^* + a_1^* x + \cdots + a_m^* x^m.$$

误差的平方和为

$$Q(a_0^*, a_1^*, \cdots, a_m^*) = (\boldsymbol{Y}, \boldsymbol{Y}) - (\boldsymbol{Y}, \phi^*) = (\boldsymbol{Y}, \boldsymbol{Y}) - \sum_{j=0}^{m} a_j^* \cdot (\boldsymbol{Y}, \phi_j).$$

例 6.1　给定数据, 如表 6.1 所示.

表 6.1

x_i	-3	-2	-1	0	1	2	3
y_i	4	2	3	0	-1	-2	-5

求线性拟合函数, 并计算最小误差平方和及 0.5 处函数的近似值.

解 依题意, 取 $\Phi = \mathrm{span}\{1, x\}$, 即 $\phi(x) = a_0 + a_1 x$, 为便于计算列表 (表 6.2).

表 6.2

i	x_i	x_i^2	y_i	$x_i y_i$
0	-3	9	4	-12
1	-2	4	2	-4
2	-1	1	3	-3
3	0	0	0	0
4	1	1	-1	-1
5	2	4	-2	-4
6	3	9	-5	-15
$\sum$	$0 = (\phi_0, \phi_1)$	$28 = (\phi_1, \phi_1)$	$1 = (\phi_0, \boldsymbol{Y})$	$-39 = (\phi_1, \boldsymbol{Y})$

故正规方程组为

$$\begin{pmatrix} 7 & 0 \\ 0 & 28 \end{pmatrix} \begin{pmatrix} a_0 \\ a_1 \end{pmatrix} = \begin{pmatrix} 1 \\ -39 \end{pmatrix},$$

解得

$$a_0 = 0.142857, \quad a_1 = -1.392857,$$

则线性拟合函数为

$$\phi^*(x) = 0.142857 - 1.392857x.$$

最小误差平方和为

$$Q = \sum_{i=0}^{6} (\phi^*(x_i) - y_i)^2 = 4.535714,$$

0.5 处函数的近似值为

$$f(0.5) \approx \phi^*(0.5) = -0.553572.$$

例 6.2 给定数据点 (0, 4), (2, 3), (4, 0), (6, −6), 求最小二乘拟合曲线及均方误差.

解 首先画出数据散点图, 见图 6.1.

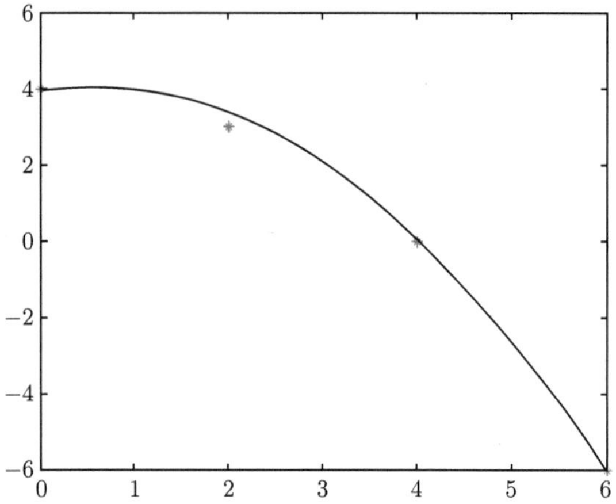

图 6.1　散点图

观察散点图知, 数据分布接近一条二次曲线, 因此选用二次多项式函数进行拟合, 即取

$$\Phi = \mathrm{span}\{1, x, x^2\}.$$

由题设数据, 计算得法方程组为

$$\begin{pmatrix} 4 & 12 & 56 \\ 12 & 56 & 288 \\ 56 & 288 & 1568 \end{pmatrix} \begin{pmatrix} a_0 \\ a_1 \\ a_2 \end{pmatrix} = \begin{pmatrix} 1 \\ -30 \\ -204 \end{pmatrix},$$

解得

$$a_0 = 3.9500, \quad a_1 = 0.2250, \quad a_2 = -0.3125.$$

因此拟合函数为

$$\phi^*(x) = 3.9500 + 0.2250x - 0.3125x^2.$$

误差的平方和 $= (\boldsymbol{Y}, \boldsymbol{Y}) - \sum\limits_{j=0}^{2} a_j^* \cdot (\boldsymbol{Y}, \phi_j) = 61 - 60.95 = 0.05$, 均方误差 $= \sqrt{0.05} = 0.2236$.

注意, 如果认为图 6.1 近似一条关于 y 轴对称的抛物线, 则取

$$\Phi = \mathrm{span}\{1, x^2\},$$

此时法方程组为

$$\begin{pmatrix} 4 & 56 \\ 56 & 1568 \end{pmatrix} \begin{pmatrix} a_0 \\ a_1 \end{pmatrix} = \begin{pmatrix} 1 \\ -204 \end{pmatrix},$$

解得

$$a_0 = 4.1429, \quad a_1 = -0.2781.$$

拟合函数则为

$$\phi^*(x) = 4.1429 - 0.2781x^2.$$

误差的平方和 $= (\boldsymbol{Y}, \boldsymbol{Y}) - \sum\limits_{j=0}^{1} a_j^* \cdot (\boldsymbol{Y}, \phi_j) = 61 - 60.8673 = 0.1327$, 均方误差 $= \sqrt{0.1327} = 0.3643$.

6.1.3 可化为多项式拟合的常见曲线

以上重点讨论了拟合函数 $\phi(x)$ 是多项式的情况, 它们都是关于参数 $a_0, a_1, \cdots, a_m$ 的线性函数, 若 $\phi(x)$ 不是多项式呢? 此时关于参变量一般也不是线性函数, 通常我们要将 $\phi(x)$ 转化成多项式拟合 (关于参变量是线性函数), 再建立法方程组求解, 这里介绍几种常见的非多项式拟合曲线.

(1) 双曲线: $\dfrac{1}{y} = a + \dfrac{b}{x}$.

作变量代换: $u = \dfrac{1}{x}, v = \dfrac{1}{y}$, 则得 $v = a + bu$.

(2) 幂函数曲线: $y = ax^b$, 其中 $x > 0, a > 0$.

作变量代换: $u = \ln x, v = \ln y, A = \ln a$, 则得 $v = A + bu$.

(3) 指数曲线: $y = a\mathrm{e}^{bx}$, 其中参数 $a > 0$.

作变量代换: $v = \ln y, A = \ln a$, 则得 $v = A + bx$.

(4) 倒指数曲线: $y = a\mathrm{e}^{b/x}$, 其中 $a > 0$.

作变量代换: $u = \dfrac{1}{x}, v = \ln y, A = \ln a$, 则得 $v = A + bu$.

(5) 对数曲线: $y = a + b\ln x,\ x > 0$.

作变量代换: $u = \ln x$, 则得 $y = a + bu$.

(6) S 型曲线: $y = \dfrac{1}{a + b\mathrm{e}^{-x}}$.

作变量代换: $u = \mathrm{e}^{-x}, v = \dfrac{1}{y}$, 则得 $v = a + bu$.

另外, 还有大量的不容易或不可能化为多项式拟合的曲线, 这类拟合问题就需要利用最小二乘法编程计算或借助数学软件求解.

例 6.3 根据表 6.3 中的数据, 构造形如 $y = a + b\dfrac{1}{x} + c\dfrac{1}{x^2}$ 的拟合函数.

表 6.3

x_i	-0.2	-0.5	-1	0.5	0.2
y_i	1	3	5	7	6

解　令 $u=\dfrac{1}{x}$, 即求形如 $y=a+bu+cu^2$ 的多项式, 原数据变换为表 6.4 中的内容.

表 6.4

u_i	-5	-2	-1	2	5
y_i	1	3	5	7	6

根据法方程组需要, 计算出表 6.5.

表 6.5

i	u_i	u_i^2	u_i^3	u_i^4	y_i	u_iy_i	$u_i^2y_i$
0	-5	25	-125	625	1	-5	25
1	-2	4	-8	16	3	-6	12
2	-1	1	-1	1	5	-5	5
3	2	4	8	16	7	14	28
4	5	25	125	625	6	30	150
$\sum$	-1	59	-1	1283	22	28	220

故法方程组为

$$\begin{pmatrix} 5 & -1 & 59 \\ -1 & 59 & -1 \\ 59 & -1 & 1283 \end{pmatrix}\begin{pmatrix} a \\ b \\ c \end{pmatrix}=\begin{pmatrix} 22 \\ 28 \\ 220 \end{pmatrix},$$

解得 $a=5.432160,\ b=0.565327,\ c=-0.077889$, 变量回代得拟合函数为

$$\phi^*(x)=5.432160+0.565327\frac{1}{x}-0.077889\frac{1}{x^2}.$$

注意, 在实际应用中, 对数据进行适当处理还是必要的. 如习题 6 的第 4 题的人口问题，由于自变量是 4 位整数, 人口数量以亿、百万、万等为单位结果是有出入的, 请读者进行检验.

6.1.4　矛盾方程组的最小二乘解

本节我们从线性方程组的角度进一步分析最小二乘拟合. 给定数据 $(x_i,y_i)(i=0,1,\cdots,n)$ 及拟合函数类 $\Phi=\mathrm{span}\{\phi_0,\phi_1,\cdots,\phi_m\}(m<n)$, 则拟合函数可以表示为

$$\phi(x)=a_0\phi_0(x)+a_1\phi_1(x)+\cdots+a_m\phi_m(x).$$

记

$$
\boldsymbol{A}=\begin{pmatrix} \phi_0(x_0) & \phi_1(x_0) & \cdots & \phi_m(x_0) \\ \phi_0(x_1) & \phi_1(x_1) & \cdots & \phi_m(x_1) \\ \vdots & \vdots & & \vdots \\ \phi_0(x_n) & \phi_1(x_n) & \cdots & \phi_m(x_n) \end{pmatrix},\quad \boldsymbol{a}=\begin{pmatrix} a_0 \\ a_1 \\ \vdots \\ a_m \end{pmatrix},\quad \boldsymbol{Y}=\begin{pmatrix} y_0 \\ y_1 \\ \vdots \\ y_n \end{pmatrix},
$$

则最小二乘拟合数据点的误差平方和为

$$
Q=\sum_{i=0}^{n}(\phi(x_i)-y_i)^2=\|\boldsymbol{A}\boldsymbol{a}-\boldsymbol{Y}\|_2^2.
$$

矛盾方程组

一般地, 给定线性方程组 $\boldsymbol{A}\boldsymbol{a}=\boldsymbol{Y}$, 若方程组 $\boldsymbol{A}\boldsymbol{a}=\boldsymbol{Y}$ 无解, 则称为**矛盾方程组**. 使得 $\|\boldsymbol{A}\boldsymbol{a}-\boldsymbol{Y}\|_2^2$ 最小的 $\boldsymbol{a}$ 称为矛盾方程组 $\boldsymbol{A}\boldsymbol{a}=\boldsymbol{Y}$ 的最小二乘解.

最小二乘拟合问题, 可以看成是求解矛盾方程组 $\boldsymbol{A}\boldsymbol{a}=\boldsymbol{Y}$ 的最小二乘解, 经简单计算, 正规方程组 (6.4), 即

$$
\begin{pmatrix} (\phi_0,\phi_0) & (\phi_0,\phi_1) & \cdots & (\phi_0,\phi_m) \\ (\phi_1,\phi_0) & (\phi_1,\phi_1) & \cdots & (\phi_1,\phi_m) \\ \vdots & \vdots & & \vdots \\ (\phi_m,\phi_0) & (\phi_m,\phi_1) & \cdots & (\phi_m,\phi_m) \end{pmatrix}\begin{pmatrix} a_0 \\ a_1 \\ \vdots \\ a_m \end{pmatrix}=\begin{pmatrix} (\phi_0,\boldsymbol{Y}) \\ (\phi_1,\boldsymbol{Y}) \\ \vdots \\ (\phi_m,\boldsymbol{Y}) \end{pmatrix},
$$

实际就是

$$
\boldsymbol{A}^{\mathrm{T}}\boldsymbol{A}\boldsymbol{a}=\boldsymbol{A}^{\mathrm{T}}\boldsymbol{Y}.
$$

特别地, 当拟合函数类为多项式类 $\mathrm{span}\{1,x,\cdots,x^m\}$ 时,

$$
\boldsymbol{A}=\begin{pmatrix} 1 & x_0 & \cdots & x_0^m \\ 1 & x_1 & \cdots & x_1^m \\ \vdots & \vdots & & \vdots \\ 1 & x_n & \cdots & x_n^m \end{pmatrix}.
$$

定理 6.1　给定方程组 $\boldsymbol{A}\boldsymbol{a}=\boldsymbol{Y}$, 其中 $\boldsymbol{A}\in\mathbb{R}^{n\times m}$, 则 $\boldsymbol{A}^{\mathrm{T}}\boldsymbol{A}\boldsymbol{a}=\boldsymbol{A}^{\mathrm{T}}\boldsymbol{Y}$ 有唯一解当且仅当 $\mathrm{rank}\boldsymbol{A}=m$.

证明　$\boldsymbol{A}^{\mathrm{T}}\boldsymbol{A}\boldsymbol{a}=\boldsymbol{A}^{\mathrm{T}}\boldsymbol{Y}$ 有唯一解 $\Leftrightarrow$ $\boldsymbol{A}^{\mathrm{T}}\boldsymbol{A}$ 满秩 $\Leftrightarrow$ $\mathrm{rank}\boldsymbol{A}=m$.

对于拟合问题, 通常情况下数据点的个数 n 远大于拟合函数类的维数 m, 且 $\mathrm{rank}\boldsymbol{A}=m$, 因此拟合问题有唯一的最小二乘解, 但有时候矛盾方程组会近似病态, 即 $\boldsymbol{A}^{\mathrm{T}}\boldsymbol{A}$ 的条件数会很大, 这时候就需要选择合适的函数类 (比如正交多项式) 进行拟合.

例 6.4　用求解矛盾方程组的方法再解例 6.1.

解　依题意有

$$
\boldsymbol{A}=\begin{pmatrix} 1 & -3 \\ 1 & -2 \\ 1 & -1 \\ 1 & 0 \\ 1 & 1 \\ 1 & 2 \\ 1 & 3 \end{pmatrix},\quad \boldsymbol{Y}=\begin{pmatrix} 4 \\ 2 \\ 3 \\ 0 \\ -1 \\ -2 \\ -5 \end{pmatrix},
$$

则

$$
\boldsymbol{A}^{\mathrm{T}}\boldsymbol{A}=\begin{pmatrix} 7 & 0 \\ 0 & 28 \end{pmatrix},\quad \boldsymbol{A}^{\mathrm{T}}\boldsymbol{Y}=\begin{pmatrix} 1 \\ -39 \end{pmatrix},
$$

求解 $\boldsymbol{A}^{\mathrm{T}}\boldsymbol{A}\boldsymbol{a}=\boldsymbol{A}^{\mathrm{T}}\boldsymbol{Y}$ 得

$$
a_0=0.142857,\quad a_1=-1.392857.
$$

6.2　正交多项式

在实际应用时, 正规方程组有时候是病态的, 这样会影响正规方程组求解的稳定性, 这主要是由 $\phi_0(x),\phi_1(x),\cdots,\phi_m(x)$ 的相关性比较强造成的. 选择正交多项式作为拟合函数会避免这一问题, 本节介绍三种常用的正交多项式系.

6.2.1　正交函数系

定义 6.1　设 $f(x),g(x)$ 是区间 $[a,b]$ 上的连续函数, $\rho(x)$ 是区间 $[a,b]$ 上的非负函数, 若 $(f,g)=\displaystyle\int_a^b \rho(x)f(x)g(x)\mathrm{d}x=0$ 成立, 则称函数 $f(x),g(x)$ **在区间** $[a,b]$ **上关于权函数** $\rho(x)$ **正交**. 当 $\rho(x)=1$ 时, 称**函数** $f(x),g(x)$ **正交**.

例 6.5　证明函数 $f(x)=1,g(x)=x-\dfrac{5}{8}$ 在区间 $\left[\dfrac{1}{4},1\right]$ 上正交.

证明　因

$$
(f,g)=\int_{\frac{1}{4}}^{1} 1\cdot\left(x-\frac{5}{8}\right)\mathrm{d}x=0,
$$

故 $f(x),g(x)$ 在区间 $\left[\dfrac{1}{4},1\right]$ 上正交.

定义 6.2 给定区间 $[a,b]$ 上的连续函数族 $\{\phi_0(x),\phi_1(x),\cdots,\phi_k(x),\cdots\}$, $\rho(x)$ 是区间 $[a,b]$ 上的非负函数. 若

$$(\phi_i,\phi_j)=\begin{cases}\displaystyle\int_a^b \rho(x)\phi_i(x)\phi_j(x)\mathrm{d}x=0, & i\neq j,\quad i,j=0,1,\cdots,k,\cdots,\\ \displaystyle\int_a^b \rho(x)\phi_i^2(x)\mathrm{d}x>0, & i=0,1,\cdots,k,\cdots\end{cases}$$

成立, 则称函数族 $\{\phi_0(x),\phi_1(x),\cdots,\phi_k(x),\cdots\}$ 是区间 $[a,b]$ **上关于权函数** $\rho(x)$ **的正交函数系**. 若 $\rho(x)=1$, 则称 $\{\phi_0(x),\phi_1(x),\cdots,\phi_k(x),\cdots\}$ 是区间 $[a,b]$ 上的**正交函数系**. 当 $\phi_k(x)(k=0,1,2,\cdots)$ 为多项式时, 称为**正交多项式系**.

例 6.6 证明函数族 $\{1,\sin x,\sin 2x,\cdots,\sin kx,\cdots\}$ 为区间 $[-\pi,\pi]$ 上的正交函数系.

证明 因为

$$(1,1)=\int_{-\pi}^{\pi}1\cdot 1\mathrm{d}x=2\pi\neq 0,\quad (1,\sin kx)=\int_{-\pi}^{\pi}1\cdot\sin kx\mathrm{d}x=0,\ k=1,2,\cdots,$$

$$\begin{aligned}(\sin ix,\sin jx)&=\int_{-\pi}^{\pi}\sin ix\ \sin jx\mathrm{d}x\\&=-\frac{1}{2}\int_{-\pi}^{\pi}[\cos(i+j)x-\cos(i-j)x]\mathrm{d}x\\&=\begin{cases}0, & i\neq j,\\ \pi, & i=j,i,j\neq 0,\end{cases}\end{aligned}$$

故函数族 $\{1,\sin x,\sin 2x,\cdots,\sin kx,\cdots\}$ 为区间 $[-\pi,\pi]$ 上的正交函数系.

类似于线性代数中向量的正交化, 给定多项式序列 $\{1,x,\cdots,x^k,\cdots\}$, 可以用正交化方法构造出正交多项式系.

令

$$\begin{aligned}&P_0(x)=1,\\&P_k(x)=x^k-\sum_{i=0}^{k-1}\frac{(x^k,P_i(x))}{(P_i(x),P_i(x))}P_i(x),\quad k=1,2,\cdots,\end{aligned}\tag{6.7}$$

则 $\{P_0(x),P_1(x),\cdots,P_k(x),\cdots\}$ 为正交多项式系.

下面介绍三种常用的正交多项式系.

6.2.2 勒让德多项式

给定区间 $[-1,1]$, 权函数 $\rho(x)=1$, 则利用正交化方法得到的多项式系 (6.7) 即勒让德 (Legendre) 多项式. 勒让德多项式的一般形式为

$$P_n(x)=\frac{1}{2^n n!}\frac{\mathrm{d}^n}{\mathrm{d}x^n}(x^2-1)^n,\quad n=0,1,2,\cdots.$$

勒让德多项式有以下性质.

1. 正交性

$P_n(x)$ $(n=0,1,2,\cdots)$ 是区间 $[-1,1]$ 上关于权函数 $\rho(x)=1$ 的正交多项式系, 即

$$(P_m(x),P_n(x))=\int_{-1}^{1}P_m(x)P_n(x)\mathrm{d}x=\begin{cases}0, & n\neq m,\\ \dfrac{2}{2n+1}, & n=m.\end{cases}$$

证明 不妨设 $m\leqslant n$, 令 $G(x)=(x^2-1)^n$.
由于 $G^{(k)}(-1)=G^{(k)}(1)=0, k=0,1,\cdots,n-1$, 作 n 次分部积分得

$$\begin{aligned}\int_{-1}^{1}P_m(x)P_n(x)\mathrm{d}x&=\frac{1}{2^n n!}\int_{-1}^{1}P_m(x)G^{(n)}(x)\mathrm{d}x\\&=\frac{1}{2^n n!}\left(P_m(x)G^{(n-1)}(x)\left|_{-1}^{1}\right.-\int_{-1}^{1}P_m'(x)G^{(n-1)}(x)\mathrm{d}x\right)\\&=-\frac{1}{2^n n!}\int_{-1}^{1}P_m'(x)G^{(n-1)}(x)\mathrm{d}x\\&=\cdots=(-1)^n\frac{1}{2^n n!}\int_{-1}^{1}P_m^{(n)}(x)G(x)\mathrm{d}x.\end{aligned}$$

(1) 当 $m<n$ 时, $P_m^{(n)}(x)=0$, 故

$$\int_{-1}^{1}P_m(x)P_n(x)\mathrm{d}x=0.$$

(2) 当 $m=n$ 时, $P_m^{(n)}(x)=P_n^{(n)}(x)=\dfrac{(2n)!}{2^n n!}$, 故

$$\begin{aligned}\int_{-1}^{1}P_n^2(x)\mathrm{d}x&=(-1)^n\frac{1}{2^n n!}\int_{-1}^{1}P_n^{(n)}(x)G(x)\mathrm{d}x\\&=\frac{(-1)^n(2n)!}{2^{2n}(n!)^2}\int_{-1}^{1}(x^2-1)^n\mathrm{d}x\\&=\frac{(2n)!}{2^{2n}(n!)^2}\int_{-1}^{1}(1-x^2)^n\mathrm{d}x.\end{aligned}$$

作变量替换 $x=\cos t$ 可得

$$\int_0^1(1-x^2)^n\mathrm{d}x=\int_0^{\frac{\pi}{2}}\sin^{2n+1}t\mathrm{d}t=\frac{2\cdot4\cdot6\cdot\cdots\cdot(2n)}{1\cdot3\cdot5\cdot\cdots\cdot(2n+1)},$$

故

$$\int_{-1}^{1}P_n^2(x)\mathrm{d}x=\frac{2}{2n+1}.$$

2. 勒让德多项式具有递推关系

$$\begin{cases} P_0(x)=1,\ P_1(x)=x, \\ (n+1)P_{n+1}(x)=(2n+1)xP_n(x)-nP_{n-1}(x), \qquad n=1,2,\cdots. \end{cases}$$

勒让德多项式在区间 $[-1,1]$ 上正交, 对任意区间 $[a,b]$, 可通过变量代换 $x=\dfrac{a+b}{2}+\dfrac{b-a}{2}t$, 构造多项式系 $\tilde{P}_n(x)=P(t)=P_n\left(\dfrac{2x-(b+a)}{b-a}\right)$, 使其在区间 $[a,b]$ 上也正交.

勒让德多项式系的前五个多项式的表达式及图像 (图 6.2) 为

$$\begin{aligned} P_0(x)&=1,\\ P_1(x)&=x,\\ P_2(x)&=\frac{1}{2}(3x^2-1),\\ P_3(x)&=\frac{1}{2}(5x^3-3x),\\ P_4(x)&=\frac{1}{8}(35x^4-30x^2+3),\\ P_5(x)&=\frac{1}{8}(63x^5-70x^3+15x). \end{aligned}$$

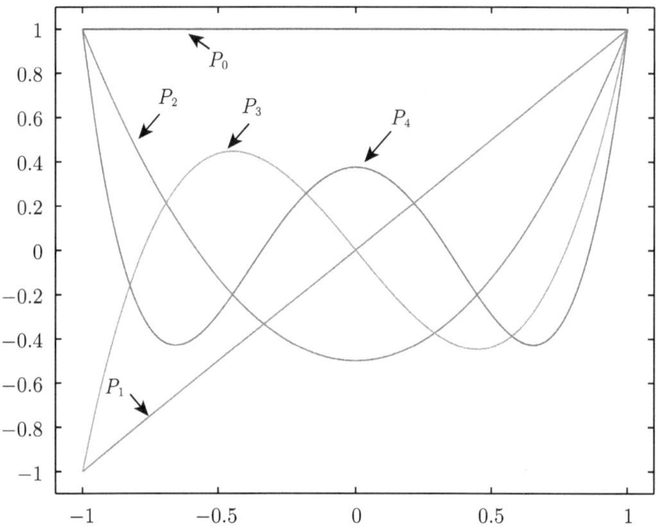

图 6.2 勒让德多项式

6.2.3 拉盖尔多项式

拉盖尔 (Laguerre) 多项式的一般形式为

$$L_n(x)=\mathrm{e}^x\frac{\mathrm{d}^n}{\mathrm{d}x^n}(x^n\mathrm{e}^{-x}),\quad n=0,1,2,\cdots.$$

拉盖尔多项式具有下面的重要性质.

1. 正交性

$\{L_n(x),n=0,1,2,\cdots\}$ 是区间 $[0,+\infty]$ 上关于权函数 $\rho(x)=\mathrm{e}^{-x}$ 的正交多项式系, 即

$$(L_m(x),L_n(x))=\int_0^{+\infty}\mathrm{e}^{-x}L_m(x)L_n(x)\mathrm{d}x=\begin{cases}0, & m\neq n,\\(n!)^2, & m=n.\end{cases}$$

2. 拉盖尔多项式满足递推关系式

$$\begin{cases}L_0(x)=1,\ L_1(x)=-x+1,\\L_{n+1}(x)=(2n+1-x)L_n(x)-n^2L_{n-1}(x), & n=2,3,\cdots.\end{cases}$$

拉盖尔多项式的表达式为

$$\begin{aligned}&L_0(x)=1,\\&L_1(x)=-x+1,\\&L_2(x)=x^2-4x+2,\\&L_3(x)=-x^3+9x^2-18x+6,\\&\qquad\cdots\cdots\\&L_n(x)=\sum_{k=0}^{n}(-1)^k\begin{pmatrix}n\\k\end{pmatrix}\frac{n!}{k!}x^k,\quad i=1,2,\cdots.\end{aligned}$$

6.2.4 切比雪夫多项式

切比雪夫 (Chebyshev) 多项式的一般形式为

$$T_n(x)=\cos(n\arccos x),\quad n=0,1,\cdots.$$

令 $x=\cos\theta$, 则 $T_n(x)=\cos(n\theta)$, $0\leqslant\theta\leqslant\pi$, 这是 $T_n(x)$ 的参数形式.

1. 正交性

在区间 $[-1, 1]$ 上关于权函数 $\rho(x)=1/\sqrt{1-x^2}$, $T_n(x)$ 是正交的, 即

$$(T_m(x),T_n(x))=\int_{-1}^{1}\frac{T_m(x)T_n(x)}{\sqrt{1-x^2}}\mathrm{d}x=\begin{cases}0, & m\neq n,\\ \pi/2, & m=n\neq 0,\\ \pi, & m=n=0.\end{cases}$$

2. 切比雪夫多项式满足递推关系式

$$\begin{cases}T_0(x)=1,\ T_1(x)=x,\\ T_{n+1}(x)=2x\cdot T_n(x)-T_{n-1}(x), \qquad n=1,2,\cdots.\end{cases}$$

6.3 函数的最佳平方逼近

在很多实际应用中, 函数 $y=f(x)$ 的表达式太过复杂, 要计算其函数值或导数值均比较困难, 通常用简单的函数 $\phi(x)$(如多项式函数、有理函数或者样条函数) 去近似复杂的函数 $f(x)$, 这就是函数逼近问题. 本节我们主要介绍函数的最佳平方逼近.

定义 6.3 设 $f(x)$ 是区间 $[a,b]$ 上的连续函数, $\rho(x)$ 是区间 $[a,b]$ 上的非负函数, 设函数类 $\Phi(x)=\mathrm{span}\{\phi_0(x),\phi_1(x),\cdots,\phi_m(x)\}$. 若存在 $\phi^*(x)\in\Phi(x)$, 使得对任意的 $\phi(x)\in\Phi(x)$,

$$\int_a^b\rho(x)[f(x)-\phi^*(x)]^2\mathrm{d}x=\min_{\phi(x)\in\Phi(x)}\int_a^b\rho(x)[f(x)-\phi(x)]^2\mathrm{d}x$$

成立, 则称 $\phi^*(x)$ 是函数 $f(x)$ 在 $\Phi(x)$ 中的**带权 $\rho(x)$ 的最佳平方逼近函数**. 若 $\rho(x)=1$, 则称 $\phi^*(x)$ 是函数 $f(x)$ 的**最佳平方逼近**.

由定义可知, 求 $f(x)$ 的最佳平方逼近函数 $\phi^*(x)=a_0^*\phi_0(x)+a_1^*\phi_1(x)+\cdots+a_m^*\phi_m(x)$ 等同于求系数 $a_0^*,a_1^*,\cdots,a_m^*$ 使得

$$Q(a_0,a_1,\cdots,a_m)=\int_a^b\rho(x)[f(x)-(a_0\phi_0(x)+a_1\phi_1(x)+\cdots+a_m\phi_m(x))]^2\mathrm{d}x \quad (6.8)$$

最小.

类似于最小二乘拟合, $Q(a_0,a_1,\cdots,a_m)$ 是关于变量 $a_0,a_1,\cdots,a_m$ 的二次函数, 要使公式 (6.8) 达到最小, 只需

$$\frac{\partial Q}{\partial a_k}=0,\quad k=0,1,\cdots,m,$$

即

$$\int_a^b \rho(x)\left[f(x)-\sum_{i=0}^{m} a_i\phi_i(x)\right][-\phi_k(x)]\mathrm{d}x=0,\quad k=0,1,\cdots,m,$$

整理得

$$\sum_{i=0}^{m} a_i\int_a^b \rho(x)\phi_i(x)\phi_k(x)\mathrm{d}x=\int_a^b \rho(x)f(x)\phi_k(x)\mathrm{d}x,\quad k=0,1,\cdots,m. \tag{6.9}$$

记 $(\phi_i,\phi_k)=\int_a^b \rho(x)\phi_i(x)\phi_k(x)\mathrm{d}x, (f,\phi_k)=\int_a^b \rho(x)f(x)\phi_k(x)\mathrm{d}x$, 分别称为函数 $\phi_i(x),\phi_k(x)$ 和函数 $f(x),\phi_k(x)$ 关于**权函数** $\rho(x)$ **的内积**, 则公式 (6.9) 写成矩阵形式为

$$\begin{pmatrix} (\phi_0,\phi_0) & (\phi_0,\phi_1) & \cdots & (\phi_0,\phi_m) \\ (\phi_1,\phi_0) & (\phi_1,\phi_1) & \cdots & (\phi_1,\phi_m) \\ (\phi_2,\phi_0) & (\phi_2,\phi_1) & \cdots & (\phi_2,\phi_m) \\ \vdots & \vdots & & \vdots \\ (\phi_m,\phi_0) & (\phi_m,\phi_1) & \cdots & (\phi_m,\phi_m) \end{pmatrix}\begin{pmatrix} a_0 \\ a_1 \\ a_2 \\ \vdots \\ a_m \end{pmatrix}=\begin{pmatrix} (f,\phi_0) \\ (f,\phi_1) \\ (f,\phi_2) \\ \vdots \\ (f,\phi_m) \end{pmatrix}, \tag{6.10}$$

方程组 (6.10) 称为**法方程组或正规方程组**. 由于 $\phi_0(x),\phi_1(x),\cdots,\phi_m(x)$ 线性无关, 方程组有唯一的解 $a_0^*,a_1^*,\cdots,a_m^*$, 因此函数 $f(x)$ 的带权 $\rho(x)$ 的最佳平方逼近为

$$\phi^*(x)=a_0^*\phi_0(x)+a_1^*\phi_1(x)+\cdots+a_m^*\phi_m(x).$$

同理, 误差的平方和为

$$Q(a_0^*,a_1^*,\cdots,a_m^*)=(f,f)-(f,\phi^*)=(f,f)-\sum_{j=0}^{m} a_j^*\cdot(f,\phi_j).$$

例 6.7 给定函数 $f(x)=\sqrt{x}$, $x\in\left[\frac{1}{4},1\right]$, 函数类 $\Phi=\mathrm{span}\{1,x\}$ 和权函数 $\rho(x)=1$, 求 $f(x)$ 在 Φ 上的最佳平方逼近函数.

解 依题设, $\phi_0(x)=1,\phi_1(x)=x$, 则

$$(\phi_0,\phi_0)=\int_{\frac{1}{4}}^1 1^2\mathrm{d}x=\frac{3}{4},\quad (\phi_0,\phi_1)=(\phi_1,\phi_0)=\int_{\frac{1}{4}}^1 x\mathrm{d}x=\frac{15}{32},$$

$$(\phi_1,\phi_1)=\int_{\frac{1}{4}}^1 x^2\mathrm{d}x=\frac{21}{64},\quad (f,\phi_0)=\int_{\frac{1}{4}}^1 \sqrt{x}\mathrm{d}x=\frac{7}{12},\quad (f,\phi_1)=\int_{\frac{1}{4}}^1 x\sqrt{x}\mathrm{d}x=\frac{31}{80},$$

正规方程组为

$$\begin{pmatrix} \frac{3}{4} & \frac{15}{32} \\ \frac{15}{32} & \frac{21}{64} \end{pmatrix} \begin{pmatrix} a_0 \\ a_1 \end{pmatrix} = \begin{pmatrix} \frac{7}{12} \\ \frac{31}{80} \end{pmatrix},$$

解得 $a_0 = \frac{10}{27}, a_1 = \frac{88}{135}$, 故最佳平方逼近函数为

$$\phi(x) = \frac{10}{27} + \frac{88}{135}x.$$

若选正交基函数 $1, x - \frac{5}{8}$, 则只需要计算

$$(\phi_0, \phi_0) = \int_{\frac{1}{4}}^{1} 1^2 \mathrm{d}x = \frac{3}{4}, \quad (\phi_1, \phi_1) = \int_{\frac{1}{4}}^{1} \left(x - \frac{5}{8}\right)^2 \mathrm{d}x = \frac{9}{256},$$

$$(f, \phi_0) = \int_{\frac{1}{4}}^{1} \sqrt{x}\mathrm{d}x = \frac{7}{12}, \quad (f, \phi_1) = \int_{\frac{1}{4}}^{1} \left(x - \frac{5}{8}\right)\sqrt{x}\mathrm{d}x = \frac{11}{480}.$$

正规方程组为

$$\begin{pmatrix} \frac{3}{4} & 0 \\ 0 & \frac{9}{256} \end{pmatrix} \begin{pmatrix} a_0 \\ a_1 \end{pmatrix} = \begin{pmatrix} \frac{7}{12} \\ \frac{11}{480} \end{pmatrix},$$

解得 $a_0 = \frac{7}{9}, a_1 = \frac{88}{135}$, 故最佳平方逼近函数为

$$\phi(x) = \frac{7}{9} + \frac{88}{135}\left(x - \frac{5}{8}\right).$$

从本题可以看出, 当选择的多项式系正交时, 正规方程组的系数矩阵为对角阵, 计算量大大减小, 另外也不需要再求解方程组, 避免了求解方程组时产生的误差. 下面通过例子说明 $1, x, x^2, \cdots, x^m$ 作为 m 次多项式的基函数进行函数逼近时, 正规方程组的系数矩阵会严重病态.

例 6.8 设 $f(x)$ 是区间 $[0,1]$ 上的连续函数, 函数类 $\Phi(x) = \mathrm{span}\{1, x, x^2, \cdots, x^m\}$, 权函数 $\rho(x) = 1$, 求 $f(x)$ 在 $\Phi(x)$ 上的最佳平方逼近函数.

解 本题中 $\phi_i(x) = x^i$, $i = 0, 1, \cdots, m$, 故

$$(\phi_i, \phi_j) = \int_0^1 x^{i+j}\mathrm{d}x = \frac{1}{i+j+1},$$

记 $b_i=\int_0^1 x^i f(x)\mathrm{d}x$, 则正规方程为

$$\begin{pmatrix} 1 & \frac{1}{2} & \cdots & \frac{1}{m+1} \\ \frac{1}{2} & \frac{1}{3} & \cdots & \frac{1}{m+2} \\ \vdots & \vdots & & \vdots \\ \frac{1}{m+1} & \frac{1}{m+2} & \cdots & \frac{1}{2m+1} \end{pmatrix}\begin{pmatrix} a_0 \\ a_1 \\ \vdots \\ a_m \end{pmatrix}=\begin{pmatrix} b_0 \\ b_1 \\ \vdots \\ b_m \end{pmatrix}.$$

上述系数矩阵就是著名的希尔伯特矩阵, 它是一种数学变换矩阵, 正定且高度病态 (即任何一个元素发生一点变动, 整个矩阵行列式的值和逆矩阵都会发生巨大变化), 病态程度和矩阵阶数相关, 矩阵条件数随矩阵阶数迅速增加.

6.4　小结与 MATLAB 应用

6.4.1　本章小结

本章学习了曲线拟合和函数逼近的有关概念, 重点介绍了最小二乘或最佳平方拟合 (逼近) 方法, 也给出了最小误差平方和的计算公式, 对多项式拟合给出了详细的计算公式, 并通过例子加以说明, 一般来说数据拟合的具体步骤为: ① 对给定的数据描出或绘制散点图; ② 研究散点图的形状寻求数据的内在规律 (注意纵横坐标轴比例关系), 选择函数系, 这是数据拟合的关键也是难点; ③ 构造或建立法方程组; ④ 求解法方程组, 得出拟合曲线; ⑤ 计算误差平方和或均方误差; ⑥ 如果误差平方和或均方误差满足要求, 所求拟合曲线可以应用, 否则回②重新拟合, 直到满足精度要求或改用其他方法处理.

本章还学习了矛盾方程组的解法和正交函数系的概念, 对勒让德、拉盖尔和切比雪夫等常用的正交多项式系作了说明, 最后学习了连续函数最佳平方逼近的概念, 并借助正交函数系进行了应用.

在实际应用中, 究竟选择插值法还是数据拟合呢? 总的原则是根据实际问题的特点来确定. 具体来讲, 从以下两个方面考虑: 一是如果给定的数据少且认为数据是精确的, 则宜选择插值方法. 采用插值方法可以保证插值函数与被插值函数在插值节点处完全相等; 二是如果给定的数据量很大, 并非必须严格遵守, 数据只是起定性的控制作用, 那么宜采用拟合方法. 这是因为, 一方面实验或统计数据本身往往具有测量误差, 如果要求所得的函数与所给数据完全吻合, 就会使所求函数保留原有的测量误差; 另一方面, 实验或统计数据通常很多, 且具有一定的随机性和波动性, 如果采用插值方法, 不仅计算麻烦, 而且近似效果也不好.

6.4.2 MATLAB 应用

1. 多项式拟合函数 polyfit

调用格式为: `p=polyfit(x,y,n)`, 其中 $\boldsymbol{x},\boldsymbol{y}$ 是向量, 分别是数据点的 x 坐标和 y 坐标, n 是拟合多项式的次数, 返回值 p 是按降序排列的拟合多项式的系数 ($n+1$ 维向量), 对应的拟合多项式为

$$p(x) = p_1x^n + p_2x^{n-1} + \cdots + p_nx + p_{n+1}.$$

例如, 用二次和三次多项式拟合函数 $y = \mathrm{e}^{3x}$ (图 6.3), 代码和运行结果如下:

```
x=0:0.05:1;y = exp(3*x);  % 数据点 x, y 坐标
p2 = polyfit(x,y,2);f2 = polyval(p2,x);  % 二次多项式拟合及拟合多项式在 x 处的值
p3 = polyfit(x,y,3);f3 = polyval(p3,x);  % 三次多项式拟合及拟合多项式在 x 处的值
plot(x,y,'*',x,f2,'r-',x,f3,'g-');axis([0 1.1 0 21]);
legend('原始数据','二次曲线拟合','三次曲线拟合',4)
```

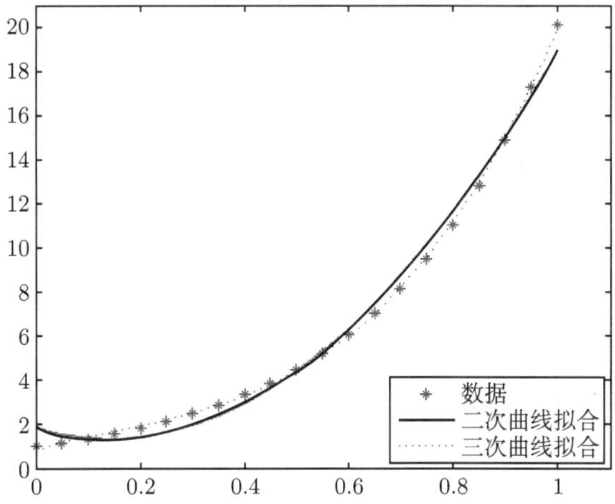

图 6.3 不同次数多项式拟合

2. 计算多项式的值 polyval(p,xi)

p 是按降序排列的拟合多项式的系数, xi 为要计算的自变量的值, 可以是向量. 例如, 对表 6.6 中的数据进行三次多项式拟合, 并对给出的 xi, 计算拟合函数值.

表 6.6

x	1	2	3	4	5	6	7	8	9
y	9	7	6	3	−1	2	5	7	20

MATLAB 拟合命令如下:

```
x=[1 2 3 4 5 6 7 8 9];y=[9 7 6 3 -1 2 5 7 20];
p=polyfit(x,y,3);  % 拟合为三次多项式
xi=0:0.2:10; yi=polyval(p,xi); plot(xi,yi,x,y,'r*');
```

得到的原始数据与拟合曲线对照如图 6.4 所示.

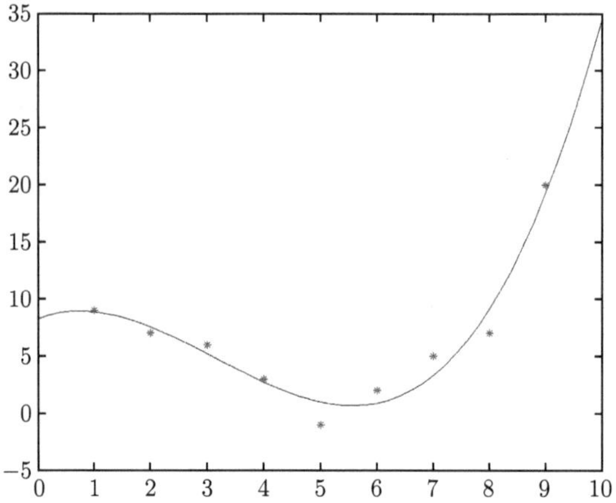

图 6.4　原始数据与拟合曲线

通过下面的例子, 读者可以了解按照指定函数拟合的基本方法. 在某次阻尼振荡实验中测得数据如表 6.7 所示.

表 6.7

x	0	0.4	1.2	2	2.8	3.6	4.4	5.2	6
y	1	0.85	0.29	−0.27	−0.53	−0.4	−0.12	0.17	0.26
x	7.2	8	9.2	10.4	11.6	12.4	13.6	14.4	15
y	0.15	−0.03	−0.15	−0.071	0.059	0.08	0.032	−0.015	−0.02

已知表中数据对应的函数形式为 $f(t) = a\cos(kt)\mathrm{e}^{wt}$, 利用 MATLAB 进行拟合 (求参数):

```
syms t;
x=[0;0.4;1.2;2;2.8;3.6;4.4;5.2;6;7.2;8;9.2;10.4;11.6;12.4;13.6;
  14.4;15];
y=[1;0.85;0.29;-0.27;-0.53;-0.4;-0.12;0.17;0.28;0.15;-0.03;-0.15;
```

```
  -0.071;0.059;0.08;0.032;-0.015;-0.02];
%注意此处数据必须为列向量的形式
f=fittype('a*cos(k*t)*exp(w*t)','independent','t','coefficients',
  {'a','k','w'});
cfun=fit(x,y,f);  %显示拟合函数
xi=0:0.1:20; yi=cfun(xi);plot(x,y,'r*',xi,yi,'b-');
```

运行程序得: $a=0.9987$, $k=1.001$, $w=-0.2066$, 即

$$f(t)\approx 0.9987\cos(1.001t)\mathrm{e}^{-0.2066t}.$$

从图 6.5 可以看出拟合曲线给出了数据大致趋势, 效果很好.

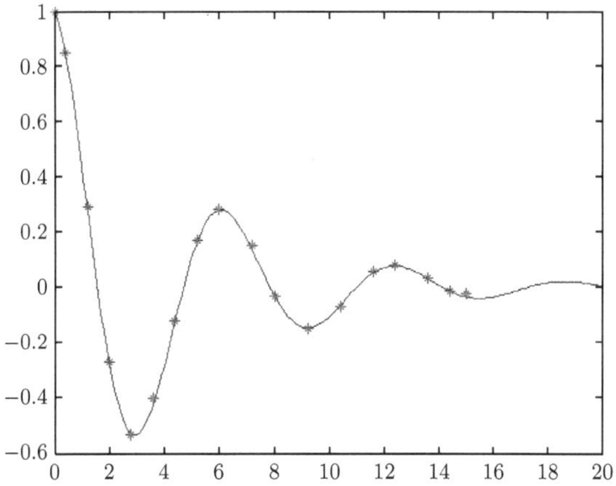

图 6.5 三角指数函数拟合情况

习 题 6

1. 给定数据 (表 6.8).

表 6.8

x_i	−3	−2	−1	0	1	2
y_i	−5	−5	−3	1	15	37

求二次和三次多项式拟合函数, 并计算最小误差平方和及 1.5 处的近似值.

2. 已知 $f(-2)=8.3, f(-1)=4.7, f(1)=4.7, f(3)=14.3$, 用最小二乘法求拟合函数及均方差.

3. 给定数据 (表 6.9).

表 6.9

x_i	-2	-1	0	1	2	3
y_i	-8	-1	0	1	8	27

用最小二乘法求形如 $y=a+bx+cx^3$ 的经验公式.

4. 根据人口统计表 (表 6.10), 构造形如 $y=a\mathrm{e}^{bx}$ 的拟合函数.

表 6.10

年	1960	1961	1962	1963	1964	1965	1966	1967	1968
人口/百万	2972	3061	3151	3213	3234	3285	3356	3420	3483

若人口单位换成千万、亿呢?

5. 给定数据 (表 6.11).

表 6.11

x_i	0.1	0.2	0.3	0.5	0.6
y_i	3.0	3.3	3.6	4.5	5.0

用最小二乘法求形如 $\phi(x)=\mathrm{e}^{a+bx}$ 的经验公式.

6. 利用函数 $y=\dfrac{1}{c_0+c_1x}$ 拟合表 6.12 所列数据 (x_i,y_i) 并估计变量 y 在 $x=1.6$ 处的值.

表 6.12

x_i	1.00	1.25	1.50	1.75	2.00
y_i	5.10	5.79	6.53	7.45	8.46

7. 设函数 $y=a+b\ln x$ 经过表 6.13 各点, 试求最小二乘拟合曲线.

表 6.13

x_i	1.00	3.00	5.00	7.00	9.00	11.00
y_i	1.30	3.83	5.00	5.78	6.35	6.82

8. 用最小二乘法求解矛盾方程组

$$\begin{pmatrix} 1 & -1 \\ -1 & 1 \\ 2 & -2 \\ 2 & 4 \end{pmatrix}\begin{pmatrix} x \\ y \end{pmatrix}=\begin{pmatrix} 5 \\ -4 \\ 10 \\ 15 \end{pmatrix}.$$

9. 讨论函数族 $\{1,\cos x,\cos 2x,\cdots,\cos kx,\cdots\}$ 在区间 $[-\pi,\pi]$ 上的正交性.

10. 求 $f(x)=\sqrt{x}$ 在区间 $[0,1]$ 上的一次最佳平方逼近多项式及均方误差.

11. 求 $f(x)=\sin x$ 和 $\cos x$ 分别在区间 $[0,\pi/2]$ 上的一次最佳平方逼近及均方误差.

12. 求 $f(x)=\mathrm{e}^{-x}$ 在区间 $[1,2]$ 上的一次最佳平方逼近多项式.

13. 求 $f(x)=2x^3+x^2+2x-1$ 在区间 $[0,1]$ 上的一次、二次最佳平方逼近多项式.

14. 求函数 $f(x)=\mathrm{e}^{2x}$ 在区间 $[-1,1]$ 上的三次最佳平方逼近多项式.

15. 用勒让德多项式求 $f(x)=\sin x$ 在区间 $[0,\pi/2]$ 上的二次最佳平方逼近多项式及均方误差.

16. 证明: 切比雪夫多项式系在区间 $[-1,\ 1]$ 上关于权函数 $\rho(x)=1/\sqrt{1-x^2}$ 的正交性.

第 7 章　数值积分与数值微分

"微积分"是大学本科阶段学习的重要基础课, 微积分运算是实际工作和学习中应用最广泛、最基本的运算之一, 也是科学计算最重要的组成部分. 一般地, 对于可积函数 $y=f(x)$ 在区间 $[a,b]$ 上的定积分 $\int_a^b f(x)\,\mathrm{d}x$, 由著名的牛顿–莱布尼茨 (Newton-Leibniz) 公式可求, 即

$$\int_a^b f(x)\,\mathrm{d}x = F(b) - F(a),$$

其中, $F(x)$ 为被积函数 $f(x)$ 的原函数, 即 $F'(x)=f(x), x\in[a,b]$.

牛顿–莱布尼茨公式在理论和应用上都有重要作用. 但在具体计算 $f(x)$ 的定积分时, 常会遇到许多形式上简单的 $f(x)$, 如 e^{-x^2}, $\sin x^2$, $\dfrac{1}{\ln x}$, $\dfrac{\sin x}{x}$ 等, 其原函数不能用初等函数表达, 就无法使用牛顿–莱布尼茨公式求其定积分; 还有一些被积函数的原函数过于复杂, 如 $f(x)=\dfrac{1}{1+x^4}$, 计算 $F(b)$, $F(a)$ 也比较困难; 另外, 当 $f(x)$ 的函数值是由实验、观测等方法得出, 函数关系是以表格数据或图形的方式给出时, 由于没有具体的解析表达式, 便无法使用牛顿–莱布尼茨公式.

上述情形都说明了牛顿–莱布尼茨公式在应用上的局限性, 因此研究定积分的数值方法是必要的.

7.1　数值积分的基本概念

7.1.1　数值积分的定义

定义 7.1　设 $f(x)\in C[a,b]$, 已知互异节点 $x_k\in[a,b]$ 及常数 $A_k(k=,0,1,\cdots,n)$ 令

数值积分

$$I[f]=\int_a^b f(x)\mathrm{d}x \approx \sum_{k=0}^{n} A_k f(x_k), \tag{7.1}$$

称为被积函数 $f(x)$ 在区间 $[a,b]$ 上的**数值积分**, 记为 $I_n[f]$. x_k 称为**求积节点**, 常数 $A_k(k=0,1,\cdots,n)$ 称为**求积系数**, 其与被积函数 $f(x)$ 无关, 故式(7.1) 也称为机械求积法, $I[f]-I_n[f]$ 称为数值积分的**误差**或**余项**, 记为 $R_n[f]$.

例 7.1 设积分区间为 $[-1,1]$, 对下面所给定求积节点和求积系数, 分别写出数值积分求积公式, 并对 $f(x)=\mathrm{e}^{-x^2}$ 在积分区间 $[-1,1]$ 上求定积分的近似值:

(1) 节点为 $-1, 1$, 对应求积系数均为 1;

(2) 节点为 $-\dfrac{1}{\sqrt{3}}, \dfrac{1}{\sqrt{3}}$, 对应求积系数均为 1;

(3) 节点为 $-1, 0, 1$, 对应求积系数分别为 $\dfrac{1}{3}, \dfrac{4}{3}, \dfrac{1}{3}$.

解 依题意有

(1) $I[f]=\displaystyle\int_{-1}^{1} f(x)\mathrm{d}x \approx f(-1)+f(1)$, $\quad I[\mathrm{e}^{-x^2}] \approx \mathrm{e}^{-1}+\mathrm{e}^{-1} \approx 0.7357594$.

(2) $I[f]=\displaystyle\int_{-1}^{1} f(x)\mathrm{d}x \approx f\left(-\frac{1}{\sqrt{3}}\right)+f\left(\frac{1}{\sqrt{3}}\right)$, $\quad I[\mathrm{e}^{-x^2}] \approx 2\mathrm{e}^{-1/3} \approx 1.4330629$.

(3) $I[f]=\displaystyle\int_{-1}^{1} f(x)\mathrm{d}x \approx \frac{1}{3}f(-1)+\frac{4}{3}f(0)+\frac{1}{3}f(1)$, $\quad I[\mathrm{e}^{-x^2}] \approx \dfrac{1}{3}\mathrm{e}^{-1}+\dfrac{4}{3}+\dfrac{1}{3}\mathrm{e}^{-1} \approx 1.5785865$.

注 MATLAB 命令: `aa=int(exp(-x*x),x,-1,1), vpa(aa)= 1.493648.`

7.1.2 代数精度

从例 7.1 不难看出, 对于同一积分区间上不同的求积节点及系数 A_k, 数值积分的结果相差还是比较大的, 为了衡量求积公式的优劣, 我们引入代数精度的概念.

定义 7.2 如果求积公式(7.1), 对于任何次数不超过 m 次的多项式都精确成立, 但对于某个 $m+1$ 次多项式不成立, 则称该求积公式具有 m 次**代数精度**.

根据函数系基函数的概念, 不难证明, 若式 (7.1) 对于 $f(x)=x^l(l=0,1,2,\cdots,m)$ 都精确成立, 而对于 $f(x)=x^{m+1}$ 不成立, 则式 (7.1) 具有 m 次代数精度.

例 7.2 求例 7.1 中求积公式的代数精度.

解 对求积公式

$$I[f]=\int_{-1}^{1} f(x)\mathrm{d}x \approx f(-1)+f(1),$$

令 $f(x)=1$, 则

$$\int_{-1}^{1} f(x)\mathrm{d}x=2, \quad f(-1)+f(1)=2.$$

令 $f(x)=x$, 则

$$\int_{-1}^{1} x\mathrm{d}x=0, \quad f(-1)+f(1)=0.$$

令 $f(x)=x^2$, 则

$$\int_{-1}^{1} x^2\mathrm{d}x=\frac{2}{3}, \quad f(-1)+f(1)=2 \neq \frac{2}{3}.$$

故该求积公式具有 1 次代数精度.

同理, 可求得另外两个求积公式的代数精度均是 3 次.

需要说明的是: 代数精度只能定性地描述一个求积公式的精度高低, 并不能定量地表示求积公式的误差大小.

7.1.3 收敛性与稳定性

在求积公式 (7.1) 中, 若

$$\lim_{h\to 0}\sum_{k=0}^{n}A_k f(x_k)=\int_a^b f(x)\mathrm{d}x,$$

其中 $h=\max\limits_{1\leqslant i\leqslant n}(x_i-x_{i-1})$, 则称求积公式 (7.1) 是**收敛**的.

在实际应用时, 任何求积公式既有截断误差又有舍入误差, 因此还必须研究其数值稳定性. 假定 $f(x_k)$ 产生误差 δ_k, 实际得到 $\tilde{f}_k$, 即 $f(x_k)=\tilde{f}_k+\delta_k$, 记

$$I_n[f]=\sum_{k=0}^{n}A_k f(x_k),\quad I_n[\tilde{f}]=\sum_{k=0}^{n}A_k\tilde{f}_k,$$

如果对任给正数 $\varepsilon>0$, 只要误差 $|\delta_k|$ 充分小就有

$$\left|I_n[f]-I_n[\tilde{f}]\right|=\left|\sum_{k=0}^{n}A_k\left[f(x_k)-\tilde{f}_k\right]\right|\leqslant\varepsilon. \tag{7.2}$$

由此给出如下定义.

定义 7.3 对任给 $\varepsilon>0$, 若存在 $\delta>0$, 只要 $\left|f(x_k)-\tilde{f}_k\right|\leqslant\delta\ (k=0,1,\cdots,n)$, 就有(7.2)式成立, 则称数值积分公式(7.1)是**稳定**的.

定理 7.1 若求积公式(7.1)中系数 $A_k>0\ (k=0,1,\cdots,n)$, 则此求积公式是稳定的.

证明 对任给 $\varepsilon>0$, 取 $\delta=\dfrac{\varepsilon}{b-a}$, 对 $k=0,1,\cdots,n$, 都有 $\left|f(x_k)-\tilde{f}_k\right|\leqslant\delta$, 则有

$$\left|I_n(f)-I_n(\tilde{f})\right|=\left|\sum_{k=0}^{n}A_k\left[f(x_k)-\tilde{f}_k\right]\right|\leqslant\sum_{k=0}^{n}|A_k|\left|f(x_k)-\tilde{f}_k\right|\leqslant\delta\sum_{k=0}^{n}|A_k|.$$

注意, 对任何代数精度 $\geqslant 0$ 的求积公式均有

$$\sum_{k=0}^{n}A_k=I_n(1)=\int_a^b 1\mathrm{d}x=b-a.$$

可见当 $A_k>0$ 时, 有

$$\left|I_n(f)-I_n(\tilde{f})\right| \leqslant \delta\sum_{k=0}^{n}|A_k| = \delta\sum_{k=0}^{n}A_k = \delta(b-a) = \varepsilon,$$

由定义 7.3 可知求积公式 (7.1) 是稳定的.

此定理说明, 在实际应用中, 选择求积系数为正的求积公式, 就能保证数值积分的稳定性.

7.2 插值型求积公式

在区间 $[a,b]$ 上, 给定一组求积节点 x_k 和 $f(x_k)(k=0,1,\cdots,n)$, 假定节点有 $a \leqslant x_0 < x_1 < \cdots < x_n \leqslant b$, 以节点 $x_k(k=0,1,\cdots,n)$ 为插值节点, 作函数 $f(x)$ 的拉格朗日插值多项式

插值型求积公式

$$L_n(x) = \sum_{k=0}^{n} f(x_k)l_k(x),$$

其中, $l_k(x) = \prod\limits_{j=0,j\neq k}^{n}\dfrac{x-x_j}{x_k-x_j}$ 为节点 $x_k(k=0,1,\cdots,n)$ 处的插值基函数. 用 $L_n(x)$ 代替 $f(x)$ 求积分, 即

$$\begin{aligned} I[f] &= \int_a^b f(x)\mathrm{d}x \approx \int_a^b L_n(x)\mathrm{d}x = \int_a^b \sum_{k=0}^{n} f(x_k)l_k(x)\mathrm{d}x \\ &= \sum_{k=0}^{n} f(x_k)\int_a^b l_k(x)\mathrm{d}x = \sum_{k=0}^{n} f(x_k)A_k = I_n[f], \end{aligned}$$

其中

$$A_k = \int_a^b l_k(x)\mathrm{d}x = \int_a^b \prod_{j=0,j\neq k}^{n}\frac{x-x_j}{x_k-x_j}\mathrm{d}x \tag{7.3}$$

称为**插值型求积系数**, 对应的数值积分公式称为**插值型求积公式**, 从而有

$$R_n[f] = I[f]-I_n[f] = \int_a^b [f(x)-L_n(x)]\mathrm{d}x = \int_a^b R_n(x)\mathrm{d}x.$$

假定函数 $f(x)$ 在积分区间足够光滑, 由插值多项式余项公式, 有

$$R_n[f] = \int_a^b R_n(x)\mathrm{d}x = \int_a^b \frac{f^{(n+1)}(\xi_x)}{(n+1)!}\prod_{j=0}^{n}(x-x_j)\mathrm{d}x, \tag{7.4}$$

当被积函数 $f(x)$ 为任意不超过 n 次的多项式时, $f^{(n+1)}(x) \equiv 0$, 根据式 (7.4) 可知, $R_n[f]=0$, 即

$$\int_a^b f(x)\mathrm{d}x=\sum_{k=0}^n A_k f(x_k)$$

精确成立. 由代数精度的定义, 可推出 $n+1$ 个求积节点的插值型求积公式至少具有 n 次代数精度.

反过来, 若某 $n+1$ 个求积节点的数值积分公式 (7.1) 至少具有 n 次代数精度, 那它一定是插值型的求积公式.

事实上, (7.1) 式对由 $n+1$ 个求积节点构造的插值基函数 $l_k(x)$ 是精确成立的, 即

$$\int_a^b l_k(x)\mathrm{d}x=\sum_{j=0}^n A_j l_k(x_j).$$

注意到 $l_k(x_j)=\begin{cases}1, & j=k,\\ 0, & j\neq k\end{cases}$ $(j,k=0,1,\cdots,n)$, 上式右端等于 A_k, 即 $A_k=\int_a^b l_k(x)\mathrm{d}x$ 为插值型求积系数.

定理 7.2　$n+1$ 个求积节点的数值积分公式至少具有 n 次代数精度 $\Leftrightarrow$ 它是插值型求积公式.

根据定理 7.1, 插值型求积系数满足

$$\sum_{k=0}^n A_k=b-a, \tag{7.5}$$

其中, a, b 为积分区间的左右端点.

例 7.3　设积分区间为 $[-1,1]$, 对求积节点 $-\sqrt{0.6}$, $0, \sqrt{0.6}$ 推导插值型求积公式, 并求其代数精度.

解　根据公式 (7.3) 和 (7.5), 节点 $-\sqrt{0.6}$, $0, \sqrt{0.6}$ 处的求积系数分别是

$$A_0=\int_{-1}^1 \frac{x(x-\sqrt{0.6})}{(-\sqrt{0.6})(-\sqrt{0.6}-\sqrt{0.6})}\mathrm{d}x=\frac{5}{9},$$

$$A_1=\int_{-1}^1 \frac{(x+\sqrt{0.6})(x-\sqrt{0.6})}{\sqrt{0.6}(-\sqrt{0.6})}\mathrm{d}x=\frac{8}{9},$$

$$A_2=2-A_0-A_1=\frac{5}{9}.$$

故所求插值型求积公式为

$$I[f]=\int_{-1}^{1}f(x)\mathrm{d}x\approx I_2[f]=\frac{1}{9}[5f(-\sqrt{0.6})+8f(0)+5f(\sqrt{0.6})]. \tag{7.6}$$

由于式 (7.6) 为 3 节点插值型求积公式, 故其至少具有 2 次代数精度, 分别令 $f(x)=x^3,x^4,x^5,x^6$, 计算:

$$I[x^3]=\int_{-1}^{1}x^3\mathrm{d}x=0,\quad I_2[x^3]=\frac{1}{9}[5\times(\sqrt{0.6})^3+0+5\times(-\sqrt{0.6})^3]=0,$$

$$I[x^4]=\int_{-1}^{1}x^4\mathrm{d}x=\frac{2}{5},\quad I_2[x^4]=\frac{1}{9}(5\times 0.36+0+5\times 0.36)=\frac{2}{5},$$

$$I[x^5]=\int_{-1}^{1}x^5\mathrm{d}x=0,\quad I_2[x^5]=\frac{1}{9}[5\times(\sqrt{0.6})^5+0+5\times(-\sqrt{0.6})^5]=0,$$

$$I[x^6]=\int_{-1}^{1}x^6\mathrm{d}x=\frac{2}{7},\quad I_2[x^6]=\frac{1}{9}[5\times(0.6)^3+0+5\times(0.6)^3]=0.24\neq\frac{2}{7},$$

所以求积公式 (7.6) 具有 5 次代数精度.

7.3 牛顿–科茨公式

7.3.1 科茨系数

将积分区间 $[a,b]$ 进行 n 等分, 选取等距节点 $x_k=a+kh\left(k=0,1,\cdots,n,\ h=\dfrac{b-a}{n}\right)$, 此时插值型求积公式的求积系数 (7.3) 为

$$A_k=\int_a^b l_k(x)\mathrm{d}x=\int_a^b\prod_{j=0,j\neq k}^{n}\frac{x-x_j}{x_k-x_j}\mathrm{d}x=\int_a^b\prod_{j=0,j\neq k}^{n}\frac{x-a-jh}{(k-j)h}\mathrm{d}x,$$

令 $x=a+th$, 作积分变换, 则有

$$A_k=\int_0^n\prod_{j=0,j\neq k}^{n}\frac{(t-j)h}{(k-j)h}h\mathrm{d}t=\frac{(-1)^{n-k}h}{k!(n-k)!}\int_0^n\prod_{j=0,j\neq k}^{n}(t-j)\mathrm{d}t$$

$$=\frac{(-1)^{n-k}(b-a)}{k!(n-k)!n}\int_0^n\prod_{j=0,j\neq k}^{n}(t-j)\mathrm{d}t.$$

令

$$C_k^{(n)} = \frac{(-1)^{n-k}}{nk!(n-k)!}\int_0^n \prod_{j=0,j\neq k}^{n}(t-j)\mathrm{d}t, \tag{7.7}$$

则 $A_k = (b-a)C_k^{(n)}$, 求积公式为

$$I_n[f] = (b-a)\sum_{k=0}^{n} C_k^{(n)} f(x_k), \tag{7.8}$$

称为 $\boldsymbol{n}$ **阶牛顿–科茨公式**, 简记为 N-C 公式, $C_k^{(n)}(k=0,1,\cdots,n)$ 称为**科茨**(Cotes)**系数**.

由 $C_k^{(n)}$ 的表达式可看出, 它不但与被积函数无关, 而且与积分区间也无关. 特别地, 当 $n=1$ 时, $C_0^{(1)} = C_1^{(1)} = \dfrac{1}{2}$, 此时求积公式称为**梯形公式**:

$$T = \frac{b-a}{2}[f(a)+f(b)]. \tag{7.9}$$

当 $n=2$ 时, $C_0^{(2)} = \dfrac{1}{4}\displaystyle\int_0^2 (t-1)(t-2)\mathrm{d}t = \dfrac{1}{6}, C_1^{(2)} = -\dfrac{1}{2}\displaystyle\int_0^2 t(t-2)\mathrm{d}t = \dfrac{4}{6}$, $C_2^{(2)} = \dfrac{1}{4}\displaystyle\int_0^2 t(t-1)\mathrm{d}t = \dfrac{1}{6}$, 相应的求积公式称为**辛普森**(Simpson)**公式或抛物线公式**:

$$S = \frac{b-a}{6}\left[f(a) + 4f\left(\frac{a+b}{2}\right) + f(b)\right]. \tag{7.10}$$

当 $n=4$ 时的牛顿–科茨求积公式称为**科茨公式**:

$$C = \frac{b-a}{90}[7f(x_0)+32f(x_1)+12f(x_2)+32f(x_3)+7f(x_4)]. \tag{7.11}$$

为方便使用, 按公式 (7.7), 可构造科茨求积系数表 (表 7.1).

从表 7.1 可看出, 当 $n=8$ 时出现了负系数, 由定理 7.1 可知, 此时的科茨公式的稳定性得不到保证, 因此实际计算中不用高阶科茨公式.

科茨公式作为插值型求积公式, n 阶的至少具有 n 次代数精度. n 为偶数时其代数精度能否进一步提高呢?

定理 7.3　*当 n 为偶数时, N-C 公式至少具有 $n+1$ 次代数精度.*

证明　我们只要验证, 当 n 为偶数时, N-C 公式对 $f(x) = x^{n+1}$ 的余项为零. 根据余项公式 (7.4), 由于 $f^{(n+1)}(x) = (n+1)!$, 从而

$$R_n[f] = \int_a^b \prod_{j=0}^{n}(x-x_j)\mathrm{d}x.$$

已知 $x_j = a + jh$, 令 $x = a + th$, 有

$$R_n[f] = h^{n+2} \int_0^n \prod_{j=0}^{n} (t-j)\mathrm{d}t,$$

当 n 为偶数, 即 $\frac{n}{2}$ 为整数, 再令 $t = u + \frac{n}{2}$, 则

$$\begin{aligned} R_n[f] &= h^{n+2} \int_{-\frac{n}{2}}^{\frac{n}{2}} \prod_{j=0}^{n} \left(u + \frac{n}{2} - j\right)\mathrm{d}u \\ &= h^{n+2} \int_{-\frac{n}{2}}^{\frac{n}{2}} \prod_{j=-n/2}^{n/2} (u-j)\mathrm{d}u = 0. \end{aligned}$$

表 7.1 科茨系数

n	$C_k^{(n)}$								
1	$\frac{1}{2}$	$\frac{1}{2}$							
2	$\frac{1}{6}$	$\frac{4}{6}$	$\frac{1}{6}$						
3	$\frac{1}{8}$	$\frac{3}{8}$	$\frac{3}{8}$	$\frac{1}{8}$					
4	$\frac{7}{90}$	$\frac{16}{45}$	$\frac{2}{15}$	$\frac{16}{45}$	$\frac{7}{90}$				
5	$\frac{19}{288}$	$\frac{25}{96}$	$\frac{25}{144}$	$\frac{25}{144}$	$\frac{25}{96}$	$\frac{19}{288}$			
6	$\frac{41}{840}$	$\frac{9}{35}$	$\frac{9}{280}$	$\frac{34}{105}$	$\frac{9}{280}$	$\frac{9}{35}$	$\frac{41}{840}$		
7	$\frac{751}{17280}$	$\frac{3577}{17280}$	$\frac{1323}{17280}$	$\frac{2989}{17280}$	$\frac{2989}{17280}$	$\frac{1323}{17280}$	$\frac{3577}{17280}$	$\frac{751}{17280}$	
8	$\frac{989}{28350}$	$\frac{5888}{28350}$	$\frac{-928}{28350}$	$\frac{10496}{28350}$	$\frac{-45440}{28350}$	$\frac{10496}{28350}$	$\frac{-928}{28350}$	$\frac{5888}{28350}$	$\frac{989}{28350}$

7.3.2 低阶 N-C 公式的余项

公式 (7.4) 是插值型求积公式余项的一般表达式, 由于 $f^{(n+1)}(\xi_x)$ 包含在被积函数中, 使用时较为不便. 下面对梯形公式和抛物线公式分别给出较易应用的误差估计.

定理 7.4 设 $f(x) \in C^2[a,b]$, 则梯形公式的余项为

$$R_T[f] = -\frac{(b-a)^3}{12} f''(\eta) = -\frac{b-a}{12} h^2 f''(\eta), \quad \eta \in (a,b), \tag{7.12}$$

其中, 步长 $h=b-a$.

证明　由式 (7.4) 知

$$R_T[f]=\frac{1}{2}\int_a^b f''(\xi_x)(x-a)(x-b)\mathrm{d}x,$$

由于 $(x-a)(x-b)$ 在 $[a,b]$ 上不变号, $f''(x)$ 在 $[a,b]$ 上连续, 根据定积分第二中值定理, 至少存在一点 $\eta\in(a,b)$ 使

$$R_T[f]=\frac{f''(\eta)}{2}\int_a^b (x-a)(x-b)\mathrm{d}x=-\frac{(b-a)^3}{12}f''(\eta)=-\frac{b-a}{12}h^2f''(\eta).$$

定理 7.5　设 $f(x)\in C^4[a,b]$, 则抛物线公式的余项为

$$R_S[f]=-\frac{(b-a)^5}{2880}f^{(4)}(\eta)=-\frac{b-a}{180}h^4f^{(4)}(\eta),\quad \eta\in(a,b), \tag{7.13}$$

其中, 步长 $h=\dfrac{b-a}{2}$.

证明　已知抛物线公式的代数精度为 3, 因此, 考虑构造三次埃尔米特插值多项式 $H(x)$, 满足

$$H(a)=f(a),\quad H(c)=f(c),\quad H'(c)=f'(c),\quad H(b)=f(b),$$

其中, $c=\dfrac{a+b}{2}$. 应用插值多项式余项证明技巧不难得出

$$f(x)-H(x)=\frac{1}{4!}f^{(4)}(\xi_x)(x-a)(x-c)^2(x-b),$$

所以

$$R_S[f]=\int_a^b [f(x)-H(x)]\,\mathrm{d}x=\int_a^b \frac{1}{4!}f^{(4)}(\xi_x)(x-a)(x-c)^2(x-b)\mathrm{d}x.$$

已知 $f(x)\in C^4[a,b]$,$(x-a)(x-c)^2(x-b)$ 在 $[a,b]$ 上不变号, 应用积分第二中值定理有

$$\begin{aligned}R_S[f]&=\frac{1}{4!}f^{(4)}(\eta)\int_a^b (x-a)(x-c)^2(x-b)\mathrm{d}x\\&=-\frac{(b-a)^5}{2880}f^{(4)}(\eta)\\&=-\frac{b-a}{180}h^4f^{(4)}(\eta),\qquad \eta\in(a,b).\end{aligned}$$

类似地, 科茨公式的余项为

$$R_C[f]=-\frac{2(b-a)}{945}\left(\frac{b-a}{4}\right)^6f^{(6)}(\eta)=-\frac{2(b-a)}{945}h^6f^{(6)}(\eta),\quad \eta\in(a,b),$$

其中, 步长 $h=\dfrac{b-a}{4}$.

例 7.4 设 $f(x)=\dfrac{\sin x}{x}$, 其函数值如表 7.2 所示, 分别用梯形、抛物线和科茨公式求积分 $\displaystyle\int_0^1 \frac{\sin x}{x}\mathrm{d}x$ 的近似值.

表 7.2 $f(x)=\dfrac{\sin x}{x}$ **的函数值表**

k	0	1	2	3	4	5	6	7	8
x_k	0	1/8	2/8	3/8	1/2	5/8	6/8	7/8	1
$f(x_k)$	1	0.997398	0.989616	0.976727	0.958851	0.936156	0.908852	0.877193	0.841471

解 由表 7.1 的求积系数和表 7.2 的函数值, 计算得

$$T=\frac{1}{2}(f(0)+f(1))=0.92073549,$$

$$S=\frac{1}{6}\left(f(0)+4f\left(\frac{1}{2}\right)+f(1)\right)=0.9461459,$$

$$C=\frac{1}{90}\left(7f(0)+32f\left(\frac{1}{4}\right)+12f\left(\frac{2}{4}\right)+32f\left(\frac{3}{4}\right)+7f(1)\right)=0.9460830.$$

7.4 复化求积公式

前面已述, 在 $n\geqslant 8$ 时 N-C 公式是不稳定的, 因此, 实际应用中无法采用增加 n 的方法减少误差, 即无法通过提高插值多项式的次数提高求积精度 (龙格现象也表明了这一点). 为提高求积精度, 可仿照分段插值多项式的思想, 把积分区间分成若干子区间, 再在每个子区间上使用低阶 N-C 公式, 这种求积方法称为复化求积法.

7.4.1 复化梯形公式

将区间 $[a,b]$ 划分为 n 等份, 节点 $x_k=a+kh, h=\dfrac{b-a}{n}(k=0,1,\cdots,n)$, 利用定积分对区间的可加性, 在每个小区间 $[x_k,x_{k+1}]$ $(k=0,1,\cdots,n-1)$ 上利用梯形公式, 有

$$I=\int_a^b f(x)\mathrm{d}x=\sum_{k=0}^{n-1}\int_{x_k}^{x_{k+1}} f(x)\mathrm{d}x=\frac{h}{2}\sum_{k=0}^{n-1}[f(x_k)+f(x_{k+1})]+R_n[f]. \tag{7.14}$$

记

$$T_n=\frac{h}{2}\sum_{k=0}^{n-1}[f(x_k)+f(x_{k+1})]=\frac{h}{2}\left[f(a)+2\sum_{k=1}^{n-1}f(x_k)+f(b)\right], \tag{7.15}$$

称为**复化梯形公式**, 其余项为

$$R_n[f] = I - T_n = -\frac{h^3}{12}\sum_{k=0}^{n-1} f''(\eta_k) = -\frac{(b-a)h^2}{12}\frac{1}{n}\sum_{k=0}^{n-1} f''(\eta_k), \quad \eta_k \in (x_k, x_{k+1}).$$

由于 $f(x) \in C^2[a,b]$, 且

$$\min_{x\in[a,b]} f''(x) \leqslant \frac{1}{n}\sum_{k=0}^{n-1} f''(\eta_k) \leqslant \max_{x\in[a,b]} f''(x),$$

所以, 存在 $\eta \in (a,b)$ 使

$$f''(\eta) = \frac{1}{n}\sum_{k=0}^{n-1} f''(\eta_k).$$

于是, 复化梯形公式余项为

$$R_n[f] = -\frac{b-a}{12}h^2 f''(\eta), \quad \eta \in (a,b), \tag{7.16}$$

从式 (7.16) 可以看出, 余项误差是 h^2 阶, 所以当 $f(x) \in C^2[a,b]$ 时, 有

$$\lim_{n\to\infty} T_n = \int_a^b f(x)\mathrm{d}x,$$

即复化梯形公式是收敛的.

事实上, 只要 $f(x) \in C[a,b]$, 就可得到复化梯形公式的收敛性. 因为根据定积分的定义, 当 $n \to \infty$ 时, 由 (7.15) 很容易得

$$T_n = \frac{1}{2}\left[\frac{b-a}{n}\sum_{k=0}^{n-1} f(x_k) + \frac{b-a}{n}\sum_{k=1}^{n} f(x_k)\right] \to \int_a^b f(x)\mathrm{d}x,$$

所以, 复化梯形公式 (7.15) 收敛. 此外, T_n 的求积系数为正, 故复化梯形公式也是稳定的.

7.4.2　复化抛物线公式

将区间 $[a,b]$ 进行 n 等分, 在每个小区间 $[x_k, x_{k+1}]$ 上采用抛物线公式, 记 $x_{k+1/2} = x_k + \frac{1}{2}h$, 则得

$$I = \int_a^b f(x)\mathrm{d}x = \sum_{k=0}^{n-1}\int_{x_k}^{x_{k+1}} f(x)\mathrm{d}x = \frac{h}{6}\sum_{k=0}^{n-1}\left[f(x_k) + 4f(x_{k+\frac{1}{2}}) + f(x_{k+1})\right] + R_n[f]. \tag{7.17}$$

记

$$S_n = \frac{h}{6}\left[f(a) + 2\sum_{k=1}^{n-1} f(x_k) + 4\sum_{k=0}^{n-1} f(x_{k+\frac{1}{2}}) + f(b)\right], \tag{7.18}$$

称为**复化抛物线公式**, 其余项由 (7.13) 得

$$R_n[f]=I-S_n=-\frac{h}{180}\left(\frac{h}{2}\right)^4\sum_{k=0}^{n-1}f^{(4)}(\eta_k),\quad \eta_k\in(x_k,x_{k+1}).$$

于是, 当 $f(x)\in C^4[a,b]$ 时, 与复化梯形公式同理可得

$$R_n[f]=I-S_n=-\frac{b-a}{180}\left(\frac{h}{2}\right)^4 f^{(4)}(\eta),\quad \eta\in(a,b).\tag{7.19}$$

由式 (7.19) 知，复化抛物线公式的余项误差阶是 h^4, 收敛性是显然的. 此外, 由于 S_n 中求积系数均为正数, 故知复化抛物线公式亦是稳定的.

例 7.5 用复化梯形公式和复化抛物线公式再解例 7.4, 并估计误差.

解 依题意, 由复化梯形公式 (7.15), $h=\dfrac{1}{8}$, 得

$$I\approx T_8=\frac{1}{16}\left[f(0)+2\sum_{k=1}^{7}f\left(\frac{k}{8}\right)+f(1)\right]=0.945691.$$

由复化抛物线公式 (7.18), $h=\dfrac{1}{4}$, 得

$$I\approx S_4=\frac{1}{24}\left[f(0)+2\sum_{k=1}^{3}f\left(\frac{k}{4}\right)+4\sum_{k=0}^{3}f\left(\frac{2k+1}{8}\right)+f(1)\right]=0.946083.$$

与精确值 $I=0.9460831\cdots$ 比较, 显然用复化抛物线公式计算精度更高.

为了利用余项公式估计误差, 要求 $f(x)=\dfrac{\sin x}{x}$ 的高阶导数, 由于

$$f(x)=\frac{\sin x}{x}=\int_0^1\cos(xt)\mathrm{d}t,$$

所以有

$$f^{(k)}(x)=\int_0^1\frac{\mathrm{d}^k}{\mathrm{d}x^k}\cos(xt)\mathrm{d}t=\int_0^1 t^k\cos\left(xt+\frac{k\pi}{2}\right)\mathrm{d}t,$$

于是

$$\max_{0\leqslant x\leqslant 1}\left|f^{(k)}(x)\right|=\int_0^1\left|t^k\cos\left(xt+\frac{k\pi}{2}\right)\right|\mathrm{d}t\leqslant\int_0^1 t^k\mathrm{d}t=\frac{1}{k+1}.$$

由复化梯形误差公式 (7.16), 得

$$|R_8[f]|=|I-T_8|\leqslant\frac{h^2}{12}\max_{0\leqslant x\leqslant 1}|f''(x)|\leqslant\frac{1}{12}\left(\frac{1}{8}\right)^2\frac{1}{3}=0.000434,$$

由复化抛物线误差公式 (7.19), 得

$$|R_4[f]|=|I-S_4|\leqslant\frac{1}{180}\left(\frac{1}{8}\right)^4\frac{1}{5}=0.271\times10^{-6}.$$

例 7.6 若用复化梯形求积公式计算积分 $\int_0^1 \mathrm{e}^{-x}\mathrm{d}x$ 的近似值, 要求计算结果不超过 $\frac{1}{2}\times 10^{-4}$, n 应取多大? 改用复化抛物线公式, n 又应取多少?

解 依题意, $h=\frac{1}{n}$. 当 $0\leqslant x\leqslant 1$ 时, 有

$$0.3<\mathrm{e}^{-1}\leqslant \mathrm{e}^{-x}\leqslant 1,$$

又因为

$$\left|f^{(k)}(x)\right|=\mathrm{e}^{-x}\leqslant 1,\quad x\in[0,1],$$

由式 (7.16) 得, 要求误差不超过 $\frac{1}{2}\times 10^{-4}$, 只要

$$|R_T|=\frac{1}{12}h^2\left|f''(\xi)\right|\leqslant\frac{h^2}{12}=\frac{1}{12n^2}\leqslant\frac{1}{2}\times 10^{-4},$$

即得 $n\geqslant 40.8$. 因此若用复化梯形公式求积分, 只要 $n\geqslant 41$ 就能达到精度.

若用复化抛物线公式, 由式 (7.19) 知

$$|R_S|=\frac{1}{180}\left(\frac{h}{2}\right)^4\left|f^{(4)}(\xi)\right|\leqslant\frac{h^4}{180\times 16}=\frac{1}{180\times 16}\left(\frac{1}{n}\right)^4\leqslant\frac{1}{2}\times 10^{-4},$$

即得 $n\geqslant 1.62$, 故取 $n\geqslant 2$ 即可.

7.4.3 变步长的求积方法

当给定计算精度, 例如给定绝对误差限为 ε, 要用复化积分公式 (7.15) 或 (7.18) 计算 $f(x)$ 在 $[a,b]$ 上的定积分, 使结果符合精度要求时, 如例 7.6, 可以先求出等分 $[a,b]$ 所需要的 n 值, 但此过程涉及较复杂的高阶导数计算和估计, 求出的 n 值通常较保守, 在遇到没有解析表达式的场合则难以进行. 因此在实际计算中, 特别是用计算机求解时, 常采用所谓“事后误差估计”的方法, 其基本思想是计算积分时, 将区间逐次减半, 用求积公式算出一系列积分近似值, 且不断比较两个相邻近似值的相近程度, 以此判断是否达到精度要求. 这种方法也称为区间逐次二分法或变步长求积方法.

先讨论复化梯形公式的变步长方法:

当区间 $[a,b]$ 进行 n 等分时, 步长 $h=\frac{b-a}{n}$, 已知复化梯形公式的余项为

$$R_n[f]=I-T_n=-\frac{b-a}{12}h^2f''(\eta_1),\quad \eta_1\in(a,b),$$

再将每个小区间进行二等分, 即对区间 $[a,b]$ 进行 $2n$ 等分, 此时复化梯形公式的余项为

$$R_{2n}[f]=I-T_{2n}=-\frac{b-a}{12}\left(\frac{h}{2}\right)^2 f''(\eta_2),\quad \eta_2\in(a,b).$$

当 $f''(x)$ 在 $[a,b]$ 上连续, 且当 n 充分大时, $f''(\eta_1)\approx f''(\eta_2)$, 则有

$$\frac{I-T_n}{I-T_{2n}}\approx\frac{4}{1},$$

整理得

$$I\approx T_{2n}+\frac{1}{3}(T_{2n}-T_n),\tag{7.20}$$

这说明以 T_{2n} 作 I 的近似值, 可用 $\frac{1}{3}|T_{2n}-T_n|<\varepsilon$ 来判断是否满足精度要求, 如不满足则将每个小区间进行二等分, 直到满足精度要求为止.

同理, 若 $f^{(4)}(x)$ 在 $[a,b]$ 上连续, 复化抛物线公式变步长方法有

$$\frac{I-S_n}{I-S_{2n}}\approx\frac{4^2}{1},$$

整理得

$$I\approx S_{2n}+\frac{1}{4^2-1}(S_{2n}-S_n),\tag{7.21}$$

此时, 检验条件为 $\frac{1}{4^2-1}|S_{2n}-S_n|<\varepsilon$, 若满足, 则计算停止.

对复化科茨求积公式, 若 $f^{(6)}(x)$ 在 $[a,b]$ 上连续, 其变步长方法有

$$\frac{I-C_n}{I-C_{2n}}\approx\frac{4^3}{1},$$

整理得

$$I\approx C_{2n}+\frac{1}{4^3-1}(C_{2n}-C_n),\tag{7.22}$$

检验条件为 $\frac{1}{4^3-1}|C_{2n}-C_n|<\varepsilon$.

7.5 龙贝格求积公式

从上面的讨论可以知道, 变步长的求积方法, 一是逐次减半提高精度, 二是减少计算量. 下面会看到, 把先后两次的计算结果进行适当的线性组合可再加速求积过程.

7.5.1 梯形公式的递推化

将区间 $[a,b]$ 进行 n 等分, $h=\dfrac{b-a}{n}$, 得到 $n+1$ 个节点 x_k, n 个区间 $[x_k,x_{k+1}]$ $(k=0,1,\cdots,n-1)$, 由公式 (7.15) 知

$$T_n=\frac{h}{2}\sum_{k=0}^{n-1}[f(x_k)+f(x_{k+1})]=\frac{h}{2}\left[f(a)+2\sum_{k=1}^{n-1}f(x_k)+f(b)\right],$$

再将每个小区间 $[x_k,x_{k+1}]$ 进行二等分, 即每个区间增加一个节点 $x_{(k+1)/2}=\dfrac{1}{2}(x_k+x_{k+1})$, 于是, 由复化梯形公式求得 $[x_k,x_{k+1}]$ 上的积分为

$$\frac{h}{4}\left[f(x_k)+2f(x_{(k+1)/2})+f(x_{k+1})\right],$$

将 $[x_k,x_{k+1}]$ $(k=0,1,\cdots,n-1)$ 上积分值相加, 得

$$\begin{aligned}T_{2n}&=\frac{h}{4}\sum_{k=0}^{n-1}\left[f(x_k)+2f(x_{(k+1)/2})+f(x_{k+1})\right]\\&=\frac{h}{4}\sum_{k=0}^{n-1}[f(x_k)+f(x_{k+1})]+\frac{h}{2}\sum_{k=0}^{n-1}f(x_{(k+1)/2}),\end{aligned}$$

即

$$T_{2n}=\frac{1}{2}T_n+\frac{h}{2}\sum_{k=0}^{n-1}f(x_{(k+1)/2}),\tag{7.23}$$

上式为梯形公式的递推公式, 它表明, 将步长由 h 缩小为 $\dfrac{h}{2}$ 时, T_{2n} 等于 T_n 的一半再加新增节点函数值的和乘以新步长.

注意, 这里 $h=\dfrac{b-a}{n}$ 代表小区间二等分前的步长.

7.5.2 龙贝格算法

梯形公式计算简单, 但精度不高, 为加快求积过程, 考虑式 (7.20), 即

$$I\approx T_{2n}+\frac{1}{3}(T_{2n}-T_n).$$

若以 T_{2n} 作为 I 的近似值, 其误差近似于 $\dfrac{1}{3}(T_{2n}-T_n)$, 现将此误差作为 T_{2n} 的一种补偿, 期望所得到的

$$\bar{T}_{2n}=T_{2n}+\frac{1}{3}(T_{2n}-T_n)=\frac{4}{4-1}T_{2n}-\frac{1}{4-1}T_n\tag{7.24}$$

是 I 的更好的近似值.

可以验证, 公式 (7.24) 关于 T_{2n}, T_n 的线性组合就是 S_n, 即

$$S_n = \frac{4}{4-1}T_{2n} - \frac{1}{4-1}T_n. \tag{7.25}$$

我们再看式 (7.21), 即

$$I \approx S_{2n} + \frac{1}{4^2-1}(S_{2n} - S_n) = \frac{4^2}{4^2-1}S_{2n} - \frac{1}{4^2-1}S_n,$$

上式右边的值等于 C_n, 即

$$C_n = \frac{4^2}{4^2-1}S_{2n} - \frac{1}{4^2-1}S_n. \tag{7.26}$$

同理, 由式 (7.22), 可推得

$$R_n = \frac{4^3}{4^3-1}C_{2n} - \frac{1}{4^3-1}C_n, \tag{7.27}$$

即由科茨求积公式的线性组合可得到龙贝格 (Romberg) 求积公式.

按此规律继续下去, 并引入记号: 以 $T_0^{(k)}$ 表示第 k 次二等分后求得的梯形值, 以 $T_j^{(k)}$ 表示序列 $\left\{T_0^{(k)}\right\}$ 的第 j 次线性组合, 则由以上递推公式可得到

$$T_j^{(k)} = \frac{4^j}{4^j-1}T_{j-1}^{(k)} - \frac{1}{4^j-1}T_{j-1}^{(k-1)}, \quad k=1,2,\cdots, \tag{7.28}$$

称为**龙贝格求积算法**, 计算过程如下:

(1) 令 $k=0, h=b-a$, 计算 $T_0^{(0)} = \dfrac{b-a}{2}[f(a)+f(b)]$;

(2) 将区间 $[a,b]$ 进行 2^k 等分, 按递推公式 (7.23) 计算梯形值 $T_0^{(k)}$;

(3) 按公式 (7.28) 计算线性组合;

(4) 若 $|T_k^{(k)} - T_{k-1}^{(k-1)}| < \varepsilon$, 则停止, 并取 $I \approx T_k^{(k)}$; 否则令 $k+1 \to k$, 转 (2) 继续计算.

通常, 龙贝格求积公式的计算过程列成表 7.3 的形式.

若 $f(x)$ 充分光滑, 可以证明, 表 7.3 每一列的元素及对角线元素均收敛到所求的积分值 I, 即 $\lim\limits_{k\to\infty} T_m^{(k)} = I$(m 固定), $\lim\limits_{m\to\infty} T_m^{(k)} = I$.

表 7.3　龙贝格求积计算过程

k	h	$T_0^{(k)}$	$T_1^{(k)}$	$T_2^{(k)}$	$T_3^{(k)}$	$\cdots$
0	$b-a$	① $T_0^{(0)}$				
1	$\dfrac{b-a}{2}$	② $T_0^{(1)}$	③ $T_1^{(1)}$			
2	$\dfrac{b-a}{4}$	④ $T_0^{(2)}$	⑤ $T_1^{(2)}$	⑥ $T_2^{(2)}$		
3	$\dfrac{b-a}{8}$	⑦ $T_0^{(3)}$	⑧ $T_1^{(3)}$	⑨ $T_2^{(3)}$	⑩ $T_3^{(3)}$	
$\vdots$	$\vdots$	$\vdots$	$\vdots$	$\vdots$	$\vdots$	

若 $f(x)$ 不充分光滑, 仍可用龙贝格算法计算, 只是收敛得慢一些, 这时也可以直接使用复化抛物线公式计算.

例 7.7　用龙贝格算法再解例 7.4, 即求积分 $I=\displaystyle\int_0^1 \frac{\sin x}{x}\mathrm{d}x$, $\varepsilon=10^{-5}$.

解　$f(x)=\dfrac{\sin x}{x}$, 利用梯形公式递推算法 (7.23) 和龙贝格算法 (7.28) 计算得

$$T_0^{(0)}=\frac{1}{2}[f(0)+f(1)]=0.920735,$$

$$T_0^{(1)}=\frac{1}{2}T_0^{(0)}+0.5\times f\left(\frac{1}{2}\right)=0.939793,$$

$$T_1^{(1)}=\frac{4}{3}T_0^{(1)}-\frac{1}{3}T_0^{(0)}=0.94614588=0.944514,$$

$$T_0^{(2)}=\frac{1}{2}T_0^{(1)}+0.25\times\left[f\left(\frac{1}{4}\right)+f\left(\frac{3}{4}\right)\right]$$

$$T_1^{(2)}=\frac{4}{3}T_0^{(2)}-\frac{1}{3}T_0^{(1)}=0.94608693,$$

$$T_2^{(2)}=\frac{16}{15}T_1^{(2)}-\frac{1}{15}T_1^{(1)}=0.946083,$$

$$T_0^{(3)}=\frac{1}{2}T_0^{(2)}+\frac{0.25}{2}\times\left[f\left(\frac{1}{8}\right)+f\left(\frac{3}{8}\right)+f\left(\frac{5}{8}\right)+f\left(\frac{7}{8}\right)\right]=0.401812,$$

$$T_1^{(3)}=\frac{4}{3}T_0^{(3)}-\frac{1}{3}T_0^{(2)}=0.94608331,$$

$$T_2^{(3)}=\frac{16}{15}T_1^{(3)}-\frac{1}{15}T_1^{(2)}=0.94608307,$$

$$T_3^{(3)}=\frac{64}{63}T_2^{(3)}-\frac{1}{63}T_2^{(2)}=0.9460831.$$

由于 $|T_3^{(3)} - T_2^{(2)}| \approx |0.9460831 - 0.946083| = 10^{-7} < \varepsilon$, 满足精度要求, 故 $I \approx T_3^{(3)} = 0.9460831$, 计算结果见表 7.4.

表 7.4　龙贝格算法计算结果

k	h	$T_0^{(k)}$	$T_1^{(k)}$	$T_2^{(k)}$	$T_3^{(k)}$
0	1	0.920735			
1	1/2	0.939793	0.94614588		
2	1/4	0.944514	0.94608693	0.946083	
3	1/8	0.945691	0.94608331	0.94608307	0.9460831

7.6　高斯求积公式

7.6.1　基本概念

牛顿–科茨求积公式, 虽然计算简单, 使用方便, 但这种等距节点的选取方法限制了求积公式的代数精度. 试想如果对节点不加限制, 并适当选择求积系数, 能否提高求积公式的代数精度呢? 高斯求积公式的思想也正是如此, 即在节点数 n 固定时, 适当地选取节点 x_k 与求积系数 A_k, 使求积分公式具有最高代数精度.

考虑定积分 $\int_a^b \rho(x)f(x)\mathrm{d}x$, 其中 $\rho(x)$ 为定义在 $[a,b]$ 上的权函数. 设有 $n+1$ 个互异节点 $x_0, x_1, \cdots, x_n$ 的数值积分公式

$$\int_a^b \rho(x)f(x)\mathrm{d}x \approx \sum_{k=0}^{n} A_k f(x_k) \tag{7.29}$$

具有 m 次代数精度, 那么取 $f(x) = x^l (l = 0, 1, \cdots, m)$, 式 (7.29) 精确成立, 即

$$\int_a^b \rho(x)x^l\mathrm{d}x = \sum_{k=0}^{n} A_k \cdot (x_k)^l, \quad l = 0, 1, \cdots, m, \tag{7.30}$$

式 (7.30) 构成 $m+1$ 个方程的非线性方程组, 未知数 $x_k, A_k (k = 0, 1, \cdots, n)$ 共有 $2n+2$ 个, 所以当 $\rho(x)$ 给定后, 只要 $m+1 \leqslant 2n+2$, 即当 $m \leqslant 2n+1$ 时, 方程组就有解. 这表明 $n+1$ 个节点的求积公式的代数精度可达到 $2n+1$.

另外, 不管如何选择 x_k 与 A_k $(k = 0, 1, \cdots, n)$, 对式 (7.29), 最高精度不可能超过 $2n+1$. 事实上, 对任意的互异节点 $\{x_k\}_{k=0}^n$, 令

$$P_{2n+2}(x) = \omega_{n+1}^2(x) = (x-x_0)^2(x-x_1)^2\cdots(x-x_n)^2,$$

有 $\sum\limits_{k=0}^{n} A_k P_{2n+2}(x_k) = 0$, 然而 $\int_a^b \rho(x)P_{2n+2}(x)\mathrm{d}x > 0$.

定义 7.4　如果求积公式(7.29)具有 $2n+1$ 次代数精度, 则称其为带权 $\rho(x)$ 的**高斯求积公式**, 相应的求积节点 $\{x_k\}$ 称为**高斯点**.

定理 7.6　插值型求积公式的节点 $a \leqslant x_0 < x_1 < \cdots < x_n \leqslant b$ 是高斯点的充分必要条件是以这些节点为零点的多项式

$$\omega_{n+1}(x) = (x-x_0)(x-x_1)\cdots(x-x_n)$$

与任何次数不超过 n 次的多项式 $P(x)$ 带权正交, 即

$$\int_a^b \rho(x)P(x)\omega_{n+1}(x)\mathrm{d}x = 0. \tag{7.31}$$

证明　必要性. 设 $P(x)$ 为任意一个次数不超过 n 的多项式, 则 $P(x)\omega_{n+1}(x)$ 为次数不超过 $2n+1$ 的多项式, 因此, 如果 $x_0, x_1, \cdots, x_n$ 是高斯点, 则式 (7.29) 对于 $f(x) = P(x)\omega_{n+1}(x)$ 精确成立, 即有

$$\int_a^b \rho(x)P(x)\omega_{n+1}(x)\mathrm{d}x = \sum_{k=0}^{n} A_k P(x_k)\omega_{n+1}(x_k) = 0,$$

故式 (7.31) 成立.

充分性. 对于任意次数不超过 $2n+1$ 的多项式 $f(x)$, 用 $\omega_{n+1}(x)$ 除 $f(x)$, 记商为 $P(x)$, 余式为 $q(x)$, 即 $f(x) = P(x)\omega_{n+1}(x) + q(x)$, 其中 $P(x), q(x)$ 是次数不超过 n 的多项式, 由式 (7.31) 可得

$$\int_a^b \rho(x)f(x)\mathrm{d}x = \int_a^b \rho(x)q(x)\mathrm{d}x. \tag{7.32}$$

由于所给求积公式 (7.29) 是插值型的, 它对 $q(x)$ 是精确成立的, 即

$$\int_a^b \rho(x)f(x)\mathrm{d}x = \sum_{k=0}^{n} A_k q(x_k).$$

再注意到 $\omega_{n+1}(x_k) = 0\ (k=0,1,\cdots,n)$, 知 $q(x_k) = f(x_k)\ (k=0,1,\cdots,n)$, 从而由 (7.32) 有

$$\int_a^b \rho(x)f(x)\mathrm{d}x = \int_a^b \rho(x)q(x)\mathrm{d}x = \sum_{k=0}^{n} A_k f(x_k),$$

故求积公式 (7.29) 对所有次数不超过 $2n+1$ 次的多项式精确成立, 因此 $x_k(k=0,1,\cdots,n)$ 为高斯点.

定理 7.6 表明, 在 $[a,b]$ 上关于权函数 $\rho(x)$ 的正交多项式系中的 $n+1$ 次多项式的零点, 就是求积公式 (7.29) 的高斯点. 因此, 求高斯点等价于求 $[a,b]$ 上关于权

函数 $\rho(x)$ 的 $n+1$ 次正交多项式的 $n+1$ 个实根. 有了求积节点 $x_k(k=0,1,\cdots,n)$ 后, 可按下式确定求积系数

$$\int_a^b \rho(x) l_k(x) \mathrm{d}x = \sum_{j=0}^{n} A_j l_k(x_j) = A_k,$$

其中, $l_k(x) = \prod\limits_{j=0,j\neq k}^{n} \dfrac{x-x_j}{x_k-x_j}$.

下面讨论高斯求积公式的余项. 设在节点 $x_k(k=0,1,\cdots,n)$ 上函数 $f(x)$ 的 $2n+1$ 次埃尔米特插值多项式为 $H_{2n+1}(x)$, 即有

$$H_{2n+1}(x_k) = f(x_k), \quad H'_{2n+1}(x_k) = f'(x_k), \quad k=0,1,\cdots,n.$$

由埃尔米特插值多项式余项公式

$$f(x) - H_{2n+1}(x) = \frac{f^{(2n+2)}(\xi)}{(2n+2)!}\omega_{n+1}^2(x),$$

有

$$\begin{aligned} R[f] &= \int_a^b \rho(x) f(x) \mathrm{d}x - \sum_{k=0}^{n} A_k f(x_k) = \int_a^b \rho(x) f(x) \mathrm{d}x - \sum_{k=0}^{n} A_k H_{2n+1}(x_k) \\ &= \int_a^b \rho(x) f(x) \mathrm{d}x - \int_a^b \rho(x) H_{2n+1}(x) \mathrm{d}x = \int_a^b \rho(x) \left[f(x) - H_{2n+1}(x)\right] \mathrm{d}x \\ &= \int_a^b \rho(x) \frac{f^{(2n+2)}(\xi)}{(2n+2)!}\omega_{n+1}^2(x) \mathrm{d}x. \end{aligned}$$

定理 7.7 高斯求积公式的求积系数 $A_k(k=0,1,\cdots,n)$ 全是正的, 因而是稳定的.

证明 设高斯求积公式的节点为 $x_k(k=0,1,\cdots,n)$, 由于其具有 $2n+1$ 次代数精度, 所以对于 $f(x) = l_k^2(x) = \left(\prod\limits_{j=0,j\neq k}^{n} \dfrac{x-x_j}{x_k-x_j}\right)^2$, $k=0,1,\cdots,n$, 求积公式精确成立, 即

$$\int_a^b \rho(x) l_k^2(x) \mathrm{d}x = \sum_{j=0}^{n} A_j l_k^2(x_j) = A_k, \quad k=0,1,\cdots,n,$$

故 $A_k = \displaystyle\int_a^b \rho(x) l_k^2(x) \mathrm{d}x > 0(k=0,1,\cdots,n)$, 因而是稳定的.

当 $f(x) \in C[a,b]$, 高斯求积公式同样是收敛的, 即

$$\lim_{n\to\infty} \sum_{k=0}^{n} A_k f(x_k) = \int_a^b \rho(x) f(x) \mathrm{d}x.$$

例 7.8 确定求积公式 $\int_0^1 \sqrt{x} f(x)\mathrm{d}x \approx A_0 f(x_0) + A_1 f(x_1)$ 的系数 A_0, A_1 及节点 x_0, x_1, 使其具有最高代数精度.

解 具有最高代数精度的求积公式是高斯求积公式, 其节点为关于权函数 $\rho(x) = \sqrt{x}$ 的正交多项式的零点 x_0 及 x_1, 设 $\omega(x) = (x - x_0)(x - x_1) = x^2 + bx + c$, 由正交性知 $\omega(x)$ 与 1 及 x 带权正交, 即

$$\int_0^1 \sqrt{x}\omega(x)\mathrm{d}x = 0, \quad \int_0^1 \sqrt{x}x\omega(x)\mathrm{d}x = 0,$$

于是得

$$\frac{2}{7} + \frac{2}{5}b + \frac{2}{3}c = 0, \qquad \frac{2}{9} + \frac{2}{7}b + \frac{2}{5}c = 0,$$

由此解得 $b = -\dfrac{10}{9}, c = \dfrac{5}{21}$, 即

$$\omega(x) = x^2 - \frac{10}{9}x + \frac{5}{21}.$$

令 $\omega(x) = 0$, 则得 $x_0 = 0.289949, x_1 = 0.821162$.

由于两个节点的高斯求积公式具有 3 次代数精确度, 故公式对 $f(x) = 1, x$ 精确成立, 即当 $f(x) = 1$ 时,

$$A_0 + A_1 = \int_0^1 \sqrt{x}\mathrm{d}x = \frac{2}{3};$$

当 $f(x) = x$ 时,

$$A_0 x_0 + A_1 x_1 = \int_0^1 \sqrt{x} \cdot x\mathrm{d}x = \frac{2}{5},$$

由此解出 $A_0 = 0.277556, A_1 = 0.389111$.

故求积公式为

$$\int_0^1 \sqrt{x} f(x)\mathrm{d}x \approx 0.277556 f(0.289949) + 0.389111 f(0.821162).$$

7.6.2 高斯–勒让德求积公式

在高斯求积公式 (7.29) 中, 若积分区间为 $[-1,1]$, 权函数 $\rho(x) = 1$, 则得公式

$$\int_{-1}^1 f(x)\mathrm{d}x \approx \sum_{k=0}^n A_k f(x_k), \tag{7.33}$$

已知勒让德多项式是区间 $[-1,1]$ 上的正交多项式, 因此, 勒让德多项式的零点就是求积公式 (7.33) 的高斯点, 称为**高斯–勒让德求积公式**.

若取 $P_1(x)=x$ 的零点 $x_0=0$ 作节点构造求积公式

$$\int_{-1}^{1} f(x)\mathrm{d}x \approx A_0 f(0),$$

令它对 $f(x)=1$ 精确成立, 可知 $A_0=2$. 这样构造出的一点高斯–勒让德求积公式是中矩形公式.

再取 $P_2(x)=\frac{1}{2}(3x^2-1)$ 的两个零点 $\pm\frac{1}{\sqrt{3}}$ 构造求积公式

$$\int_{-1}^{1} f(x)\mathrm{d}x \approx A_0 f\left(-\frac{1}{\sqrt{3}}\right)+A_1 f\left(\frac{1}{\sqrt{3}}\right),$$

容易求得 $A_0=A_1=1$, 因此求积公式为

$$\int_{-1}^{1} f(x)\mathrm{d}x \approx f\left(-\frac{1}{\sqrt{3}}\right)+f\left(\frac{1}{\sqrt{3}}\right).$$

三点高斯–勒让德公式为

$$\int_{-1}^{1} f(x)\mathrm{d}x \approx \frac{5}{9} f\left(-\sqrt{\frac{3}{5}}\right)+\frac{8}{9} f(0)+\frac{5}{9} f\left(\sqrt{\frac{3}{5}}\right).$$

常用高斯–勒让德求积公式的节点和系数见表 7.5.

表 7.5 高斯–勒让德求积公式的节点和系数

n	x_k	A_k	n	x_k	A_k
0	0	2	3	±0.8611363	0.3478548
				±0.3399810	0.6521452
1	±0.5773503	1	4	±0.9061798	0.2369269
2	±0.7745967	0.555555556		±0.5384693	0.4786287
	0	0.888888889		0	0.5688889
			5	…	…

余项为

$$R_n[f]=\frac{2^{2n+3}[(n+1)!]^4}{(2n+3)[(2n+2)!]^3} f^{(2n+2)}(\eta), \quad \eta \in(-1,1).$$

一般地, 当积分区间为 $[a,b]$ 时, 只需作变换

$$x=\frac{b-a}{2} t+\frac{b+a}{2},$$

可将 $[a,b]$ 化为 $[-1,1]$, 这时

$$\int_{a}^{b} f(x)\mathrm{d}x=\frac{b-a}{2} \int_{-1}^{1} f\left(\frac{b-a}{2} t+\frac{a+b}{2}\right) \mathrm{d}t. \tag{7.34}$$

例 7.9 用四点高斯–勒让德求积公式再解例 7.4, 即求积分 $I=\int_0^1 \frac{\sin x}{x}\mathrm{d}x$.

解 先将区间 $[0,1]$ 化为 $[-1,1]$, 由 (7.34) 式有

$$I=\int_{-1}^{1}\frac{\sin((t+1)/2)}{t+1}\mathrm{d}t,$$

查表 7.5 中 4 点求积系数, 计算得

$$I\approx\sum_{k=0}^{3}A_k\frac{\sin((t_k+1)/2)}{t_k+1}\approx 0.94608307,$$

由前述例题知, 精度相当高.

7.6.3 高斯–切比雪夫求积公式

积分区间仍为 $[-1,1]$、权函数取 $\rho(x)=\frac{1}{\sqrt{1-x^2}}$, 此时高斯求积公式为

$$\int_{-1}^{1}\frac{f(x)}{\sqrt{1-x^2}}\mathrm{d}x\approx\sum_{k=0}^{n}A_kf(x_k), \tag{7.35}$$

称为**高斯–切比雪夫求积公式**.

区间 $[-1,1]$ 上关于权函数 $\frac{1}{\sqrt{1-x^2}}$ 的正交多项式是切比雪夫多项式, 高斯点就是 $n+1$ 次切比雪夫多项式的零点, 即为

$$x_k=\cos\left(\frac{2k+1}{2n+2}\pi\right),\quad k=0,1,\cdots,n.$$

通过计算可知, (7.35) 式的系数 $A_k=\frac{\pi}{n+1}$. 使用时将 $n+1$ 个节点公式改为 n 个节点, 于是高斯–切比雪夫求积公式写成

$$\begin{cases}\displaystyle\int_{-1}^{1}\frac{f(x)}{\sqrt{1-x^2}}\mathrm{d}x\approx\frac{\pi}{n}\sum_{k=1}^{n}f(x_k),\\ x_k=\cos\dfrac{(2k-1)}{2n}\pi,\end{cases} \tag{7.36}$$

余项为

$$R[f]=\frac{2\pi}{2^{2n}(2n)!}f^{(2n)}(\eta),\quad \eta\in(-1,1).$$

7.7 无穷区间的高斯型求积公式

区间为 $[0,+\infty)$、权函数是 $\rho(x)=\mathrm{e}^{-x}$ 的正交多项式称为**拉盖尔多项式**

$$L_n(x) = \mathrm{e}^x \frac{\mathrm{d}^n}{\mathrm{d}x^n}(x^n \mathrm{e}^{-x}),$$

对应的高斯型求积公式

$$\int_0^{+\infty} \mathrm{e}^{-x} f(x)\mathrm{d}x \approx \sum_{k=0}^{n} A_k f(x_k) \tag{7.37}$$

称为**高斯–拉盖尔求积公式**, 其节点 $x_0, x_1, \cdots, x_n$ 为 $n+1$ 次拉盖尔多项式的零点, 系数为

$$A_k = \frac{[(n+1)!]^2 x_k}{[L_{n+1}(x_k)]^2}, \quad k = 0, 1, \cdots, n,$$

余项为

$$R[f] = \frac{[(n+1)!]^2}{[2(n+1)!]} f^{(2n+2)}(\xi), \quad \xi \in [0, +\infty),$$

其节点系数见表 7.6.

例 7.10 分别用三点、五点高斯–拉盖尔求积公式计算 $I = \int_0^{+\infty} \mathrm{e}^{-x^2}\mathrm{d}x$ 的近似值.

解 用三点高斯–拉盖尔求积公式, 可得

$$\int_0^{+\infty} \mathrm{e}^{-x^2}\mathrm{d}x \approx 0.599647,$$

用五点高斯–拉盖尔求积公式, 可得

$$\int_0^{+\infty} \mathrm{e}^{-x^2}\mathrm{d}x \approx 0.54082,$$

与精确值 0.8862269 相比误差还挺大, 用时慎重.

表 7.6 高斯–拉盖尔求积公式的节点和系数

n	x_k	A_k	n	x_k	A_k
0	1	1	3	0.32254769	0.603154104
				1.745761101	0.357418692
				4.536620297	0.038887909
1	0.585786438	0.853553391		9.395070912	0.000539295
	3.414213562	0.146446609	4	0.26356032	0.521755611
2	0.415774557	0.71109301		1.413403059	0.398666811
	2.29428036	0.278517734		3.596425771	0.075942497
	6.289945083	0.010389257		7.085810006	0.36117586×10^{-2}
				12.64080084	0.233699724×10^{-4}
			5	⋯	⋯

7.8 多 重 积 分

前面各节讨论的方法可用于计算多重积分. 考虑二重积分

$$\iint\limits_R f(x,y)\mathrm{d}A,$$

它是曲面 $z=f(x,y)$ 与平面区域 R 围成的体积, 对于矩形区域 $R=\{(x,y)|a\leqslant x\leqslant b, c\leqslant y\leqslant d\}$, 可将它写成累次积分

$$\iint\limits_R f(x,y)\mathrm{d}x=\int_a^b\left(\int_c^d f(x,y)\mathrm{d}y\right)\mathrm{d}x.$$

若用复化抛物线公式, 可分别将 $[a,b],[c,d]$ 分为 N,M 等份, 步长 $h=\dfrac{b-a}{N},k=\dfrac{d-c}{M}$, 先对 y 积分

$$\int_c^d f(x,y)\mathrm{d}y.$$

应用复化抛物线公式, 令 $y_i=c+ik$, $y_{i+(1/2)}=c+\left(i+\dfrac{1}{2}\right)k$, 则

$$\int_c^d f(x,y)\mathrm{d}y=\frac{k}{6}\left[f(x,y_0)+4\sum_{i=0}^{M-1}f(x,y_{i+(1/2)})+2\sum_{i=0}^{M-1}f(x,y_i)+f(x,y_M)\right],$$

从而得

$$\begin{aligned}\int_a^b\int_c^d f(x,y)\mathrm{d}y\mathrm{d}x=&\frac{k}{6}\bigg[\int_a^b f(x,y_0)\mathrm{d}x+4\sum_{i=0}^{M-1}\int_a^b f(x,y_{i+(1/2)})\mathrm{d}x\\&+2\sum_{i=0}^{M-1}\int_a^b f(x,y_i)\mathrm{d}x+\int_a^b f(x,y_M)\mathrm{d}x\bigg],\end{aligned}$$

再对积分变量 x 用复化抛物线公式即可求得积分的近似值.

例 7.11 用复化抛物线公式求二重积分

$$\int_{1.4}^{2}\int_{1.0}^{1.5}\ln(x+2y)\mathrm{d}y\mathrm{d}x$$

的近似值.

解 取 $N=2, M=1$, 即 $h=0.3, k=0.5$, 得

$$
\begin{aligned}
&\int_{1.4}^{2}\int_{1.0}^{1.5}\ln(x+2y)\mathrm{d}y\mathrm{d}x\\
\approx&\frac{k}{6}\left[\int_{1.4}^{2}\ln(x+2)\mathrm{d}x+4\int_{1.4}^{2}\ln(x+2.5)\mathrm{d}x+\int_{1.4}^{2}\ln(x+3)\mathrm{d}x\right]\\
=&\frac{0.5}{6}\times\frac{0.3}{6}[\ln 3.4+4(\ln 3.55+\ln 3.85)+2\ln 3.7+\ln 4]\\
&+\frac{0.5}{6}\times\frac{1.2}{6}[\ln 3.9+4(\ln 4.05+\ln 4.35)+2\ln 4.2+\ln 4.5]\\
&+\frac{0.5}{6}\times\frac{0.3}{6}[\ln 4.4+4(\ln 4.55+\ln 4.85)+2\ln 4.7+\ln 5]\\
=&0.42955244,
\end{aligned}
$$

此积分的真值是 0.4295545275.

二重积分也可用其他求积公式近似计算, 特别是为了减小函数值计算可采用高斯求积公式.

对于非矩形区域的二重积分, 只要化为累次积分, 也可类似矩形域情形求得其近似值, 如二重积分

$$I=\int_a^b\int_{c(x)}^{d(x)}f(x,y)\mathrm{d}y\mathrm{d}x,$$

用抛物线公式可转化为

$$I\approx\int_a^b\frac{k(x)}{3}[f(x,c(x))+4f(x,c(x)+k(x))+f(x,d(x))]\mathrm{d}x,$$

其中, $k(x)=\dfrac{d(x)-c(x)}{2}$, 然后再对每个积分使用抛物线公式, 则可求得积分 I 的近似值.

7.9 数值微分

实际应用中, 通常需要求离散形式的函数在某点的导数值, 就只能用近似方法计算其导数, 这就是数值微分要研究的内容.

7.9.1 插值型求导公式

对于函数 $y=f(x)$, 已知 $f(x_i)=y_i\ (i=0,1,\cdots,n)$, 运用插值原理, 可以建立插值多项式 $y=P_n(x)$ 作为它的近似函数. 由于多项式的求导比较容易, 我们取 $P_n'(x)$ 的值作为 $f'(x)$ 的近似值, 这样建立的数值公式

$$f'(x)\approx P_n'(x)\tag{7.38}$$

统称为**插值型求导公式**.

必需指出, 即使 $f(x)$ 与 $P_n(x)$ 的值相差不多, 导数的近似值 $P_n'(x)$ 与导数的真值 $f'(x)$ 仍然可能差别很大, 因而在使用求导公式 (7.38) 时应特别注意误差的分析.

依据插值余项定理, 求导公式 (7.38) 的余项为

$$f'(x)-P_n'(x)=\frac{f^{(n+1)}(\xi)}{(n+1)!}\omega_{n+1}'(x)+\frac{\omega_{n+1}(x)}{(n+1)!}\frac{\mathrm{d}f^{(n+1)}(\xi)}{\mathrm{d}x},$$

式中 $\omega_{n+1}(x)=\prod_{i=0}^{n}(x-x_i)$.

在这个余项公式中, 由于 ξ 是 x 的未知函数, 无法对它的第二项 $\frac{\omega_{n+1}(x)}{(n+1)!}\times\frac{\mathrm{d}f^{(n+1)}(\xi)}{\mathrm{d}x}$ 作出进一步的说明, 因此, 对于任意给出的点 x, 误差 $f'(x)-P_n'(x)$ 是无法预估的. 但是, 如果我们限定求某个节点 x_k 上的导数值, 那么上面的第二项因式 $\omega_{n+1}(x_k)$ 变为零, 这时有余项公式

$$f'(x_k)-P_n'(x_k)=\frac{f^{(n+1)}(\xi)}{(n+1)!}\omega_{n+1}'(x_k).\tag{7.39}$$

为简化讨论, 下面仅讨论区间等分时节点处的导数值.

1. 两点公式

设节点 x_0,x_1 上的函数值为 $f(x_0),f(x_1)$, 作线性插值

$$P_1(x)=\frac{x-x_1}{x_0-x_1}f(x_0)+\frac{x-x_0}{x_1-x_0}f(x_1),$$

令 $h=x_1-x_0$, 上式两端求导, 有

$$P_1'(x)=\frac{1}{h}[-f(x_0)+f(x_1)],$$

于是, 有求导公式

$$P_1'(x_0)=\frac{1}{h}[f(x_1)-f(x_0)]=P_1'(x_1),$$

而利用余项公式 (7.39) 知, 带余项的两点公式为

$$f'(x_0)=\frac{1}{h}[f(x_1)-f(x_0)]-\frac{h}{2}f''(\xi),$$

$$f'(x_1)=\frac{1}{h}[f(x_1)-f(x_0)]+\frac{h}{2}f''(\xi).$$

2. 三点公式

设已给出三个节点 $x_0, x_1 = x_0 + h, x_2 = x_0 + 2h$ 上的函数值, 作二次插值

$$\begin{aligned}P_2(x) =&\frac{(x-x_1)(x-x_2)}{(x_0-x_1)(x_0-x_2)}f(x_0)+\frac{(x-x_0)(x-x_2)}{(x_1-x_0)(x_1-x_2)}f(x_1)\\&+\frac{(x-x_0)(x-x_1)}{(x_2-x_0)(x_2-x_1)}f(x_2).\end{aligned}$$

令 $x = x_0 + th$, 上式可表示为

$$P_2(x_0+th)=\frac{1}{2}(t-1)(t-2)f(x_0)-t(t-2)f(x_1)+\frac{1}{2}t(t-1)f(x_2),$$

两端对 t 求导, 有

$$P_2'(x_0+th)=\frac{1}{2h}[(2t-3)f(x_0)-(4t-4)f(x_1)+(2t-1)f(x_2)], \tag{7.40}$$

上式分别取 $t = 0, 1, 2$, 得到三点求导公式:

$$\begin{aligned}P_2'(x_0)&=\frac{1}{2h}[-3f(x_0)+4f(x_1)-f(x_2)],\\P_2'(x_1)&=\frac{1}{2h}[-f(x_0)+f(x_2)],\\P_2'(x_2)&=\frac{1}{2h}[f(x_0)-4f(x_1)+3f(x_2)],\end{aligned}$$

而带余项的三点求导公式为

$$\begin{cases}f'(x_0)=\dfrac{1}{2h}[-3f(x_0)+4f(x_1)-f(x_2)]+\dfrac{h^2}{3}f'''(\xi_0),\\f'(x_1)=\dfrac{1}{2h}[-f(x_0)+f(x_2)]-\dfrac{h^2}{6}f'''(\xi_1),\\f'(x_2)=\dfrac{1}{2h}[f(x_0)-4f(x_1)+3f(x_2)]+\dfrac{h^2}{3}f'''(\xi_2).\end{cases}$$

用插值多项式 $P_n(x)$ 作为 $f(x)$ 的近似函数, 还可以建立高阶数值微分公式

$$f^{(k)}(x)\approx P_n^{(k)}(x),\quad k=1,2,\cdots.$$

例如, 将 (7.40) 式再对 t 求导一次, 有

$$P_2''(x_0+th)=\frac{1}{h^2}[f(x_0)-2f(x_1)+f(x_2)],$$

于是有

$$P_2''(x_1)=\frac{1}{h^2}[f(x_1-h)-2f(x_1)+f(x_1+h)],$$

而带余项的二阶三点公式为

$$f''(x_1)=\frac{1}{h^2}[f(x_1-h)-2f(x_1)+f(x_1+h)]-\frac{h^2}{12}f^{(4)}(\xi).$$

7.9.2 三次样条求导

三次样条函数 $S(x)$ 作为 $f(x)$ 的近似, 不但函数值很接近, 导数值也很接近, 并有

$$\left\|f^{(k)}(x)-S^{(k)}(x)\right\|_{\infty} \leqslant C_k\left\|f^{(4)}\right\|_{\infty} h^{4-k}, \quad k=0,1,2, \tag{7.41}$$

因此, 利用三次样条函数 $S(x)$ 直接得到

$$f^{(k)}(x) \approx S^{(k)}(x), \quad k=0,1,2,$$

根据三次样条理论, 可求得

$$\begin{aligned}
&f'(x_k) \approx S'(x_k)=-\frac{h_k}{3} M_k-\frac{h_k}{6} M_{k+1}+f[x_k, x_{k+1}], \\
&f''(x_k)=M_k,
\end{aligned}$$

这里 $f[x_k, x_{k+1}]$ 为一阶均差. 其误差由 (7.41) 式可得

$$\|f'-S'\|_{\infty} \leqslant \frac{1}{24}\left\|f^{(4)}\right\|_{\infty} h^3, \quad \|f''-S''\|_{\infty} \leqslant \frac{3}{8}\left\|f^{(4)}\right\|_{\infty} h^2.$$

7.10 小结与 MATLAB 应用

7.10.1 本章小结

本章主要研究求解定积分的数值方法, 包括数值积分的概念、代数精度、收敛性、稳定性, 插值型求积公式及余项, 重点介绍了牛顿–科茨求积公式和复化求积方法, 对龙贝格求积方法和高斯求积公式也做了讲解, 并对多重积分的数值计算进行了简单的介绍.

本章最后介绍了数值微分概念, 并介绍了插值型求导和三次样条求导方法.

7.10.2 MATLAB 在积分上的应用

MATLAB 求定积分和微分的命令在 1.3 节已有介绍, 这里不再赘述. 对于重积分的计算, 也要化为定积分进行, 因此, 在计算时, 都需先进行化简, 再利用 MATLAB 进行计算. 例如:

$$\iint_D f(x,y)\mathrm{d}\sigma=\int_a^b \mathrm{d}x \int_{y_1(x)}^{y_2(x)} f(x,y)\mathrm{d}y$$

或

$$\iint_D f(x,y)\mathrm{d}\sigma=\int_c^d \mathrm{d}y \int_{x_1(y)}^{x_2(y)} f(x,y)\mathrm{d}x,$$

则通过输入

```
int(int(f(x,y),y,y1(x),y2(x)),x,a,b)
```

或

```
int(int(f(x,y),x,x1(y),x2(y)),y,c,d)
```

计算之. 利用 int 计算出来的是精确值, 也可利用 dblquad 或 vpa 计算近似值.

例如, 计算 $\iint_D \mathrm{e}^{-x^2-y^2}\mathrm{d}\sigma$, 其中区域 D 由曲线 $2xy=1, y=\sqrt{2x}, x=2.5$ 围成.

通过分析, 二重积分可化为

$$\iint_D \mathrm{e}^{-x^2-y^2}\mathrm{d}\sigma=\int_{0.5}^{2.5}\mathrm{d}x\int_{y_1(x)}^{y_2(x)}\mathrm{e}^{-x^2-y^2}\mathrm{d}y,\quad y_1(x)=\frac{1}{2x},\quad y_2(x)=\sqrt{2x}.$$

因此, 输入命令

```
syms x y;
y1=1/(2*x); y2=sqrt(2*x); f=exp(-x^2-y^2);
fy=int(f,y,y1,y2);fx=int(fy,x,0.5,2.5); j=vpa(fx)
```

计算结果为 0.124127988.

习 题 7

1. 确定下列求积公式中的待定参数, 使其代数精度尽量高, 并指明构造出的求积公式所具有的代数精度.

(1) $\int_{-h}^{h} f(x)\mathrm{d}x \approx A_0 f(-h)+A_1 f(0)+A_2 f(h)$;

(2) $\int_{-2h}^{2h} f(x)\mathrm{d}x \approx A_0 f(-h)+A_1 f(0)+A_2 f(h)$.

2. 给定区间 $[-1,1]$ 上的求积公式 $\int_{-1}^{1} f(x)\mathrm{d}x \approx \omega_0 f(x_0)+\omega_1 f(x_1)$, 试确定未知参数使其具有最高代数精度.

3. 推导下列三种矩形求积公式:

(1) $\int_a^b f(x)\mathrm{d}x = f(a)(b-a)+\frac{f'(\eta)}{2}(b-a)^2$;

(2) $\int_a^b f(x)\mathrm{d}x = f(b)(b-a)-\frac{f'(\eta)}{2}(b-a)^2$;

(3) $\int_a^b f(x)\mathrm{d}x = f\left(\frac{a+b}{2}\right)(b-a)+\frac{f''(\eta)}{24}(b-a)^3$.

4. 给定求积节点 $x_0=\frac{1}{4}, x_1=\frac{2}{4}, x_2=\frac{3}{4}$:

(1) 推导区间 [0, 1] 上的插值型求积公式并求代数精度;

(2) 用此求积公式求 $\int_1^2 \frac{1}{1+x^2}\,\mathrm{d}x$ 的近似值.

5. 分别用梯形公式和抛物线公式求积分 $\int_0^1 \mathrm{e}^x \mathrm{d}x$ 和 $\int_1^8 \sqrt{x}\mathrm{d}x$, 并估计误差.

6. 函数 $f(x) = \sin x^2$ 的函数值如表 7.7 所示, 分别用复化梯形公式和复化抛物线公式求 $\int_1^2 \sin x^2 \mathrm{d}x$ 的近似值.

表 7.7　$\sin x^2$ 的函数值表

x_i	1	1.125	1.25	1.375	1.5
$f(x_i)$	0.841471	0.953795	0.999966	0.949289	0.778073
x_i		1.625	1.75	1.875	2
$f(x_i)$		0.480275	0.07901	−0.36537	−0.756802

7. 用复化梯形公式和复化抛物线公式求积分 $\int_0^1 \mathrm{e}^{-x^2}\mathrm{d}x$, 问要将积分区间 $[0,1]$ 分成多少等份, 才能保证误差不超过 10^{-3}?

8. 用复化梯形公式求积分 $\int_a^b f(x)\mathrm{d}x$, 问要将积分区间 $[a,b]$ 分成多少等份, 才能保证误差不超过 ε?

9. 用定积分定义证明复化梯形公式与复化抛物线公式的收敛性.

10. 验证关于 T_{2n}, T_n 的线性组合 $\frac{4}{4-1}T_{2n} - \frac{1}{4-1}T_n$ 等于 S_n.

11. 设函数 $f(x)$ 的函数值如表 7.7 所示, 积分区间为 $[1,2]$, 试用龙贝格方法求积分.

12. 用龙贝格方法计算积分 $\int_1^2 \mathrm{e}^{-x}\mathrm{d}x$, 要求误差不超过 10^{-5}.

13. 分别用龙贝格方法和三点、五点高斯–勒让德公式求 $\int_1^2 \sin x^2\mathrm{d}x$ 的近似值.

14. 分别用三点、五点高斯–拉盖尔求积公式计算 $\int_0^{+\infty} \mathrm{e}^{-5x}\sin x\mathrm{d}x$ 的近似值.

15. 用复化抛物线公式求二重积分

$$\int_0^1 \int_1^2 \mathrm{e}^{-(x^2+y^2)}\mathrm{d}y\mathrm{d}x$$

的近似值.

16. $f(x) = \frac{1}{(1+x)^2}$ 的函数值如表 7.8 所示, 用三点公式求 $f(x)$ 在 $x = 1.0, 1.2$ 处的导数值, 并估计误差.

表 7.8

x_k	1.0	1.1	1.2	1.3	1.4
$f(x_k)$	0.2500	0.2268	0.2066	0.1890	0.1736

第 8 章　常微分方程的数值解法

在实际工作中常常会遇到求解常微分方程的定解问题, 虽然我们已经学过一些常微分方程定解问题的解法, 但那只是对一些特殊类型方程的求解方法, 而实际问题推导出的常微分方程往往无法求其解析解, 有时虽能求出解析解, 但当求它在某一点的函数值时, 还是比较困难的. 因此, 有必要研究其数值解.

8.1 引　　言

本章主要讨论形如 (8.1) 的一阶常微分方程定解问题 (又称初值问题):

$$\begin{cases} \dfrac{\mathrm{d}y}{\mathrm{d}x} = f(x,y), \quad a \leqslant x \leqslant b, \quad |y| < +\infty, \\ y(a) = y_0, \end{cases} \tag{8.1}$$

其中, 函数 $f(x,y)$ 在区域 $D = \{(x,y)\,|a \leqslant x \leqslant b, |y| < +\infty\}$ 上满足:

(1) $f(x,y)$ 连续;

(2) $f(x,y)$ 关于变量 y 满足利普希茨 (Lipschitz) 条件, 即存在正数 L, 对 $\forall y_1, y_2$ 和 $x \in [a,b]$, 均有

$$|f(x,y_1) - f(x,y_2)| \leqslant L\,|y_1 - y_2|\,, \tag{8.2}$$

y_0 是给定的常数, L 称为利普希茨常数. 由常微分方程基本理论知道, 此时初值问题 (8.1) 有唯一解, 记为 $y = y(x)$.

所谓数值解法, 就是通过离散化的方法求出精确解 $y(x)$ 在区间某些节点上的近似值, 即在 $[a,b]$ 上插入节点 x_k, 记 $h_k = x_k - x_{k-1}(k = 1,2,\cdots,n)$, 称为步长, 不妨设 x_k 已从小到大排列, 即满足 $a = x_0 < x_1 < \cdots < x_n = b$. 实际应用中, 通常采用等步长的方法, 即 $h_k = h = \dfrac{b-a}{n}$, $x_k = a + kh(k = 0,1,\cdots,n)$. 本章如不加说明, 总假定是等步长, 并记 $y(x_k)$ 的近似解为 y_k, $f(x_k, y_k)$, 记为 f_k.

由于 $y(x_0) = y_0$ 已知, 自然设想利用这个已知信息求出 $y(x_1)$ 的近似值 y_1, 然后由 y_1 求得 $y(x_2)$ 的近似值 y_2, 如此下去, 这就是初值问题数值解法, 称为 "**步进法**".

8.2 欧拉方法及其改进

欧拉方法

8.2.1 欧拉方法

欧拉 (Euler) 方法是常微分方程初值问题最简单的数值解法, 我们通过欧拉方法介绍离散化途径、数值解法中的基本概念等, 其公式推导有如下三种方式.

1. 差商代替导数

用差商 $\dfrac{y(x_{k+1})-y(x_k)}{h}$ 近似代替导数 $y'(x_k)$, 由式 (8.1) 就有

$$\frac{y(x_{k+1})-y(x_k)}{h}\approx f(x_k,y(x_k)). \tag{8.3}$$

将"≈"改为"=", 用 y_k,y_{k+1},f_k 分别代替 $y(x_k),y(x_{k+1}),f(x_k,y(x_k))$, 得

$$\begin{cases} y_0=y(a), \\ y_{k+1}=y_k+hf(x_k,y_k)=y_k+hf_k, \quad k=0,1,\cdots,n-1, \end{cases} \tag{8.4}$$

式 (8.4) 就是著名的欧拉公式, 即从已知 $y_0=y(a)$ 出发, 可逐步求出 $y(x_k)$ 的近似值 $y_k(k=1,\cdots,n)$, 这种求解方法称为**欧拉方法**. 因此, 求解常微分方程初值问题 (8.1) 化为求解差分方程初值问题 (8.4).

2. 数值积分法

将式 (8.1) 两边从 x_k 到 x_{k+1} 积分, 得

$$y(x_{k+1})-y(x_k)=\int_{x_k}^{x_{k+1}}f(x,y(x))\mathrm{d}x, \tag{8.5}$$

右边采用左矩形公式, 并用 y_k, y_{k+1} 近似 $y(x_k)$, $y(x_{k+1})$, "≈"改为"=", 亦可得到欧拉公式 (8.4).

注意, 式 (8.5) 右端积分如改用右矩形公式, 可得

$$y_{k+1}=y_k+hf(x_{k+1},y_{k+1}),$$

称为**后退欧拉方法**. 由于其右端隐含 y_{k+1}, 也称为**隐式欧拉方法**.

3. 泰勒级数法

假定函数 $f(x,y)$ 在区域 $D=\{(x,y)\,|a\leqslant x\leqslant b,|y|<+\infty\}$ 上任意可微, 将初值问题 (8.1) 的解 $y=y(x)$ 在 $x=x_k$ 处泰勒展开, 并令 $x=x_{k+1}$, 得

$$y(x_{k+1})=y(x_k)+hf(x_k,y(x_k))+\frac{y''(\xi_k)}{2!}h^2, \quad \xi_k\in(x_k,x_{k+1}), \tag{8.6}$$

舍去 h^2 高阶项, 分别用 $y_k, y_{k+1}, f_k = f(x_k, y_k)$ 代替 $y(x_k), y(x_{k+1})$ 和 $f(x_k, y(x_k))$, 同样可得到欧拉公式 (8.4).

欧拉公式的几何意义

初值问题 (8.1) 的解曲线为 $y = y(x)$ (图 8.1), 过点 $P_0(x_0, y_0)$ 作切线 (斜率为 $f(x_0, y_0)$), 交 $x = x_1$ 于 $P_1(x_1, y_1)$, 显然 $y_1 = y_0 + hf(x_0, y_0)$. 类似地, 过点 $P_1(x_1, y_1)$ 的解曲线具有斜率 $f(x_1, y_1)$, 从点 P_1 出发作切线与 $x = x_2$ 的交点 $P_2(x_2, y_2)$, 有 $y_2 = y_1 + hf(x_1, y_1)$. 如此我们即可得到一条折线 $\overline{P_0P_1\cdots P_k\cdots}$, 作为初值问题 (8.1) 解曲线 $y = y(x)$ 的近似曲线, 所以欧拉方法又称**欧拉切线法**或**欧拉折线法**.

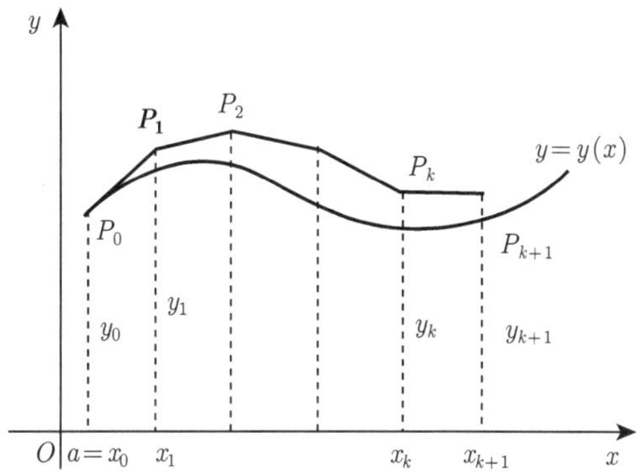

图 8.1　欧拉方法的几何意义

由于初值问题 (8.1) 的精确解 $y = y(x)$ 满足 (8.6), 因此我们称 $\dfrac{y''(\xi_k)}{2!}h^2$ 为欧拉方法的局部截断误差. 这种误差是在 $y_k = y(x_k)$ 的条件下, 利用公式 (8.4) 算得 $y(x_{k+1})$ 的近似值 y_{k+1} 的误差, 即 $y(x_{k+1}) - y_{k+1} = \dfrac{y''(\xi_k)}{2!}h^2 = O(h^2)$.

例 8.1　*用欧拉方法求解初值问题* $\begin{cases} y' = -2xy^2, \\ y(0) = 1, \end{cases}$ $0 \leqslant x \leqslant 0.6 (h = 0.1)$, *并与精确值进行比较.*

解　容易求得初值问题 $\begin{cases} y' = -2xy^2, \\ y(0) = 1 \end{cases}$ 的精确解为 $y(x) = \dfrac{1}{1+x^2}$, 故 $y(x_k) = \dfrac{1}{1+x_k^2}$.

依题意, $x_k = 0.1k$, 由欧拉公式 $\begin{cases} y_0 = y(0) = 1, \\ y_{k+1} = y_k + hf(x_k, y_k), \end{cases}$ 得

$$\begin{cases} y_0 = 1, \\ y_{k+1} = y_k - 0.2x_k y_k^2, \quad k = 0, 1, 2, \cdots, 5, \end{cases}$$

计算结果见表 8.1.

表 8.1 精确解与欧拉法和改进欧拉法计算结果

k	x_k	$y(x_k)$	欧拉法	误差	改进欧拉法	误差
0	0	1	1	0	1	0
1	0.1	0.990099	1	−0.0099	0.99	9.9E−05
2	0.2	0.961538	0.98	−0.01846	0.96137	0.00017
3	0.3	0.917431	0.94158	−0.02415	0.91725	0.00019
4	0.4	0.862069	0.88839	−0.02632	0.86195	0.00011
5	0.5	0.8	0.82525	−0.02525	0.80003	−0.00003
6	0.6	0.735294	0.75715	−0.02185	0.73553	−0.0002

8.2.2 改进的欧拉方法

欧拉方法虽然计算简单, 但精度不高, 较少直接使用. 为了提高计算精度, 考虑 (8.5) 右端积分改用梯形公式, 可得

$$y_{k+1}=y_k+\frac{h}{2}[f(x_k,y_k)+f(x_{k+1},y_{k+1})], \tag{8.7}$$

称之为**梯形方法**. 由梯形求积公式的余项可知, 梯形方法的局部截断误差为

$$y(x_{k+1})-y_{k+1}=-\frac{y'''(\xi_k)}{12}h^3=O(h^3),$$

较欧拉方法提高了精度.

梯形方法 (8.7) 与欧拉方法 (8.4) 相比, 虽然提高了精度, 但由于其公式右端 $f(x_{k+1},y_{k+1})$ 含有 y_{k+1}, 若 $f(x,y)$ 不是线性函数, 则 (8.7) 就是隐式差分方程, 不易计算. 实际计算时, 通常采取先用欧拉方法计算 y_{k+1} 的估计值 $\bar{y}_{k+1}$, 再用梯形方法改进一次, 通常称为**预估–校正**(predict-correct)**算法**, 简称 **PC 算法**:

$$\begin{cases} \mathrm{P}: \bar{y}_{k+1}=y_k+hf(x_k,y_k), \\ \mathrm{C}: y_{k+1}=y_k+\dfrac{h}{2}[f(x_k,y_k)+f(x_{k+1},\bar{y}_{k+1})], \end{cases} \quad k=0,1,\cdots,n-1, \tag{8.8}$$

称之为**改进欧拉方法**或预估–校正欧拉方法. 改进欧拉方法还可写成

$$y_{k+1}=y_k+\frac{h}{2}[f(x_k,y_k)+f(x_{k+1},y_k+hf(x_k,y_k))] \tag{8.9}$$

或

$$\begin{cases} y_{k+1}=y_k+\dfrac{h}{2}(K_1+K_2), \\ K_1=f(x_k,y_k), \\ K_2=f(x_{k+1},y_k+hK_1). \end{cases} \tag{8.10}$$

例 8.2 用改进欧拉方法再解初值问题 $\begin{cases} y'=-2xy^2, \\ y(0)=1, \end{cases}$ $0\leqslant x\leqslant 0.6(h=0.1)$, 并与精确值进行比较.

解 依题意, 改进欧拉方法为

$$\begin{cases} \mathrm{P}: \bar{y}_{k+1} = y_k + hf(x_k, y_k) = y_k - 0.2x_k y_k^2, \\ \mathrm{C}: y_{k+1} = y_k - 0.1[x_k y_k^2 + x_{k+1} * \bar{y}_{k+1}^2], \end{cases} \quad k = 0, 1, \cdots, 5,$$

计算结果见表 8.1.

由表 8.1 不难看出, 改进欧拉方法比欧拉方法误差小很多.

8.2.3 局部截断误差与整体截断误差

在讨论欧拉方法和梯形方法时, 我们说在 $y_k = y(x_k)$ 的条件下, 算得 $y(x_{k+1})$ 的近似值 y_{k+1}, 误差 $R_{k+1} = y(x_{k+1}) - y_{k+1}$ 称为**局部截断误差**.

一般地, 显式单步法具有形式

$$\begin{cases} y_0 = y(x_0), \\ y_{k+1} = y_k + h\phi(x_k, y_k, h), \quad k = 0, 1, \cdots, n-1, \end{cases} \tag{8.11}$$

其中, $y(x)$ 为其精确解, 则局部截断误差为

$$R_{k+1} = y(x_{k+1}) - (y(x_k) + h\phi(x_k, y(x_k), h)),$$

即在 $y_k = y(x_k)$ 的条件下, 由 (8.11) 算得 $y(x_{k+1})$ 的近似值 y_{k+1} 的误差 $R_{k+1} = y(x_{k+1}) - y_{k+1}$.

若某单步法的局部截断误差 $R_{k+1} = O(h^{p+1})$ $(P > 0)$, 则称其为 p **阶方法**或具有 p **阶精度**. 显然欧拉方法具有一阶精度, 改进欧拉方法具有二阶精度.

设 y_k 是单步法 (8.11) 的数值解, 称

$$e_k = y(x_k) - y_k \quad (k = 1, 2, \cdots, n)$$

为单步法 (8.11) 在 x_k 点的**整体截断误差**, 即当 $y_0 = y(x_0)$ 时计算到 y_k 产生的误差.

例 8.3 设有初值问题 $\begin{cases} y' = f(x, y), \\ y(0) = y_0, \end{cases}$ $0 \leqslant x \leqslant T, y \in R$, 已知 $f(x, y)$ 关于变量 y 满足利普希茨条件且欧拉方法的局部截断误差为 $O(h^2)$, 求欧拉方法的整体截断误差.

解 设利普希茨常数为 L, 局部截断误差 $R_k = O(h^2) \leqslant M_1 h^2$, 节点为 $x_k, k = 0, 1, \cdots, n$, 初值问题的精确解为 $y(x_k)$、近似解为 y_k, 当第 k 步精确时, 第 $k+1$ 步

近似解为 u_{k+1}, 则

$$\begin{aligned}|e_{k+1}| &= |y(x_{k+1}) - y_{k+1}| \\ &= |y(x_{k+1}) - u_{k+1} + u_{k+1} - y_{k+1}| \\ &\leqslant |y(x_{k+1}) - u_{k+1}| + |u_{k+1} - y_{k+1}| \\ &\leqslant |R_{k+1}| + |u_{k+1} - y_{k+1}|,\end{aligned}$$

而

$$\begin{aligned}|u_{k+1} - y_{k+1}| &= |y(x_k) + hf(x_k, y(x_k)) - y_k - hf(x_k, y_k)| \\ &\leqslant |y(x_k) - y_k| + hL|y(x_k) - y_k| = (1 + hL)|e_k|,\end{aligned}$$

故

$$\begin{aligned}|e_k| &\leqslant |R_k| + (1 + hL)|e_{k-1}| \leqslant |R_k| + (1 + hL)(|R_{k-1}| + (1 + hL)|e_{k-2}|) \\ &\leqslant |R_k| + (1 + hL)|R_{k-1}| + (1 + hL)^2|R_{k-2}| \\ &\quad + \cdots + (1 + hL)^{k-1}|R_1| + (1 + hL)^k|e_0| \\ &\leqslant M_1h^2(1 + (1 + hL) + (1 + hL)^2 + \cdots + (1 + hL)^{k-1}) \\ &= M_1h^2\frac{(1 + hL)^k - 1}{hL} \leqslant \frac{M_1}{L}h(\mathrm{e}^{Lhk} - 1) \\ &\leqslant \frac{M_1(\mathrm{e}^{LT} - 1)}{L}h = O(h),\end{aligned}$$

所以 $e_k = O(h)$.

8.3 龙格–库塔方法

在用泰勒级数法推导欧拉公式时, 我们舍去了 $O(h^2)$ 项, 自然想到如果多取几项, 也就是略去 p 值更大的 $O(h^{p+1})$ 项, 就会得到精度更高的数值方法. 泰勒级数的一般公式为

$$y_{k+1} = y_k + hy_k' + \frac{h^2}{2!}y_k'' + \cdots + \frac{h^p}{p!}y_k^{(p)}, \tag{8.12}$$

其局部截断误差为

$$y(x_{k+1}) - y_{k+1} = \frac{h^{p+1}}{(p+1)!}y^{(p+1)}(\xi_k), \quad \xi_k \in (x_k, x_{k+1}),$$

$y_k^{(i)}$ 可按复合函数求导法则求得, 但 i 越大表达式越复杂, 计算越困难. 若 $f(x, y)$ 的二阶偏导数连续, 当 $i = 3$ 时, y_k''' 为

$$y_k''' = (f_{xx}'' + 2ff_{xy}'' + f^2f_{yy}'' + ff_x'f_y' + f_x'f_y')|_{(x_k, y_k)}.$$

我们已经学习的改进欧拉方法, 不需要计算 $f(x,y)$ 的偏导数, 也达到了二阶精度, 这说明可以用 $f(x,y)$ 在一些点上函数值的线性组合来构造高阶单步法. 这一类方法称为**龙格–库塔**(Runge-Kutta)**方法**, 简称 **R-K 方法**.

8.3.1 二阶龙格–库塔方法

公式 (8.10) 是一个特殊的二阶龙格–库塔方法. 它用 x_k, x_{k+1} 这两个点处 $f(x,y)$ 函数值 (斜率) 的均值作为平均斜率. 更一般地, 在区间 $[x_k,x_{k+1}]$ 内取 x_k, $x_{k+p}(0<p\leqslant 1)$, 将这两个点上的斜率值 K_1, K_2 的线性组合作为平均斜率 K^*, 即

$$\begin{cases} y_{k+1}=y_k+h(\lambda_1K_1+\lambda_2K_2), \\ K_1=f(x_k,y_k), \\ K_2=f(x_k+ph,y_k+phK_1), \end{cases} \tag{8.13}$$

选取参数 λ_1,λ_2,p 的值, 使 (8.13) 有二阶精度.

为此, 将 K_2 在 (x_k,y_k) 点作二元函数泰勒展开, 有

$$K_2=f(x_k,y_k)+ph(f'_x+f\cdot f'_y\,)|_{(x_k,y_k)}+O(h^2).$$

将 K_1, K_2 代入, 整理得

$$\begin{aligned} y_{k+1}&=y_k+h(\lambda_1K_1+\lambda_2K_2)=y_k+h[\lambda_1f_k+\lambda_2f_k \\ &\quad+\lambda_2ph(f'_x+f\cdot f'_y\,)|_{(x_k,y_k)}+O(h^2)] \\ &=y_k+(\lambda_1+\lambda_2)hf_k+\lambda_2ph^2(f'_x+f\cdot f'_y\,)|_{(x_k,y_k)}+O(h^3), \end{aligned}$$

而泰勒级数法公式为

$$y_{k+1}=y_k+hy'_k+\frac{h^2}{2!}y''_k,$$

比较两者系数, 得到三个待定参数 λ_1,λ_2,p 应满足

$$\begin{cases} \lambda_1+\lambda_2=1, \\ \lambda_2p=\dfrac{1}{2}. \end{cases} \tag{8.14}$$

满足 (8.14) 形如 (8.13) 的所有公式均称为二阶龙格–库塔公式. 特别当 $\lambda_1=\lambda_2=\dfrac{1}{2}$, $p=1$ 时就是改进的欧拉公式.

8.3.2 高阶龙格–库塔方法

为提高精度, 在区间 $[x_k,x_{k+1}]$ 内取 x_k, x_{k+p} 和 x_{k+q} $(0<p<q\leqslant 1)$, 将这三点上的斜率值 K_1, K_2, K_3 的线性组合作为平均斜率 K^* . 显然, $K_1=f(x_k,y_k)$, $K_2=f(x_{k+p},y_k+phK_1)$, 而我们用

$$K_3=f(x_{k+q},y_{k+q})=f(x_k+qh,y_k+qh(rK_1+sK_2))$$

来计算 K_3 , 从而有

$$\begin{cases} y_{k+1} = y_k + h(\lambda_1 K_1 + \lambda_2 K_2 + \lambda_3 K_3), \\ K_1 = f(x_k, y_k), \\ K_2 = f(x_k + ph, y_k + phK_1), \\ K_3 = f(x_k + qh, y_k + qh(rK_1 + sK_2)). \end{cases} \tag{8.15}$$

为了确定 (8.15) 中的待定参数 $\lambda_1, \lambda_2, \lambda_3, p, q, r, s$, 我们同样将 K_2, K_3 在 (x_k, y_k) 点作二元函数泰勒展开, 代入 y_{k+1}, 通过与三阶泰勒级数法比较系数, 则得待定参数满足的条件为

$$\lambda_1 + \lambda_2 + \lambda_3 = 1, \quad r + s = 1, \tag{8.16}$$

以及

$$\begin{cases} \lambda_2 p + \lambda_3 q = \dfrac{1}{2}, \\ \lambda_2 p^2 + \lambda_3 q^2 = \dfrac{1}{3}, \\ \lambda_3 pqs = \dfrac{1}{6}, \end{cases} \tag{8.17}$$

参数满足 (8.16) 和 (8.17) 的形如 (8.15) 的公式统称为三阶龙格–库塔公式. 它也是一族公式. 如取 $p = \dfrac{1}{2}, q = 1$, 可得 $\lambda_1 = \lambda_3 = \dfrac{1}{6}, \lambda_2 = \dfrac{4}{6}, r = -1, s = 2$, 此时三阶龙格–库塔公式为

$$\begin{cases} y_{k+1} = y_k + \dfrac{h}{6}(K_1 + 4K_2 + K_3), \\ K_1 = f(x_k, y_k), \\ K_2 = f\left(x_k + \dfrac{h}{2}, y_k + \dfrac{h}{2}K_1\right), \\ K_3 = f(x_k + h, y_k + h(-K_1 + 2K_2)). \end{cases}$$

用同样的方法, 还可以得到 m 阶龙格–库塔公式, 其一般形式为

$$\begin{cases} y_{k+1} = y_k + h\displaystyle\sum_{i=1}^{m} \lambda_i K_i, \\ K_1 = f(x_k, y_k), \\ K_i = f\left(x_k + p_i h, y_k + h\displaystyle\sum_{j=1}^{i-1} r_{ij} K_j\right), \quad i = 2, 3, \cdots, m. \end{cases}$$

取 $m=4$, 可得到四阶龙格–库塔公式. 下面是常用的经典四阶龙格–库塔公式:

$$\begin{cases} y_{k+1}=y_k+\dfrac{h}{6}(K_1+2K_2+2K_3+K_4), \\ K_1=f(x_k,y_k), \\ K_2=f\left(x_k+\dfrac{h}{2},y_k+\dfrac{h}{2}K_1\right), \\ K_3=f\left(x_k+\dfrac{h}{2},y_k+\dfrac{h}{2}K_2\right), \\ K_4=f(x_k+h,y_k+hK_3). \end{cases} \tag{8.18}$$

可以证明其截断误差为 $O(h^5)$.

需要注意的是, 龙格–库塔公式的推导基于解函数 $y(x)$ 的泰勒展开, 所以它要求解函数有很好的光滑性, 即 $y(x)$ 要具有所要求的导数. 如若不然, 用高阶龙格–库塔公式可能不如用低阶龙格–库塔公式效果好.

几种方法对比演示

例 8.4 用经典四阶龙格–库塔公式求解初值问题:

$$\begin{cases} y'=-2xy^2, \quad 0\leqslant x\leqslant 0.6, \quad h=0.1, \\ y(0)=1. \end{cases}$$

解 依题意, $f(x,y)=-2xy^2, h=0.1$, 经典四阶 R-K 公式为

$$\begin{cases} y_{k+1}=y_k+\dfrac{0.1}{6}(K_1+2K_2+2K_3+K_4), \\ K_1=-2x_ky_k^2, \\ K_2=-2\left(x_k+\dfrac{0.1}{2}\right)\left(y_k+\dfrac{h}{2}K_1\right)^2, \\ K_3=-2\left(x_k+\dfrac{0.1}{2}\right)\left(y_k+\dfrac{h}{2}K_2\right)^2, \\ K_4=-2(x_k+0.1)(y_k+0.1K_3)^2. \end{cases}$$

计算结果见表 8.2.

表 8.2 四阶龙格–库塔公式计算结果

k	0	1	2	3	4	5	6
x_k	0	0.1	0.2	0.3	0.4	0.5	0.6
y_k	1	0.9901	0.961538	0.917431	0.862068	0.799999	0.735294
$y(x_k)$	1	0.9901	0.961538	0.917431	0.862069	0.8	0.735294

从计算结果不难发现, 经典四阶龙格–库塔方法计算精度相当高.

8.4 单步法的收敛性与稳定性

前面已述, 显式单步法的一般形式为

$$\begin{cases} y_0 = y(x_0), \\ y_{k+1} = y_k + h\phi(x_k, y_k, h), \quad k = 0, 1, \cdots, n-1, \end{cases} \tag{8.19}$$

其中, h 是步长, $\phi(x, y, h)$ 称为增量函数. 不同的单步法对应不同的增量函数. $y(x)$ 为初值问题的精确解, y_k 为单步法 (8.19) 的数值解, 其局部截断误差为

$$R_{k+1} = y(x_{k+1}) - (y(x_k) + h\phi(x_k, y(x_k), h)),$$

整体截断误差为

$$e_{k+1} = y(x_{k+1}) - y_{k+1}.$$

本节讨论单步法的收敛性和稳定性.

8.4.1 单步法的收敛性

收敛性就是讨论当 $x = x_k$ 固定, $h = \dfrac{x_k - x_0}{k} \to 0$ 时 $e_k \to 0$ 的问题.

定义 8.1 *若单步法 (8.19) 对于固定的 $x_k = x_0 + kh$, 当 $h \to 0$ 时有 $y_k \to y(x_k)$, 其中 $y(x)$ 是初值问题的精确解, 则称该方法是***收敛***的.*

显然, 数值方法收敛是指当 $h \to 0$ 时 $e_k = y(x_k) - y_k \to 0$. 仿照例 8.3 的推导方法, 对单步法 (8.19) 不难证明下述收敛定理.

定理 8.1 *假设单步法 (8.19) 具有 p 阶精度, 且增量函数 $\phi(x, y, h)$ 关于 y 满足利普希茨条件, 即存在正数 L_ϕ, 对任意 $y, \bar{y}$ 有*

$$|\phi(x, y, h) - \phi(x, \bar{y}, h)| \leqslant L_\phi |y - \bar{y}|, \tag{8.20}$$

则其整体截断误差

$$e_k = O(h^p).$$

依据这一定理, 判断单步法 (8.19) 的收敛性, 归结为验证增量函数能否满足利普希茨条件.

对于欧拉方法, 由于其增量函数 $\phi(x, y, h)$ 就是 $f(x, y)$, $f(x, y)$ 关于 y 满足利普希茨条件, 因此它是收敛的.

例 8.5 *对初值问题 $\begin{cases} y' = \lambda y, \ 0 \leqslant x \leqslant T, \\ y(0) = y_0, \end{cases}$ 验证欧拉方法的收敛性.*

解 容易求得该初值问题的精确解 $y(x)=y_0\mathrm{e}^{\lambda x}$, 其欧拉公式为

$$y_{k+1}=y_k+h\lambda y_k=(1+\lambda h)y_k,$$

有 $y_k=(1+\lambda h)^k y_0$. 再由 $x_0=0$ 知, $x_k=kh$, 故

$$y_k=\left[(1+\lambda h)^{\frac{1}{\lambda h}}\right]^{\lambda hk}y_0=\left[(1+\lambda h)^{\frac{1}{\lambda h}}\right]^{\lambda x_k}y_0,$$

所以有

$$\lim_{h\to 0}y_k=y_0\mathrm{e}^{\lambda x_k}=y(x_k),$$

故欧拉方法收敛.

对改进的欧拉方法, 其增量函数为

$$\phi(x,y,h)=\frac{1}{2}\left[f(x,y)+f(x+h,y+hf(x,y))\right],$$

这时有

$$\begin{aligned}&|\phi(x,y,h)-\phi(x,\bar{y},h)|\\ \leqslant&\frac{1}{2}[|f(x,y)-f(x,\bar{y})|+|f(x+h,y+hf(x,y))-f(x+h,\bar{y}+hf(x,\bar{y}))|].\end{aligned}$$

假设 $f(x,y)$ 关于 y 满足利普希茨条件, 记利普希茨常数为 L, 则由上式推得

$$|\phi(x,y,h)-\phi(x,\bar{y},h)|\leqslant L\left(1+\frac{h}{2}L\right)|y-\bar{y}|,$$

假定 $h\leqslant h_0$ (h_0 为常数), 上式表明 ϕ 关于 y 存在利普希茨常数

$$L_\phi=L\left(1+\frac{h_0}{2}L\right).$$

因此, 改进的欧拉方法也是收敛的.

类似地, 不难验证龙格–库塔方法的收敛性.

8.4.2 单步法的稳定性

对常微分方程初值问题的数值解, 即解差分方程的初值问题. 当实际求解时, 初始值会有误差, 计算过程还会产生舍入误差, 这些误差的积累、传播对以后计算的结果会产生影响. 若误差的积累不影响计算结果的可靠性, 或者误差的积累是可以控制的, 则称这种数值方法是稳定的, 否则是不稳定的. 我们给出稳定性的定义.

定义 8.2 若数值方法在节点 x_m 处的值 y_m 有误差 δ_m, 而在以后各节点 x_k 处的值 $y_k\,(k>m)$ 上产生的误差 δ_k 均不超过 δ_m, 即 $|\delta_k|\leqslant|\delta_m|$, 则称该数值方法是稳定的.

对于稳定性的讨论是比较复杂的, 为简单起见, 只讨论下面典型的微分方程

$$y' = \lambda y, \tag{8.21}$$

其中 λ 为复数.

先讨论欧拉公式求解 (8.21) 的稳定问题. 为此, 设 y_k 为理论值, y_k^* 为实际计算值, 假设有误差 (扰动)ε_k, 即有 $y_k = y_k^* + \varepsilon_k$, 则有

理论值: $y_{k+1} = y_k + h\lambda y_k = (1 + h\lambda)y_k$; 实际计算值: $y_{k+1}^* = (1 + h\lambda)y_k^*$.

两式相减得稳定性方程

$$\varepsilon_{k+1} = (1 + h\lambda)\varepsilon_k.$$

要保证稳定, 必须满足条件 $|\varepsilon_{k+1}| \leqslant |\varepsilon_k|$, 故只要 h 充分小, 满足

$$|1 + h\lambda| \leqslant 1. \tag{8.22}$$

在 $z = h\lambda$ 的复平面上, 式 (8.22) 表示以 $(-1, 0)$ 为圆心, 1 为半径的单位圆域 (图 8.2), 称为方程 (8.21) 欧拉方法的绝对稳定域.

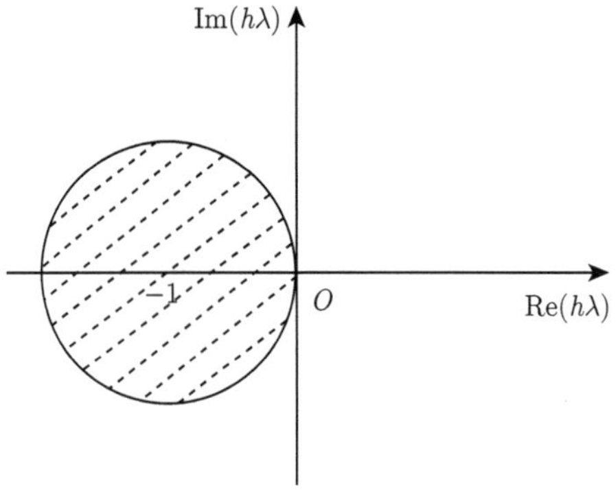

图 8.2　欧拉方法的绝对稳定域

根据假设, 对后退 (隐式) 欧拉方法, 其绝对稳定域有

$$y_{k+1} = y_k + h\lambda y_{k+1}, \quad y_{k+1}^* = y_k^* + h\lambda y_{k+1}^*,$$

两式相减得稳定性方程 $\varepsilon_{k+1} = \varepsilon_k + h\lambda\varepsilon_{k+1}$, 解得

$$\varepsilon_{k+1} = \frac{1}{1 - h\lambda}\varepsilon_k,$$

故绝对稳定域为 $\left|\dfrac{1}{1 - h\lambda}\right| \leqslant 1$, 即

$$1 \leqslant |1 - h\lambda|.$$

在 $z=h\lambda$ 的复平面上, 上式表示以 (0,1) 为圆心, 1 为半径的单位圆域的外侧 (图 8.3).

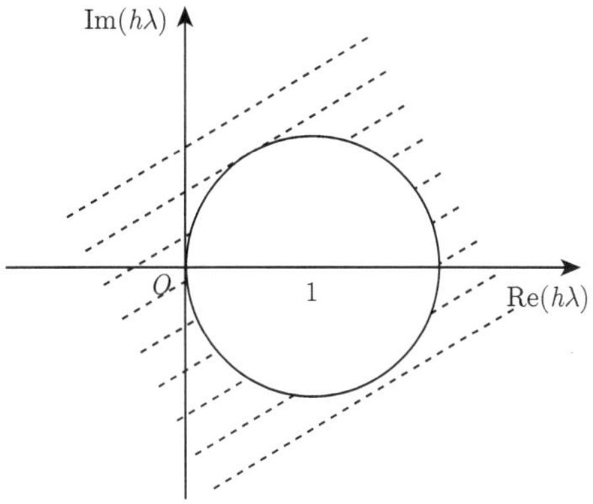

图 8.3　隐式欧拉方法的绝对稳定域

显式欧拉方法和隐式欧拉方法的精度阶数相同, 但隐式欧拉方法的绝对稳定域比显式欧拉方法的大得多, 这就是我们要用隐式欧拉方法的原因.

当 λ 为小于零的实数时, 可求得改进欧拉方法的稳定域为区间 $0<h\leqslant-\dfrac{2}{\lambda}$.

8.5　线性多步法

以上研究的都是单步法. 在求近似解的过程中, 计算 y_{k+1} 时, 已经求出了一系列的近似值 $y_1,\cdots,y_k$, 如果充分利用已有的多步信息参与求解, 则可以期望获得较高的精度. 这就是构造所谓线性多步法的基本思想.

多步法的构造主要有基于数值积分和基于泰勒展开方法, 前者可直接由微分方程 (8.1) 两端积分后利用插值求积公式得到. 下面主要介绍基于泰勒展开的构造方法.

8.5.1　线性多步法的一般形式

如果计算 y_{n+k} 时, 除用 y_{n+k-1} 的值, 还用到 $y_{n+i}(i=0,1,\cdots,k-2)$ 的值, 则称此方法为**线性多步法**. 一般的线性多步法公式可表示为

$$y_{n+k}=\sum_{i=0}^{k-1}\alpha_i y_{n+i}+h\sum_{i=0}^{k}\beta_i f_{n+i}, \tag{8.23}$$

其中, y_{n+i} 为 $y\left(x_{n+i}\right)$ 的近似解, $f_{n+i}=f\left(x_{n+i},y_{n+i}\right), x_{n+i}=x_n+ih, \alpha_i, \beta_i$ 为常数, α_0 及 β_0 不全为零, 则称 (8.23) 为线性 k 步法. (8.23) 中系数 α_i 及 β_i 可根据方法的局部截断误差及阶确定.

设 $y(x)$ 是 (8.1) 的精确解, 线性多步法 (8.23) 在 x_{n+k} 上的局部截断误差为

$$T_{n+k}=L\left[y\left(x_n\right);h\right]=y\left(x_{n+k}\right)-\sum_{i=0}^{k-1}\alpha_i y\left(x_{n+i}\right)-h\sum_{i=0}^{k}\beta_i y'\left(x_{n+i}\right). \tag{8.24}$$

若 $T_{n+k}=O\left(h^{p+1}\right)$, 则称方法 (8.23) 是 p 阶的. 当 $p\geqslant 1$ 时, 则称方法 (8.23) 与方程 (8.1) 是相容的.

对 T_{n+k} 在 x_n 处进行泰勒展开, 由于

$$\begin{cases} y\left(x_n+ih\right)=y\left(x_n\right)+ihy'\left(x_n\right)+\dfrac{(ih)^2}{2!}y''\left(x_n\right)+\dfrac{(ih)^3}{3!}y'''\left(x_n\right)+\cdots, \\ y'\left(x_n+ih\right)=y'\left(x_n\right)+ihy''\left(x_n\right)+\dfrac{(ih)^2}{2!}y'''\left(x_n\right)+\cdots, \end{cases}$$

代入 (8.24), 得

$$T_{n+k}=c_0 y\left(x_n\right)+c_1 hy'\left(x_n\right)+c_2h^2y''\left(x_n\right)+\cdots+c_ph^py^{(p)}\left(x_n\right)+\cdots, \tag{8.25}$$

其中

$$\begin{cases} c_0=1-\left(\alpha_0+\cdots+\alpha_{k-1}\right), \\ c_1=k-\left[\alpha_1+2\alpha_2+\cdots+(k-1)\alpha_{k-1}\right]-\left(\beta_0+\beta_1+\cdots+\beta_k\right), \\ \qquad\cdots\cdots \\ c_p=\dfrac{1}{p!}\left(k^p-\displaystyle\sum_{i=1}^{k-1}i^p\alpha_i\right)-\dfrac{1}{(p-1)!}\displaystyle\sum_{i=1}^{k}i^{p-1}\beta_i,\quad p=2,3,\cdots. \end{cases} \tag{8.26}$$

若在公式 (8.23) 中, 选取系数 α_i 及 β_i, 使它满足

$$c_0=c_1=\cdots=c_p=0,\quad c_{p+1}\neq 0,$$

此时, 所构造的多步法是 p 阶的, 且

$$T_{n+k}=c_{p+1}h^{p+1}y^{(p+1)}\left(x_n\right)+O\left(h^{p+2}\right), \tag{8.27}$$

称右端第一项为**局部截断误差的主项**, c_{p+1} 称为误差常数.

当 $k=1$ 时, 若 $\beta_1=0$, 则由 (8.26)) 可求得

$$\alpha_0=1,\quad \beta_0=1.$$

此时, 公式 (8.23) 为

$$y_{n+1}=y_n+hf_n,$$

即为欧拉公式. 从 (8.26) 可求得 $c_2 = 1/2 \neq 0$, 故方法为 1 阶精度, 且局部截断误差为

$$T_{n+1} = \frac{1}{2}h^2 y''(x_n) + O(h^3) .$$

这与前面的结果是一致的.

当 $k=1, \beta_1 \neq 0$ 时, 方法为隐式公式. 为了确定系数 $\alpha_0, \beta_0, \beta_1$, 可由 $c_0 = c_1 = c_2 = 0$ 解得 $\alpha_0 = 1, \beta_0 = \beta_1 = 1/2$. 于是得到公式

$$y_{n+1} = y_n + \frac{h}{2}(f_n + f_{n+1}),$$

即为改进的欧拉方法 (梯形法). 由 (8.26) 可求得 $c_3 = -1/12$, 故 $p = 2$, 所以梯形法是二阶方法, 其局部截断误差主项是 $-h^3 y'''(x_n)/12$, 也与前面一致.

对 $k \geqslant 2$ 的多步法, 都可利用 (8.26) 确定系数 α_i, β_i, 并由 (8.27) 给出局部截断误差. 下面介绍亚当斯 (Adams) 公式.

8.5.2 亚当斯显式与隐式公式

考虑形如

$$y_{n+k} = y_{n+k-1} + h\sum_{i=0}^{k}\beta_i f_{n+i} \tag{8.28}$$

的 k 步法, 称为**亚当斯方法**. $\beta_k = 0$ 为显式方法, $\beta_k \neq 0$ 为隐式方法, 通常称为亚当斯显式 (隐式) 公式. 这类公式可直接由方程 (8.1) 两端从 x_{n+k-1} 到 x_{n+k} 积分求得. 下面利用式 (8.26), 由 $c_1 = \cdots = c_p = 0$, 对比 (8.28) 与 (8.23) 可知, 此时系数 $\alpha_0 = \alpha_1 = \cdots = \alpha_{k-2} = 0$, 显然 $c_0 = 0$ 成立, 只需确定系数 $\beta_0, \beta_1, \cdots, \beta_k$, 故可令 $c_1 = \cdots = c_{k+1} = 0$, 则可求得 $\beta_0, \beta_1, \cdots, \beta_k$. 若 $\beta_k = 0$, 则令 $c_0 = \cdots = c_k = 0$, 求得 $\beta_0, \beta_1, \cdots, \beta_{k-1}$.

下面以 $k=3$ 为例, 由 $c_1 = c_2 = c_3 = c_4 = 0$, 根据 (8.26) 得

$$\begin{cases} \beta_0 + \beta_1 + \beta_2 + \beta_3 = 1, \\ 2(\beta_1 + 2\beta_2 + 3\beta_3) = 5, \\ 3(\beta_1 + 4\beta_2 + 9\beta_3) = 19, \\ 4(\beta_1 + 8\beta_2 + 27\beta_3) = 65. \end{cases}$$

若 $\beta_3 = 0$, 则由前三个方程解得

$$\beta_0 = \frac{5}{12}, \quad \beta_1 = -\frac{16}{12}, \quad \beta_2 = \frac{23}{12},$$

得到 $k=3$ 的亚当斯显式公式是

$$y_{n+3} = y_{n+2} + \frac{h}{12}(23f_{n+2} - 16f_{n+1} + 5f_n) . \tag{8.29}$$

由 (8.26) 求得 $c_4 = 3/8$, 所以 (8.29) 是三阶方法, 局部截断误差是

$$T_{n+3} = \frac{3}{8}h^4 y^{(4)}(x_n) + O(h^5).$$

若 $\beta_3 \neq 0$, 则可解得

$$\beta_0 = \frac{1}{24}, \quad \beta_1 = -\frac{5}{24}, \quad \beta_2 = \frac{19}{24}, \quad \beta_3 = \frac{3}{8},$$

于是得 $k = 3$ 的亚当斯隐式公式为

$$y_{n+3} = y_{n+2} + \frac{h}{24}(9f_{n+3} + 19f_{n+2} - 5f_{n+1} + f_n) \; . \tag{8.30}$$

它是四阶方法, 局部截断误差是

$$T_{n+3} = -\frac{19}{720}h^5 y^{(5)}(x_n) + O(h^6) \; . \tag{8.31}$$

表 8.3 及表 8.4 分别列出了 $k = 1, 2, 3, 4$ 时的亚当斯显式与隐式公式, 其中 k 为步数, p 为方法的阶, c_{p+1} 为局部截断误差主项 $c_{p+1}h^{p+1}y^{(p+1)}(x_n)$ 的系数, 称为误差常数.

表 8.3 亚当斯显式公式

k	p	公式	c_{p+1}
1	1	$y_{n+1} = y_n + hf_n$	$\frac{1}{2}$
2	2	$y_{n+2} = y_{n+1} + \frac{h}{2}(3f_{n+1} - f_n)$	$\frac{5}{12}$
3	3	$y_{n+3} = y_{n+2} + \frac{h}{12}(23f_{n+2} - 16f_{n+1} + 5f_n)$	$\frac{3}{8}$
4	4	$y_{n+4} = y_{n+3} + \frac{h}{24}(55f_{n+3} - 59f_{n+2} + 37f_{n+1} - 9f_n)$	$\frac{251}{720}$

表 8.4 亚当斯隐式公式

k	p	公式	c_{p+1}
1	2	$y_{n+1} = y_n + \frac{h}{2}(f_{n+1} + f_n)$	$-\frac{1}{12}$
2	3	$y_{n+3} = y_{n+2} + \frac{h}{12}(5f_{n+2} + 8f_{n+1} - f_n)$	$-\frac{1}{24}$
3	4	$y_{n+3} = y_{n+2} + \frac{h}{24}(9f_{n+3} + 19f_{n+2} - 5f_{n+1} + f_n)$	$-\frac{19}{720}$

例 8.6 用四阶亚当斯显式和隐式方法求解初值问题

$$y' = -y + x + 1, \quad y(0) = 1 \quad (0 \leqslant x \leqslant 1, h = 0.1).$$

解 本题 $f_n=-y_n+x_n+1, x_n=nh=0.1n$, 从四阶亚当斯显式公式得到

$$
\begin{aligned}
y_{n+4}&=y_{n+3}+\frac{h}{24}(55f_{n+3}-59f_{n+2}+37f_{n+1}-9f_n)\\
&=\frac{1}{24}(18.5y_{n+3}+5.9y_{n+2}-3.7y_{n+1}+0.9y_n+0.24n+3.24),
\end{aligned}
$$

对于四阶亚当斯隐式公式得到

$$
\begin{aligned}
y_{n+3}&=y_{n+2}+\frac{h}{24}(9f_{n+3}+19f_{n+2}-5f_{n+1}+f_n)\\
&=\frac{1}{24}(-0.9y_{n+3}+22.1y_{n+2}+0.5y_{n+1}-0.1y_n+0.24n+3).
\end{aligned}
$$

由此可以直接解出 y_{n+3} 而不用迭代, 得到

$$
y_{n+3}=\frac{1}{24.9}(22.1y_{n+2}+0.5y_{n+1}-0.1y_n+0.24n+3).
$$

计算结果见表 8.5, 其中显式方法中的 y_0,y_1,y_2,y_3 及隐式方法中的 y_0,y_1,y_2 均用准确解 $y(x)=\mathrm{e}^{-x}+x$ 计算得到, 对一般方程, 可用四阶 R-K 方法计算初始近似.

表 8.5 四阶亚当斯计算结果

x_n	$y(x_n)$	亚当斯显式方法		亚当斯隐式方法	
	$\mathrm{e}^{-x_n}+x_n$	y_{n+4}	R_{n+4}	y_{n+3}	R_{n+3}
0.3	1.040818			1.040818	2.1×10^{-7}
0.4	1.07032	1.070323	-2.9×10^{-6}	1.07032	1.9×10^{-7}
0.5	1.106531	1.106533	-2.6×10^{-06}	1.10653	1.8×10^{-7}
0.6	1.148812	1.148814	-2.4×10^{-6}	1.148811	1.6×10^{-7}
0.7	1.196585	1.196587	-2.1×10^{-6}	1.196585	1.4×10^{-7}
0.8	1.249329	1.249331	-1.9×10^{-6}	1.249329	1.3×10^{-7}
0.9	1.30657	1.306571	-1.7×10^{-6}	1.30657	1.2×10^{-7}
1	1.367879	1.367881	-1.6×10^{-6}	1.367879	1.1×10^{-7}

比较表 8.5 不难发现, 同阶的亚当斯隐式方法要比显式方法误差小, 原因可从其误差常数 c_{p+1} 的大小得到解释, 其分别为 $-19/720$ 和 $251/720$.

8.6 小结与 MATLAB 应用

8.6.1 本章小结

本章研究求解一阶常微分方程初值问题的数值方法, 主要有基于数值积分和基于泰勒展开的构造方法. 泰勒展开法更灵活, 也更具有一般性, 同时在构造差分公

式时可以得到关于截断误差的估计式. 主要内容包括欧拉方法、改进欧拉方法、龙格–库塔方法等单步法以及线性多步法等.

基于泰勒展开构造出的四阶龙格–库塔方法则是计算机上的常用算法, 其优点是精度高, 程序简单, 计算过程稳定, 并且易于调节步长; 其缺点是要求函数 $f(x,y)$ 具有较高的光滑性, 如果 $f(x,y)$ 的光滑性差, 则它的精度可能还不如欧拉公式或改进的欧拉公式, 另外其计算量也比较大.

对数值方法的分析还涉及局部截断误差、整体误差、收敛性、相容性及稳定性等概念. 通过对特殊方程稳定域的讨论, 说明步长选取的重要性, 如步长选得不合适, 舍入误差恶性增长, 结果可能完全错误.

8.6.2 MATLAB 求解常微分方程 (组) 常用命令

(1) `dsolve('equ1','equ2',···)`: MATLAB 求微分方程的解析解. equ1, equ2, ··· 为方程 (或条件). 写方程 (或条件) 时用 Dy 表示 y 关于自变量的一阶导数, 用 D2y 表示 y 关于自变量的二阶导数, 依此类推.

(2) `simplify(s)`: 对表达式 s 进行化简. 如

```
syms x;simplify(sin(x)^2 + cos(x)^2)
```

得到 “1”.

(3) `[T,Y] = solver(odefun,tspan,y0)`: 求微分方程的数值解, 详见表 8.6.

表 8.6 Solver 求解器命令一览表

Solver	ODE 类型	特点	说明
ode45	非刚性	单步法 4, 5 阶龙格–库塔方程	大部分场合的首选算法
ode23	非刚性	单步法 2, 3 阶龙格–库塔方程	使用于精度较低的情形
ode113	非刚性	亚当斯多步法 高低精度均可到 $10^{-3} \sim 10^{-6}$	计算时间比 ode45 短
ode23t	适度刚性	采用梯形算法	适度刚性情形
ode15s	刚性	多步法, 精度中等	若 ode45 失效时, 可尝试使用
ode23s	刚性	单步法, 低精度 2 阶罗森布罗克 (Rosebrock) 算法	当精度较低时, 计算 时间比 ode15 s 短
ode23tb	刚性	梯形算法, 低精度	当精度较低时, 计算 时间比 ode15 s 短

注 刚性方程是指一个微分方程, 其数值分析的解只有在时间间隔很小时才会稳定, 只要时间间隔略大, 其解就会不稳定. 目前很难精确地定义哪些微分方程是刚性方程, 但一般认为只要其解包含有快速变化的部分就是刚性的. 下面再作几点说明:

(a) solver 为命令 ode45, ode23, ode113, ode15s, ode23s, ode23t 和 ode23tb 之一;

(b) odefun 是显式常微分方程初值问题 $\begin{cases} \dfrac{\mathrm{d}y}{\mathrm{d}x} = f(x,y), \\ y(x_0) = y_0; \end{cases}$

(c) 在积分区间 tspan=$[x_0, b]$ 上, 从 x_0 到 b, 用初始条件 y_0 求解;

(d) 要获得问题在其他指定时间点 $x_0, x_1, x_2, \cdots$ 上的解, 则令 tspan = $[x_0, x_1, x_2, \cdots, b]$ (要求是单调的);

(e) 由于没有一种算法可以有效地解决所有 ODE 问题, 为此, MATLAB 提供了多种求解器 Solver, 对于不同的 ODE 问题, 采用不同的 Solver;

(f) ode23 和 ode45 是常用的求解非刚性标准形式一阶常微分方程 (组) 初值问题的方法, 其中:

ode23 采用龙格–库塔 2 阶算法, 用 3 阶公式作误差估计来调节步长, 精度较低.

ode45 则采用龙格–库塔 4 阶算法, 用 5 阶公式作误差估计来调节步长, 具有中等的精度.

(4) `ezplot(x,y,[tmin,tmax])`: 符号函数的作图命令. x, y 为关于参数 t 的符号函数, `[tmin,tmax]` 为 t 的取值范围.

(5) `inline()`: 建立一个内联函数. 格式: `inline('expr','var1','var2',⋯)`, 注意括号里的表达式要加引号.

下面给出几个 MATLAB 求解常微分方程初值问题的具体应用:

(1) 求解微分方程 $\dfrac{\mathrm{d}y}{\mathrm{d}x} + 2xy = x\mathrm{e}^{-x^2}$, 并加以验证.

```
syms x % 定义 x 为符号变量
y=dsolve('Dy+2*x*y=x*exp(-x^2)','x');  % 把微分方程的解赋给 y
z=diff(y,x)+2*x*y-x*exp(-x^2); % 验证是否是解
simplify(z) % 化简
```

(2) 求微分方程 $\begin{cases} xy' + y - \mathrm{e}^x = 0, \\ y(1) = 2\mathrm{e} \end{cases}$ 的特解, 并画出解函数的图形.

```
syms x
y=dsolve('x*Dy+y-exp(x)=0','y(1)=2*exp(1)','x');
ezplot(y)
```

微分方程的特解为: `y=1/x*exp(x)+1/x* exp(1)`, 即 $y = \dfrac{\mathrm{e} + \mathrm{e}^x}{x}$, 解函数的图形略.

(3) 分别用 ode23 和 ode45 法求解下面非刚性微分方程初值问题的数值解 ($x \in$

[0, 0.5]):

$$\begin{cases} \dfrac{\mathrm{d}y}{\mathrm{d}x} = -2y + 2x^2 + 2x, \\ y(0) = 1. \end{cases}$$

```
fun=inline('-2*y+2*x^2+2*x','x','y');
[x,y]=ode23(fun,[0,0.5],1);
plot(x,y,'o-')
```

(4) 使用四阶 R-K 法求初值问题 $\begin{cases} y' = y^2, \\ y(0) = 1 \end{cases}$ 的近似解 ($x \in [0, 0.8], h = 0.1$).

四阶 R-K 算法的 m 文件:

```
function y=rk4(myfun,x0,y0,h,b)
n=round((b-x0)/h);
xi=x0;y(1)=y0;
for i=1:n
   k1=feval(myfun,xi,y(i));
   k2=feval(myfun,xi+h/2,y(i)+h*k1/2);
   k3=feval(myfun,xi+h/2,y(i)+h*k2/2);
   k4=feval(myfun,xi+h,y(i)+h*k3);
   y(i+1)=y(i)+h*(k1+2*k2+2*k3+k4)/6;
   %注意：y(1)=y(x0),y(2)近似y(x1), …
   xi=xi+h;
end
```

定义函数 $f(x, y)$ 和调用四阶 R-K 算法 m 文件:

```
f=inline('y*y','x','y');
rk4(f,0,1,0.1,0.8);
```

习 题 8

1. 用欧拉方法和改进的欧拉方法解 $\begin{cases} y' = x^2 + x - y, 0 \leqslant x \leqslant 0.4, \\ y(0) = 0, \end{cases}$ 步长 $h = 0.1$.

2. 用欧拉方法和改进的欧拉方法求解初值问题 $\begin{cases} y' = x + y,\ 0 \leqslant x \leqslant 1, \\ y(0) = 1 \end{cases}$ ($h = 0.2$), 并与精确解 $y = -x - 1 + 2\mathrm{e}^x$ 相比较.

3. 已知初值问题 $\begin{cases} y' = ax + b, \\ y(0) = 0, \end{cases}$ 用改进欧拉方法求近似解, 并与精确解 $y = \dfrac{1}{2}ax^2 + bx$ 相比较.

4. 用梯形方法解初值问题 $\begin{cases} y'+y=0, \\ y(0)=1, \end{cases}$ 证明其近似解为 $y_n=\left(\dfrac{2-h}{2+h}\right)^n$，并证明当 $h\to 0$ 时, 它收敛于原初值问题的精确解 $y(x)=\mathrm{e}^{-x}$, 并求其稳定域.

5. 用预估–校正算法求解初值问题：$\begin{cases} y'=-y+x+1, \\ y(0)=1 \end{cases}$ $(0\leqslant x\leqslant 1.0,\ h=0.1)$.

6. 初值问题 $\begin{cases} y'=\lambda y,\ 0\leqslant x\leqslant T, \\ y(0)=y_0, \end{cases}$ 证明龙格–库塔方法收敛.

7. 初值问题 $\begin{cases} y'=\lambda y, 0\leqslant x\leqslant T, \\ y(0)=y_0, \end{cases}$ λ 为小于零的实数, 求改进欧拉方法的稳定域.

8. 取 $h=0.2$, 用经典四阶龙格–库塔方法求解下列初值问题：

(1) $\begin{cases} y'=x+y, \quad 0\leqslant x\leqslant 1, \\ y(0)=1; \end{cases}$　(2) $\begin{cases} y'=3y/(1+x), \quad 0<x<1, \\ y(0)=1. \end{cases}$.

9. 对初值问题 $\begin{cases} y'=1-y, \\ y(0)=0 \end{cases}$ $(h=0.2, y_1=0.181)$, 分别用二阶显式和隐式亚当斯方法计算 $y(1.0)$ 的近似值, 并与精确解 $y=1-\mathrm{e}^{-x}$ 相比较.

10. 证明线性二步法

$$y_{n+2}+(b-1)\,y_{n+1}-by_n=\frac{h}{4}\left[(b+3)\,f_{n+2}+(3b+1)\,f_n\right]$$

当 $b\neq -1$ 时为 2 阶, 当 $b=-1$ 时为 3 阶.

第 9 章　矩阵特征值与特征向量的计算

在许多工程技术问题中，经常需要计算矩阵的特征值和特征向量. 如机械振动、电磁振荡等各种振动问题所得出的数学模型，通常都要归结为矩阵特征值和特征向量求解问题，而当矩阵 $\boldsymbol{A}$ 的阶数较高时，若先构造特征多项式再求其根，不仅实现起来比较困难，而且往往舍入误差的影响也较大，因此通常采用其他行之有效的数值方法.

9.1　引　　言

设 $\boldsymbol{A}$ 是 n 阶方阵，如果对于数 λ，存在非零向量 $\boldsymbol{x}$，使得

$$\boldsymbol{A}\boldsymbol{x} = \lambda\boldsymbol{x},$$

则称 λ 为 $\boldsymbol{A}$ 的特征值，称 $\boldsymbol{x}$ 为 $\boldsymbol{A}$ 的属于特征值 λ 的特征向量.

关于特征值 λ，由线性代数知道，λ 是方程

$$|\lambda\boldsymbol{I} - \boldsymbol{A}| = 0$$

的根. 上式也称为矩阵 $\boldsymbol{A}$ 的特征方程，它是关于 λ 的 n 次多项式，因此有 n 个特征值.

特征向量 $\boldsymbol{x}$ 是下面齐次线性方程组的解

$$(\lambda\boldsymbol{I} - \boldsymbol{A})\boldsymbol{x} = \boldsymbol{0}.$$

我们知道当多项式方程的次数较大时，求其根比较困难，这里又是 n 阶行列式形式的多项式，求解更加困难.

为本章应用的需要，下面不加证明地列出一些矩阵特征值、特征向量的有关结论.

定理 9.1　设 $\lambda_i(i = 1, 2, \cdots, n)$ 是 n 阶矩阵 $\boldsymbol{A}$ 的特征值，则有

(1) $\sum\limits_{i=1}^{n} \lambda_i = \sum\limits_{i=1}^{n} a_{ii} = \mathrm{tr}(\boldsymbol{A})$;　　(2) $\det(\boldsymbol{A}) = \lambda_1\lambda_2 \cdot \cdots \cdot \lambda_n$.

定理 9.2　相似矩阵具有相同的特征值.

定理 9.3　设 $\lambda_i(i = 1, 2, \cdots, n)$ 是矩阵 $\boldsymbol{A}$ 的特征值，则矩阵 $\boldsymbol{A}^k$ 的特征值为

$$\lambda_i^k \quad (i = 1, 2, \cdots, n).$$

定理 9.4 如果 $\boldsymbol{A}$ 为实对称矩阵, 则一定存在正交矩阵 $\boldsymbol{V}$, 使得

$$\boldsymbol{V}^{\mathrm{T}}\boldsymbol{A}\boldsymbol{V} = \mathrm{diag}(\lambda_1, \lambda_2, \cdots, \lambda_n),$$

其对角线元素 $\lambda_i(i=1,2,\cdots,n)$ 均为实数且是 $\boldsymbol{A}$ 的 n 个特征值; 矩阵 $\boldsymbol{V}$ 的第 j 列 $\boldsymbol{x}_j$ 就是 λ_j 所对应的实特征向量; 不同的特征值所对应的特征向量相互正交.

9.2 幂法与反幂法

矩阵的按模最大的特征值在实践中的应用尤为广泛, 幂法就是通过求矩阵特征向量来求出按模最大的特征值的一种迭代法.

幂法

9.2.1 幂法

设矩阵 $\boldsymbol{A}$ 有 n 个线性无关的特征向量 $\boldsymbol{x}_1, \boldsymbol{x}_2, \cdots, \boldsymbol{x}_n$, 其对应特征值分别为 $\lambda_i\ (i=1,2,\cdots,n)$, 即有

$$\boldsymbol{A}\boldsymbol{x}_i = \lambda_i \boldsymbol{x}_i \quad (i=1,2,\cdots,n),$$

且特征值按绝对值大小可以排序为

$$|\lambda_1| > |\lambda_2| \geqslant \cdots \geqslant |\lambda_n|. \tag{9.1}$$

任取 n 维非零向量 $\boldsymbol{u}_0$, 则存在实数 $\alpha_1, \alpha_2, \cdots, \alpha_n$, 使得

$$\boldsymbol{u}_0 = \alpha_1 \boldsymbol{x}_1 + \alpha_2 \boldsymbol{x}_2 + \cdots + \alpha_n \boldsymbol{x}_n,$$

依 $\boldsymbol{u}_0$ 的任意性, 不妨设 $\alpha_1 \neq 0$. 两端左乘 $\boldsymbol{A}$, 结果记为 $\boldsymbol{u}_1$, 即

$$\boldsymbol{u}_1 = \boldsymbol{A}\boldsymbol{u}_0 = \alpha_1\lambda_1\boldsymbol{x}_1 + \alpha_2\lambda_2\boldsymbol{x}_2 + \cdots + \alpha_n\lambda_n\boldsymbol{x}_n,$$

再左乘矩阵 $\boldsymbol{A}$, 结果记为 $\boldsymbol{u}_2$, 即

$$\boldsymbol{u}_2 = \boldsymbol{A}\boldsymbol{u}_1 = \alpha_1\lambda_1^2\boldsymbol{x}_1 + \alpha_2\lambda_2^2\boldsymbol{x}_2 + \cdots + \alpha_n\lambda_n^2\boldsymbol{x}_n,$$

一般地, 有

$$\begin{aligned}\boldsymbol{u}_k = \boldsymbol{A}\boldsymbol{u}_{k-1} &= \alpha_1\lambda_1^k\boldsymbol{x}_1 + \alpha_2\lambda_2^k\boldsymbol{x}_2 + \cdots + \alpha_n\lambda_n^k\boldsymbol{x}_n \\ &= \lambda_1^k\left(\alpha_1\boldsymbol{x}_1 + \alpha_2\frac{\lambda_2^k}{\lambda_1^k}\boldsymbol{x}_2 + \cdots + \alpha_n\frac{\lambda_n^k}{\lambda_1^k}\boldsymbol{x}_n\right).\end{aligned} \tag{9.2}$$

由于 $\dfrac{|\lambda_i|}{|\lambda_1|} < 1(i=2,3,\cdots,n)$, 所以

$$\lim_{k\to\infty}\frac{\boldsymbol{u}_k}{\lambda_1^k} = \alpha_1\boldsymbol{x}_1, \tag{9.3}$$

故当 k 足够大时, 有

$$\boldsymbol{u}_k \approx \lambda_1^k\alpha_1\boldsymbol{x}_1, \tag{9.4}$$

$$\boldsymbol{u}_{k+1} \approx \lambda_1^{k+1}\alpha_1\boldsymbol{x}_1 \approx \lambda_1\boldsymbol{u}_k,$$

而 $\boldsymbol{u}_{k+1} = \boldsymbol{A}\boldsymbol{u}_k$, 故 $\boldsymbol{u}_k$ 可以近似地作为特征值 λ_1 的特征向量. 从 (9.1) 和 (9.2) 知, (9.3) 式的收敛速度取决于 $\left|\dfrac{\lambda_2}{\lambda_1}\right|$ 的值.

现在讨论特征值 λ_1 的计算. 因为

$$\boldsymbol{u}_{k+1} = \boldsymbol{A}\boldsymbol{u}_k = \lambda_1^{k+1}\left(\alpha_1\boldsymbol{x}_1 + \alpha_2\frac{\lambda_2^{k+1}}{\lambda_1^{k+1}}\boldsymbol{x}_2 + \cdots + \alpha_n\frac{\lambda_n^{k+1}}{\lambda_1^{k+1}}\boldsymbol{x}_n\right),$$

记 $\boldsymbol{u}_k$ 的第 i 个分量为 $(\boldsymbol{u}_k)_i\ (i=1,2,\cdots,n)$, 则

$$\frac{(\boldsymbol{u}_{k+1})_i}{(\boldsymbol{u}_k)_i} = \lambda_1\frac{\left(\alpha_1\boldsymbol{x}_1 + \alpha_2\left(\dfrac{\lambda_2}{\lambda_1}\right)^{k+1}\boldsymbol{x}_2 + \cdots + \alpha_n\left(\dfrac{\lambda_n}{\lambda_1}\right)^{k+1}\boldsymbol{x}_n\right)_i}{\left(\alpha_1\boldsymbol{x}_1 + \alpha_2\left(\dfrac{\lambda_2}{\lambda_1}\right)^{k}\boldsymbol{x}_2 + \cdots + \alpha_n\left(\dfrac{\lambda_n}{\lambda_1}\right)^{k}\boldsymbol{x}_n\right)_i} \approx \lambda_1, \tag{9.5}$$

$i=1,2,\cdots,n$.

在上面的计算中, 由式 (9.4) 知, 当 $|\lambda_1|>1$ 时 $\boldsymbol{u}_k$ 的非零分量将趋于无穷, 当 $|\lambda_1|<1$ 时 $\boldsymbol{u}_k$ 的分量将趋于零, 这样计算机都会产生“溢出”, 需要对上述方法进行“规范化”处理, 即对于 $\boldsymbol{u}_k$, 令

$$\boldsymbol{v}_k = \frac{\boldsymbol{u}_k}{\max(\boldsymbol{u}_k)}, \quad k=0,1,2,\cdots,$$

其中, $\max(\boldsymbol{u}_k)$ 表示 $\boldsymbol{u}_k$ 中绝对值最大的分量, 通常取 $\boldsymbol{v}_0 = \boldsymbol{u}_0 \neq \boldsymbol{0}$, 且各分量绝对值不超过 1, 即已经规范化, 则

$$\boldsymbol{u}_1 = \boldsymbol{A}\boldsymbol{v}_0, \quad \boldsymbol{v}_1 = \frac{\boldsymbol{u}_1}{\max(\boldsymbol{u}_1)} = \frac{\boldsymbol{A}\boldsymbol{v}_0}{\max(\boldsymbol{A}\boldsymbol{v}_0)},$$

$$\boldsymbol{u}_2 = \boldsymbol{A}\boldsymbol{v}_1, \quad \boldsymbol{v}_2 = \frac{\boldsymbol{u}_2}{\max(\boldsymbol{u}_2)} = \frac{\boldsymbol{A}^2\boldsymbol{v}_0}{\max(\boldsymbol{A}^2\boldsymbol{v}_0)},$$

$$\cdots\cdots$$

$$\boldsymbol{u}_k = \boldsymbol{A}\boldsymbol{v}_{k-1}, \quad \boldsymbol{v}_k = \frac{\boldsymbol{u}_k}{\max(\boldsymbol{u}_k)} = \frac{\boldsymbol{A}^k\boldsymbol{v}_0}{\max(\boldsymbol{A}^k\boldsymbol{v}_0)}.$$

由于

$$\boldsymbol{A}^k\boldsymbol{u}_0 = \boldsymbol{u}_k = \lambda_1^k\left(\alpha_1\boldsymbol{x}_1 + \alpha_2\left(\frac{\lambda_2}{\lambda_1}\right)^k\boldsymbol{x}_2 + \cdots + \alpha_n\left(\frac{\lambda_n}{\lambda_1}\right)^k\boldsymbol{x}_n\right),$$

故

$$\boldsymbol{v}_k = \frac{\lambda_1^k\left(\alpha_1\boldsymbol{x}_1 + \alpha_2\left(\frac{\lambda_2}{\lambda_1}\right)^k\boldsymbol{x}_2 + \cdots + \alpha_n\left(\frac{\lambda_n}{\lambda_1}\right)^k\boldsymbol{x}_n\right)}{\max\left[\lambda_1^k\left(\alpha_1\boldsymbol{x}_1 + \alpha_2\left(\frac{\lambda_2}{\lambda_1}\right)^k\boldsymbol{x}_2 + \cdots + \alpha_n\left(\frac{\lambda_n}{\lambda_1}\right)^k\boldsymbol{x}_n\right)\right]},$$

即

$$\lim_{k\to\infty}\boldsymbol{v}_k = \frac{\boldsymbol{x}_1}{\max(\boldsymbol{x}_1)},$$

表明 $\boldsymbol{v}_k$ 可作为特征值 λ_1 的近似特征向量.

另外,

$$\begin{aligned}\boldsymbol{u}_k = \boldsymbol{A}\boldsymbol{v}_{k-1} &= \frac{\boldsymbol{A}^k\boldsymbol{v}_0}{\max(\boldsymbol{A}^{k-1}\boldsymbol{v}_0)} = \frac{\boldsymbol{A}^k\boldsymbol{u}_0}{\max(\boldsymbol{A}^{k-1}\boldsymbol{u}_0)}\\ &= \lambda_1\frac{\alpha_1\boldsymbol{x}_1 + \sum\limits_{i=2}^{n}\alpha_i\left(\frac{\lambda_i}{\lambda_1}\right)^k\boldsymbol{x}_i}{\max\left[\alpha_1\boldsymbol{x}_1 + \sum\limits_{i=2}^{n}\alpha_i\left(\frac{\lambda_i}{\lambda_1}\right)^{k-1}\boldsymbol{x}_i\right]},\end{aligned}$$

于是, 令 $\mu_k = \max(\boldsymbol{u}_k)$, 则

$$\mu_k = \lambda_1\frac{\max\left[\alpha_1\boldsymbol{x}_1 + \sum\limits_{i=2}^{n}\alpha_i\left(\frac{\lambda_i}{\lambda_1}\right)^k\boldsymbol{x}_i\right]}{\max\left[\alpha_1\boldsymbol{x}_1 + \sum\limits_{i=2}^{n}\alpha_i\left(\frac{\lambda_i}{\lambda_1}\right)^{k-1}\boldsymbol{x}_i\right]},$$

且有 $\lim\limits_{k\to\infty}\mu_k = \lambda_1$.

可见, 当 k 足够大时, 可取特征值 $\lambda_1 \approx \mu_k = \max(\boldsymbol{u}_k)$, 相应的特征向量为

$$\boldsymbol{x}_1 \approx \boldsymbol{v}_k = \frac{\boldsymbol{u}_k}{\max(\boldsymbol{u}_k)}.$$

例 9.1　已知矩阵 $\boldsymbol{A}=\begin{pmatrix}2&-1&0\\-1&2&-1\\0&-1&2\end{pmatrix}$, 取 $\boldsymbol{v}^{(0)}=(1,1,1)^{\mathrm{T}}$, $\varepsilon=10^{-3}$, 用幂法求 $\boldsymbol{A}$ 按模最大的特征值及对应的特征向量.

解　$\boldsymbol{v}^{(0)}=\boldsymbol{u}^{(0)}=(1,1,1)^{\mathrm{T}}$,

$$\boldsymbol{u}^{(1)}=\boldsymbol{A}\boldsymbol{v}^{(0)}=(1,0,1)^{\mathrm{T}},\quad \boldsymbol{v}^{(1)}=\frac{\boldsymbol{u}^{(1)}}{\max(\boldsymbol{u}^{(1)})}=\frac{(1,0,1)^{\mathrm{T}}}{1}=(1,0,1)^{\mathrm{T}},$$

$$\boldsymbol{u}^{(2)}=\boldsymbol{A}\boldsymbol{v}^{(1)}=(2,-2,2)^{\mathrm{T}},\quad \boldsymbol{v}^{(2)}=\frac{\boldsymbol{u}^{(2)}}{\max(\boldsymbol{u}^{(2)})}=\frac{(2,-2,2)^{\mathrm{T}}}{2}=(1,-1,1)^{\mathrm{T}},$$

$$\cdots\cdots$$

$$\boldsymbol{u}^{(6)}=\boldsymbol{A}\boldsymbol{v}^{(5)}=(2.416667,-3.416667,2.416667)^{\mathrm{T}},$$

$$\max(\boldsymbol{u}^{(6)})=-3.416667,\quad \boldsymbol{v}^{(6)}=(-0.707317,1.000000,0.707317)^{\mathrm{T}},$$

$$\boldsymbol{u}^{(7)}=\boldsymbol{A}\boldsymbol{v}^{(6)}=(-2.414634,3.414634,-2.414634)^{\mathrm{T}},$$

$$\max(\boldsymbol{u}^{(7)})=3.414634,\quad \boldsymbol{v}^{(7)}=(-0.707143,1.000000,-0.707143)^{\mathrm{T}},$$

$$\boldsymbol{u}^{(8)}=\boldsymbol{A}\boldsymbol{v}^{(7)}=(-2.414286,3.414286,-2.414286)^{\mathrm{T}},$$

$$\max(\boldsymbol{u}^{(8)})=3.414286,$$

$$\boldsymbol{v}^{(8)}=(-0.707113,1.000000,-0.707113)^{\mathrm{T}}.$$

由于

$$|\max(\boldsymbol{u}^{(8)})-\max(\boldsymbol{u}^{(7)})|=3.414634-3.414286=0.000348<10^{-3},$$

故 $\lambda_1\approx 3.414286$, 相应的特征向量可取 $\boldsymbol{v}^{(8)}=(-0.707113,1.000000,-0.707113)^{\mathrm{T}}$.

事实上, $\boldsymbol{A}$ 的特征值分别为 $2+\sqrt{2}, 2$ 和 $2-\sqrt{2}$.

9.2.2　原点位移法

前已叙述, 幂法收敛的快慢取决于比值 $\left|\dfrac{\lambda_2}{\lambda_1}\right|$, 当其接近于 1 时收敛得很慢. 有多种加速收敛的方法, 这里仅介绍原点位移法.

设矩阵 $\boldsymbol{A}$ 的特征值有 $|\lambda_1|>|\lambda_2|\geqslant\cdots\geqslant|\lambda_n|$, 其对应的 n 个线性无关的特征向量分别是 $\boldsymbol{x}_1,\boldsymbol{x}_2,\cdots,\boldsymbol{x}_n$, 矩阵 $\boldsymbol{B}=\boldsymbol{A}-p\boldsymbol{I}$ 的特征值设为 $\tilde{\lambda}_1,\tilde{\lambda}_2,\cdots,\tilde{\lambda}_n$, 则有 $\tilde{\lambda}_i=\lambda_i-p(i=1,2,\cdots,n)$, 而矩阵 $\boldsymbol{B}$ 的特征向量不变, 仍为 $\boldsymbol{x}_1,\boldsymbol{x}_2,\cdots,\boldsymbol{x}_n$.

所以, 只要求出 $\tilde{\lambda}_1,\tilde{\lambda}_2,\cdots,\tilde{\lambda}_n$, 则 $\lambda_i=\tilde{\lambda}_i+p(i=1,2,\cdots,n)$ 即为 $\boldsymbol{A}$ 的特征值.

原点位移法就是适当的选取 p, 使得 $|\lambda_1-p|>|\lambda_i-p|\,(i=2,3,\cdots,n)$, 且

$$\left|\frac{\lambda_i-p}{\lambda_1-p}\right|<\left|\frac{\lambda_2}{\lambda_1}\right|\quad(i=2,3,\cdots,n).$$

如何选取 p 呢? 由假设矩阵 $\boldsymbol{A}$ 的按模最大的特征值是 λ_1, 则矩阵 $\boldsymbol{B}$ 的按模最大的特征值应是 $\tilde{\lambda}_1$ 或 $\tilde{\lambda}_n$, 那么下列各数中

$$\left|\frac{\lambda_2-p}{\lambda_1-p}\right|,\quad\left|\frac{\lambda_3-p}{\lambda_1-p}\right|,\cdots,\left|\frac{\lambda_n-p}{\lambda_1-p}\right|$$

只可能是 $\left|\frac{\lambda_2-p}{\lambda_1-p}\right|$ 或 $\left|\frac{\lambda_n-p}{\lambda_1-p}\right|$ 最大 (记为 w), 我们选取 p 使 w 最小.

可以证明, 当 $\lambda_2-p=-(\lambda_n-p)$, 即 $p=\dfrac{\lambda_2+\lambda_n}{2}$ 时, 此时矩阵 $\boldsymbol{B}$ 按幂法收敛得最快.

在实际应用中, 由于矩阵 $\boldsymbol{A}$ 的特征值是未知的, 上述方法选取 p 是困难的, 常采用对给定迭代初始非零向量 $\boldsymbol{v}_0$, 选取 p 为

$$p=\frac{\boldsymbol{v}_0^{\mathrm{T}}\boldsymbol{A}\boldsymbol{v}_0}{\boldsymbol{v}_0^{\mathrm{T}}\boldsymbol{v}_0},$$

这是因为 $\boldsymbol{A}\boldsymbol{x}=\lambda\boldsymbol{x}$, 得 $\lambda=\dfrac{\boldsymbol{x}^{\mathrm{T}}\boldsymbol{A}\boldsymbol{x}}{\boldsymbol{x}^{\mathrm{T}}\boldsymbol{x}}$.

例 9.2 用原点位移法再解例 9.1.

解 由 $\boldsymbol{v}^{(0)}=(1,1,1)^{\mathrm{T}}$, 所以选取 p 为 $p=\dfrac{\boldsymbol{v}_0^{\mathrm{T}}\boldsymbol{A}\boldsymbol{v}_0}{\boldsymbol{v}_0^{\mathrm{T}}\boldsymbol{v}_0}=\dfrac{2}{3}$, 所以

$$\boldsymbol{B}=\boldsymbol{A}-\frac{2}{3}\boldsymbol{I}=\begin{pmatrix}4/3&-1&0\\-1&4/3&-1\\0&-1&4/3\end{pmatrix},$$

对矩阵 $\boldsymbol{B}$ 用乘幂法求特征值和特征向量:

$$\boldsymbol{u}^{(1)}=\boldsymbol{B}\boldsymbol{v}^{(0)}=\left(\frac{1}{3},\ \frac{-2}{3},\ \frac{1}{3}\right)^{\mathrm{T}},\quad \boldsymbol{v}^{(1)}=\frac{\boldsymbol{u}^{(1)}}{\max(\boldsymbol{u}^{(1)})}=(-0.5,1,-0.5)^{\mathrm{T}},$$

$$\boldsymbol{u}^{(2)}=\boldsymbol{B}\boldsymbol{v}^{(1)}=(-1.666666,2.333333,-1.666666)^{\mathrm{T}},\quad \max(\boldsymbol{u}^{(2)})=2.333333,$$

$$\boldsymbol{v}^{(2)}=\frac{\boldsymbol{u}^{(2)}}{\max(\boldsymbol{u}^{(2)})}=(-0.7142857,1,-0.7142857)^{\mathrm{T}},$$

同理

$$\boldsymbol{v}^{(3)}=(-0.7068965,1,-0.7068965)^{\mathrm{T}},\quad \max(\boldsymbol{u}^{(3)})=2.7619047,$$

$$\boldsymbol{v}^{(4)}=(-0.6820083,1,-0.6820083)^{\mathrm{T}},\quad \max(\boldsymbol{u}^{(4)})=2.7471264,$$

$$\boldsymbol{v}^{(5)}=(-0.7071065,1,-0.7071065)^{\mathrm{T}},\quad \max(\boldsymbol{u}^{(5)})=2.7475461.$$

由于

$$\max(\boldsymbol{u}^{(5)})-\max(\boldsymbol{u}^{(4)})=2.7475592-2.7471264=0.0004328<10^{-3},$$

故

$$\tilde{\lambda}_1\approx 2.7475592,\quad \lambda_1=3.41422586.$$

相应的特征向量可取 $\boldsymbol{v}^{(5)}=(-0.7071065,1,-0.7071065)^{\mathrm{T}}$.

9.2.3 反幂法

反幂法也称逆迭代法, 是计算非奇异矩阵按模最小的特征值及其特征向量的方法.

设非奇异矩阵 $\boldsymbol{A}$ 有 n 个线性无关的特征向量 $\boldsymbol{x}_1,\boldsymbol{x}_2,\cdots,\boldsymbol{x}_n$, 其对应的特征值分别为 $\lambda_1,\lambda_2,\cdots,\lambda_n$, 且有 $|\lambda_1|\geqslant|\lambda_2|\geqslant\cdots\geqslant|\lambda_{n-1}|>|\lambda_n|$. 现在要计算矩阵 $\boldsymbol{A}$ 按模最小的特征值 λ_n 及相应的特征向量 $\boldsymbol{x}_n$.

因为 $\boldsymbol{A}$ 是非奇异矩阵, 故 $\lambda_i\neq 0(i=1,2,\cdots,n)$. 由 $\boldsymbol{A}\boldsymbol{x}_i=\lambda_i\boldsymbol{x}_i$ 得

$$\boldsymbol{A}^{-1}\boldsymbol{x}_i=\frac{1}{\lambda_i}\boldsymbol{x}_i,\quad i=1,2,\cdots,n,$$

所以, $\dfrac{1}{\lambda_n}$ 是 $\boldsymbol{A}^{-1}$ 的按模最大的特征值, $\boldsymbol{x}_n$ 是 $\boldsymbol{A}^{-1}$ 的对应于特征值 $\dfrac{1}{\lambda_n}$ 的特征向量. 于是对矩阵 $\boldsymbol{A}^{-1}$ 使用幂法即可求得 $\dfrac{1}{\lambda_n}$, $\boldsymbol{x}_n$.

9.3 雅可比方法

雅可比方法是求实对称矩阵 $\boldsymbol{A}$ 全部特征值与特征向量的方法, 其基本思想是对 $\boldsymbol{A}$ 进行一系列正交变换化为一个对角阵, 其对角线上元素就是 $\boldsymbol{A}$ 的特征值. 由正交变换的乘积可求得特征向量.

设 $\boldsymbol{A}=(a_{ij})$ 是 n 阶实对称矩阵, 由定理 9.4 知一定存在正交矩阵 $\boldsymbol{V}$, 使得

$$\boldsymbol{V}^{-1}\boldsymbol{A}\boldsymbol{V}=\boldsymbol{V}^{\mathrm{T}}\boldsymbol{A}\boldsymbol{V}=\boldsymbol{D},\tag{9.6}$$

其中, $\boldsymbol{D}$ 是对角矩阵, 其对角线元素 $\lambda_1,\lambda_2,\cdots,\lambda_n$ 是 $\boldsymbol{A}$ 的全部特征值, 正交矩阵 $\boldsymbol{V}$ 的第 j 列 $\boldsymbol{x}_j$ 就是对应于特征值 λ_j 的特征向量. 为此, 先介绍旋转变换.

9.3.1 旋转变换

设矩阵 $\boldsymbol{A}$ 的一对非对角线元素 $a_{ij}=a_{ji}\neq 0$,

$$\begin{array}{c}
\qquad\qquad\text{第 } i \text{ 列}\qquad\qquad\qquad\qquad\text{第 } j \text{ 列}\qquad\qquad\qquad \\
\boldsymbol{V}_1=\begin{pmatrix}
1 &&&&&&&&&& \\
& \ddots &&&&&&&&& \\
&& 1 &&&&&&&& \\
&&& \cos\varphi &&&& -\sin\varphi &&& \\
&&&& 1 &&&&&& \\
&&&&& \ddots &&&&& \\
&&&&&& 1 &&&& \\
&&& \sin\varphi &&&& \cos\varphi &&& \\
&&&&&&&& 1 && \\
&&&&&&&&& \ddots & \\
&&&&&&&&&& 1
\end{pmatrix}
\begin{matrix}
\\ \\ \\ \text{第 } i \text{ 行} \\ \\ \\ \\ \text{第 } j \text{ 行} \\ \\ \\ \\
\end{matrix}
\end{array}\tag{9.7}$$

称为 $\mathbb{R}^n$ 中 $\boldsymbol{x}_i,\boldsymbol{x}_j$ 平面内的旋转矩阵. 可以证明 $\boldsymbol{V}_1$ 具有下面性质:

(1) $\boldsymbol{V}_1$ 是正交矩阵, 即 $\boldsymbol{V}_1^{\mathrm{T}}\boldsymbol{V}_1=\boldsymbol{I}$;

(2) 令

$$\boldsymbol{A}_1=\boldsymbol{V}_1^{\mathrm{T}}\boldsymbol{A}\boldsymbol{V}_1=(a_{ij}^{(1)})_{n\times n},\tag{9.8}$$

则 $\boldsymbol{A}_1$ 仍是对称矩阵且与 $\boldsymbol{A}$ 相似, 因而与 $\boldsymbol{A}$ 有相同的特征值;

(3) $\boldsymbol{A}_1$ 与 $\boldsymbol{A}$ 的 F-范数相等, 即

$$||\boldsymbol{A}_1||_F=||\boldsymbol{A}||_F.\tag{9.9}$$

通过计算知, $\boldsymbol{A}_1$ 的第 i,j 两行和第 i,j 两列发生了变化, 其他元素与 $\boldsymbol{A}$ 相同.

$$\begin{cases}
a_{ii}^{(1)}=a_{ii}\cos^2\varphi+a_{jj}\sin^2\varphi+a_{ij}\sin 2\varphi, \\
a_{jj}^{(1)}=a_{ii}\sin^2\varphi+a_{jj}\cos^2\varphi-a_{ij}\sin 2\varphi, \\
\left.\begin{array}{l} a_{it}^{(1)}=a_{ti}^{(1)}=a_{it}\cos\varphi+a_{jt}\sin\varphi, \\ a_{jt}^{(1)}=a_{tj}^{(1)}=-a_{it}\sin\varphi+a_{jt}\cos\varphi \end{array}\right. \quad (t\neq i,j), \\
a_{ij}^{(1)}=a_{ji}^{(1)}=a_{ij}\cos 2\varphi+\dfrac{1}{2}(a_{jj}-a_{ii})\sin 2\varphi.
\end{cases}\tag{9.10}$$

如三阶矩阵, 设 $a_{13}=a_{31}\neq 0$, 则有 $i=1,\ j=3$,

$$\boldsymbol{V}_1=\begin{pmatrix}
\cos\varphi & 0 & -\sin\varphi \\
0 & 1 & 0 \\
\sin\varphi & 0 & \cos\varphi
\end{pmatrix},$$

可得

$$\boldsymbol{A}_1 = \boldsymbol{V}_1^{\mathrm{T}} \boldsymbol{A} \boldsymbol{V}_1$$

$$= \begin{pmatrix} a_{11}\cos^2\varphi + a_{33}\sin^2\varphi + a_{13}\sin 2\varphi & a_{12}\cos\varphi + a_{32}\sin\varphi & a_{13}\cos 2\varphi + \frac{1}{2}(a_{33}-a_{11})\sin 2\varphi \\ a_{12}\cos\varphi + a_{32}\sin\varphi & a_{22} & -a_{21}\sin\varphi + a_{23}\cos\varphi \\ a_{13}\cos 2\varphi + \frac{1}{2}(a_{33}-a_{11})\sin 2\varphi & -a_{12}\sin\varphi + a_{32}\cos\varphi & a_{11}\sin^2\varphi + a_{33}\cos^2\varphi - a_{13}\sin 2\varphi \end{pmatrix}.$$

我们的目标是经过正交变换, 逐渐将 $\boldsymbol{A}$ 化为对角阵, 则如果选取 φ 使得

$$a_{ij}\cos 2\varphi + \frac{1}{2}(a_{jj} - a_{ii})\sin 2\varphi = 0, \tag{9.11}$$

即, 若 $a_{jj} - a_{ii} = 0$, 则当 $a_{ij} > 0$ 时取 $\varphi = \pi/4$, 当 $a_{ij} < 0$ 时取 $\varphi = -\pi/4$; 否则取 φ 满足

$$\tan 2\varphi = 2a_{ij}/(a_{ii} - a_{jj}), \tag{9.12}$$

于是有 $a_{ij}^{(1)} = a_{ji}^{(1)} = 0$, 即把 $\boldsymbol{A}$ 的一对非对角元素 a_{ij} 和 a_{ji} 化成了 0.

9.3.2　雅可比方法

变换 (9.7) 可以逐次进行, 每次选一对绝对值最大 (不为零) 的非对角线元素, 用这种变换把它们化为零, 而由 (9.9) 知, $\boldsymbol{A}_1$ 的非对角线元素的平方和比 $\boldsymbol{A}$ 的要小, 对角线元素的平方和比 $\boldsymbol{A}$ 的要大, 可以证明经过这样一系列变换, 得到实对称矩阵序列 $\boldsymbol{A}_1, \boldsymbol{A}_2, \cdots, \boldsymbol{A}_k, \cdots$. $\boldsymbol{A}_k$ 的非对角线元素的平方和随着 k 的增大逐渐趋于零, 即矩阵序列 $\boldsymbol{A}_k$ 收敛于一个对角矩阵.

在实际应用上, 一般给定精度要求 ε, 当矩阵的非对角线元素的最大绝对值小于 ε 时, 把最终矩阵的对角元作为 $\boldsymbol{A}$ 的近似特征值. 假设一共经过 m 次正交相似变换, $\boldsymbol{A}_m$ 已满足精度要求, 各次所用的平面旋转矩阵设为 $\boldsymbol{V}_1, \boldsymbol{V}_2, \cdots, \boldsymbol{V}_m$, 则

$$\boldsymbol{V}_m^{\mathrm{T}} \cdots \boldsymbol{V}_2^{\mathrm{T}} \boldsymbol{V}_1^{\mathrm{T}} \boldsymbol{A} \boldsymbol{V}_1 \boldsymbol{V}_2 \cdots \boldsymbol{V}_m = \boldsymbol{A}_m,$$

其中, $\boldsymbol{A}_m$ 已近似等于对角矩阵, 其对角线元素 $a_{jj}^{(m)}$ $(j = 1, 2, \cdots, n)$ 就是 $\boldsymbol{A}$ 的近似特征值, 令

$$\boldsymbol{V} = \boldsymbol{V}_1 \boldsymbol{V}_2 \cdots \boldsymbol{V}_m,$$

就有

$$\boldsymbol{V}^{\mathrm{T}} \boldsymbol{A} \boldsymbol{V} = \boldsymbol{A}_m,$$

所以 $\boldsymbol{V}$ 的第 j 列就是 $\boldsymbol{A}$ 的特征值 $a_{jj}^{(m)}$ 的近似特征向量.

综上所述, 雅可比方法求实对称矩阵特征值和特征向量算法可归纳为:

(1) 给定对称矩阵 $\boldsymbol{A}$, 精度 ε, 令 $\boldsymbol{V}=\boldsymbol{I}$;

(2) 确定 $\boldsymbol{A}$ 中绝对值最大的非对角元素 a_{ij}; 若 $|a_{ij}|<\varepsilon$, 则转 (6);

(3) 计算 $\cos 2\varphi, \sin 2\varphi, \cos\varphi, \sin\varphi$, 使满足 (9.11) 和 (9.12);

(4) 按式 (9.7), (9.8) 计算 $\boldsymbol{A}_1$, $\boldsymbol{V}_1$ 的元素: $\boldsymbol{V}\boldsymbol{V}_1 \Rightarrow \boldsymbol{V}_2$;

(5) $\boldsymbol{A}_1 \Rightarrow \boldsymbol{A}$, $\boldsymbol{V}_2 \Rightarrow \boldsymbol{V}$, 返 (2);

(6) 得出 $\boldsymbol{A}$ 的对角元 $a_{ii}(i=1,2,\cdots,n)$ 即为所求特征值的近似值, $\boldsymbol{V}$ 的各列为对应特征向量.

例 9.3 用雅可比方法求矩阵 $\boldsymbol{A}$ 的特征值和特征向量 (保留 4 位有效数字), 其中

$$\boldsymbol{A}=\begin{pmatrix} 1 & -1 & 0 \\ -1 & 1 & -1 \\ 0 & -1 & 1 \end{pmatrix}.$$

解 绝对值最大的非对角元为 $a_{12}=-1$, 即 $i=1$, $j=2$, 因 $a_{11}-a_{22}=0$, 故取

$$\varphi=-\pi/4, \quad \cos\varphi=\sqrt{2}/2, \quad \sin\varphi=-\sqrt{2}/2,$$

按式 (9.7) 和式 (9.8) 得

$$\boldsymbol{V}_1=\begin{pmatrix} 1/\sqrt{2} & 1/\sqrt{2} & 0 \\ -1/\sqrt{2} & 1/\sqrt{2} & 0 \\ 0 & 0 & 1 \end{pmatrix},$$

$$\boldsymbol{A}_1=\boldsymbol{V}_1^{\mathrm{T}}\boldsymbol{A}\boldsymbol{V}_1=\begin{pmatrix} 2 & 0 & 0.7071 \\ 0 & 0 & -0.7071 \\ 0.7071 & -0.7071 & 1 \end{pmatrix},$$

由 $a_{13}^{(1)}=0.7071$, 得 $i=1$, $j=3$, 因 $a_{11}^{(1)}-a_{33}^{(1)}=1$, 故由 (9.12) 得

$$\tan 2\varphi=2a_{13}^{(1)}/(a_{11}^{(1)}-a_{33}^{(1)})=1.414, \quad \cos 2\varphi=0.5774, \quad \sin 2\varphi=0.8165,$$
$$\cos\varphi=0.8881, \quad \sin\varphi=0.4597.$$

经计算得

$$\boldsymbol{V}_2=\begin{pmatrix} 0.8881 & 0 & -0.4597 \\ 0 & 1 & 0 \\ 0.4597 & 0 & 0.8881 \end{pmatrix},$$

$$\boldsymbol{A}_2=\boldsymbol{V}_2^{\mathrm{T}}\boldsymbol{A}_1\boldsymbol{V}_2=\begin{pmatrix} 2.366 & -0.3251 & 0 \\ -0.3251 & 0 & -0.6280 \\ 0 & -0.6280 & 0.6340 \end{pmatrix},$$

如此继续计算, 经 7 次旋转相似变换后得

$$\boldsymbol{A}_7=\begin{pmatrix}2.415 & 0.000 & 0.000\\ 0.000 & -0.4143 & 0.000\\ 0.000 & 0.000 & 1.000\end{pmatrix},$$

$$\boldsymbol{V}=\boldsymbol{V}_1\boldsymbol{V}_2\cdots\boldsymbol{V}_7=\begin{pmatrix}0.5000 & 0.4998 & -0.7072\\ -0.7072 & 0.7071 & 0.0001\\ 0.5001 & 0.5000 & 0.7072\end{pmatrix},$$

故求得 $\boldsymbol{A}$ 的近似特征值为 $2.415, -0.4143, 1.000$; $\boldsymbol{V}$ 的各列即为相应的特征向量.

事实上 $\boldsymbol{A}$ 的精确特征值为 $1+\sqrt{2}, 1, 1-\sqrt{2}$, 可见上述结果是令人满意的.

雅可比方法的优点是可以同时求出实对称矩阵的特征值和特征向量, 并且算法是稳定的, 结果的精度一般都比较高. 缺点是当 $\boldsymbol{A}$ 为稀疏矩阵时, 计算过程中不能保持原有的零元素分布特征, 因此这种方法一般用于阶数不很高的“稠密”对称矩阵情形. 此外, 每次选取绝对值最大的非对角元素比较费时, 也存在改进的方法, 这里略去.

9.4 QR 方法

QR 方法是求解一般实非奇异矩阵全部特征值的有效方法之一. 它基于任意非奇异实矩阵都可分解成一个正交矩阵 $\boldsymbol{Q}$ 和一个上三角矩阵 $\boldsymbol{R}$ 的乘积, 而且当 $\boldsymbol{R}$ 的对角线元素符号取定时, 分解是唯一的. QR 分解又是通过豪斯霍尔德 (Householder) 变换得到的, 下面先介绍豪斯霍尔德变换.

9.4.1 豪斯霍尔德变换

设 n 维实向量 $\boldsymbol{w}=(w_1,\cdots,w_n)^{\mathrm{T}}$ 满足

$$\|\boldsymbol{w}\|_2=\sqrt{w_1^2+\cdots+w_n^2}=1,$$

则称

$$\boldsymbol{H}=\boldsymbol{I}-2\boldsymbol{w}\boldsymbol{w}^{\mathrm{T}}=\begin{pmatrix}1-2w_1^2 & -2w_1w_2 & \cdots & -2w_1w_n\\ -2w_2w_1 & 1-2w_2^2 & \cdots & -2w_2w_n\\ \vdots & \vdots & & \vdots\\ -2w_nw_1 & -2w_nw_2 & \cdots & 1-2w_n^2\end{pmatrix} \tag{9.13}$$

为豪斯霍尔德矩阵或反射矩阵. 可以证明其具有如下性质:

(1) $\boldsymbol{H}$ 是实对称的正交矩阵, 即 $\boldsymbol{H}^{-1}=\boldsymbol{H}^{\mathrm{T}}=\boldsymbol{H}$;

(2) $\det(\boldsymbol{H}) = -1$;

(3) $\boldsymbol{H}$ 仅有两个不等的特征值 ± 1, 其中“1”是 $n-1$ 重特征值, “-1”是单特征值, $\boldsymbol{w}$ 为其对应的特征向量.

定理 9.5 设 $\boldsymbol{x}$ 为 $\mathbb{R}^n$ 中任意非零向量, $\boldsymbol{e}$ 为任意 n 维单位向量, 则存在豪斯霍尔德矩阵, 使得

$$\boldsymbol{Hx} = \pm\|\boldsymbol{x}\|_2\boldsymbol{e}.$$

证明 取 $\boldsymbol{w} = \dfrac{\boldsymbol{x} - (\pm\|\boldsymbol{x}\|_2\boldsymbol{e})}{\|\boldsymbol{x} \mp \|\boldsymbol{x}\|_2\boldsymbol{e}\|_2}$, 令 $\boldsymbol{H} = \boldsymbol{I} - 2\boldsymbol{w}\boldsymbol{w}^{\mathrm{T}}$, 于是

$$\boldsymbol{Hx} = (\boldsymbol{I} - 2\boldsymbol{w}\boldsymbol{w}^{\mathrm{T}})\boldsymbol{x} = \boldsymbol{x} - 2\frac{\boldsymbol{x} \mp \|\boldsymbol{x}\|_2\boldsymbol{e}}{\|\boldsymbol{x} \mp \|\boldsymbol{x}\|_2\boldsymbol{e}\|_2^2}(\boldsymbol{x}^{\mathrm{T}} \mp \|\boldsymbol{x}\|_2\boldsymbol{e}^{\mathrm{T}})\boldsymbol{x},$$

由向量的 2–范数定义,

$$\begin{aligned}\|\boldsymbol{x} \mp \|\boldsymbol{x}\|_2\boldsymbol{e}\|_2^2 &= (\boldsymbol{x} \mp \|\boldsymbol{x}\|_2\boldsymbol{e})^{\mathrm{T}}(\boldsymbol{x} \mp \|\boldsymbol{x}\|_2\boldsymbol{e}) \\ &= \boldsymbol{x}^{\mathrm{T}}\boldsymbol{x} \mp 2\|\boldsymbol{x}\|_2\boldsymbol{e}^{\mathrm{T}}\boldsymbol{x} + \|\boldsymbol{x}\|_2^2 = 2(\boldsymbol{x}^{\mathrm{T}} \mp \|\boldsymbol{x}\|_2\boldsymbol{e}^{\mathrm{T}})\boldsymbol{x},\end{aligned}$$

代入上式得, $\boldsymbol{Hx} = \pm\|\boldsymbol{x}\|_2\boldsymbol{e}$.

此定理说明, 对任意非零向量 $\boldsymbol{x}$, 都可以构造豪斯霍尔德变换, 将 $\boldsymbol{x}$ 变成与已知的单位向量平行. 特别地, 对 $\boldsymbol{e} = \boldsymbol{e}_i$ $(i = 1, 2, \cdots, n)$, 可将 $\boldsymbol{x}$ 变换成只有第 i 个分量不为零的向量. 记 $\sigma = \|\boldsymbol{x}\|_2$, 实际计算时, 为防止 σ 与 x_i 抵消而使算法稳定, 可选取 σ 与 x_i 异号, 即取 $\boldsymbol{w} = \dfrac{\boldsymbol{x} - \mathrm{sign}(\boldsymbol{x}_i)\sigma\boldsymbol{e}_i}{\|\boldsymbol{x} - \mathrm{sign}(\boldsymbol{x}_i)\sigma\boldsymbol{e}_i\|_2}\left(\boldsymbol{x}_i \neq \boldsymbol{0}, \text{否则令 } \boldsymbol{w} = \dfrac{\boldsymbol{x} + \sigma\boldsymbol{e}_i}{\|\boldsymbol{x} + \sigma\boldsymbol{e}_i\|_2}\right)$.

对 $\boldsymbol{e}_1 = (1, 0, \cdots, 0)^{\mathrm{T}}$, 对任意 $\boldsymbol{x} = (x_1, x_2, \cdots, x_n)^{\mathrm{T}}$, 存在豪斯霍尔德矩阵 $\boldsymbol{H}$, 有

$$\boldsymbol{Hx} = \|\boldsymbol{x}\|_2\boldsymbol{e}_1 = (\sigma, 0, 0, \cdots, 0)^{\mathrm{T}}, \tag{9.14}$$

此时, 矩阵 $\boldsymbol{H}$ 可记为

$$\boldsymbol{H} = \boldsymbol{I} - \frac{1}{\rho}\boldsymbol{u}\boldsymbol{u}^{\mathrm{T}}. \tag{9.15}$$

其中, $\sigma = -\mathrm{sign}(x_1)\|\boldsymbol{x}\|_2$, $\rho = \sigma(\sigma - x_1)$, $\boldsymbol{u} = \boldsymbol{x} - \sigma\boldsymbol{e}_1 = (x_1 - \sigma, x_2, \cdots, x_n)^{\mathrm{T}}$.

9.4.2 QR 分解

定义 9.1 设 n 阶矩阵 $\boldsymbol{A}$ 有分解式 $\boldsymbol{A} = \boldsymbol{QR}$, 其中 $\boldsymbol{Q}$ 为 n 阶正交矩阵, $\boldsymbol{R}$ 为上三角矩阵, 则称其为矩阵 $\boldsymbol{A}$ 的正交三角分解或 QR 分解.

下面对实非奇异矩阵 $\boldsymbol{A}$, 利用豪斯霍尔德矩阵 (9.13), 将 $\boldsymbol{A}$ 化为相似的上三角矩阵.

定理 9.6 设 $\boldsymbol{A}$ 为实非奇异矩阵, 则存在正交三角分解 $\boldsymbol{A} = \boldsymbol{QR}$, 其中 $\boldsymbol{Q}$ 为 n 阶正交矩阵, $\boldsymbol{R}$ 为非奇异的上三角矩阵, 且若限定 $\boldsymbol{R}$ 的对角线元素为正数, 则此种分解唯一.

对定理我们不作证明, 只对算法说明如下.

第 1 步, 记

$$\boldsymbol{A}^{(1)}=\boldsymbol{A}=\begin{pmatrix} a_{11} & a_{12} & \cdots & a_{1n} \\ a_{21} & a_{22} & \cdots & a_{2n} \\ \vdots & \vdots & & \vdots \\ a_{n1} & a_{n2} & \cdots & a_{nn} \end{pmatrix} \triangleq (\boldsymbol{a}_1,\boldsymbol{a}_2,\cdots,\boldsymbol{a}_n),$$

$\boldsymbol{a}_i$ 是 $\boldsymbol{A}$ 的第 $i(i=1,2,\cdots,n)$ 列, 由 $\boldsymbol{A}$ 非奇异知 $\boldsymbol{a}_1\neq\boldsymbol{0}$, 一定存在 σ_1, ρ_1 和 $\boldsymbol{u}_1$ 使得

$$\boldsymbol{H}_1\boldsymbol{a}_1=\left(\boldsymbol{I}-\frac{1}{\rho_1}\boldsymbol{u}_1\boldsymbol{u}_1^{\mathrm{T}}\right)\boldsymbol{a}_1=\sigma_1\boldsymbol{e}_1,$$

其中, $\sigma_1=-\mathrm{sign}(a_{11})\left\|\boldsymbol{a}_1\right\|_2, \rho_1=\sigma_1(\sigma_1-a_{11})$, $\boldsymbol{u}_1=\boldsymbol{a}_1-\boldsymbol{\sigma}_1\boldsymbol{e}_1=(a_{11}-\sigma_1,a_{21},\cdots,a_{n1})^{\mathrm{T}}$, 计算得

$$\boldsymbol{A}^{(2)}=\boldsymbol{H}_1\boldsymbol{A}^{(1)}=\begin{pmatrix} \sigma_1 & a_{12}^{(2)} & \cdots & a_{1n}^{(2)} \\ 0 & a_{22}^{(2)} & \cdots & a_{2n}^{(2)} \\ \vdots & \vdots & & \vdots \\ 0 & a_{n2}^{(2)} & \cdots & a_{nn}^{(2)} \end{pmatrix}=(\sigma\boldsymbol{e}_1,\boldsymbol{a}_2^{(2)},\cdots,\boldsymbol{a}_n^{(2)}).$$

第 2 步, 记 $\boldsymbol{a}_2^{(2)}=(a_{12}^{(2)},\tilde{\boldsymbol{a}}_2^{(2)})^{\mathrm{T}}$, 其中 $\tilde{\boldsymbol{a}}_2^{(2)}=(a_{22}^{(2)},\cdots,a_{n2}^{(2)})^{\mathrm{T}}$ 是 $n-1$ 维的非零向量, 对 $n-1$ 维单位向量 $\tilde{\boldsymbol{e}}_1=(1,0,\cdots,0)^{\mathrm{T}}$, 存在 σ_2,ρ_2 和 $\boldsymbol{u}_2$, 使得

$$\tilde{\boldsymbol{H}}_2\tilde{\boldsymbol{a}}_2^{(2)}=\left(\boldsymbol{I}-\frac{1}{\rho_2}\boldsymbol{u}_2\boldsymbol{u}_2^{\mathrm{T}}\right)\tilde{\boldsymbol{a}}_2^{(2)}=\sigma_2\tilde{\boldsymbol{e}}_1,$$

其中, $\sigma_2=-\mathrm{sign}(a_{22}^{(2)})\left\|\tilde{\boldsymbol{a}}_2^{(2)}\right\|_2, \rho_2=\sigma_2(\sigma_2-a_{22}^{(2)})$,

$$\boldsymbol{u}_2=\tilde{\boldsymbol{a}}_2^{(2)}-\sigma_2\tilde{\boldsymbol{e}}_1=(a_{22}^{(2)}-\sigma_2,a_{32}^{(2)},\cdots,a_{n2}^{(2)})^{\mathrm{T}},$$

再令

$$\boldsymbol{H}_2=\begin{pmatrix} 1 & \boldsymbol{0}^{\mathrm{T}} \\ \boldsymbol{0} & \tilde{\boldsymbol{H}}_2 \end{pmatrix},$$

其中, $\boldsymbol{0}$ 是 $n-1$ 维零向量, 于是

$$\boldsymbol{A}^{(3)}=\boldsymbol{H}_2\boldsymbol{A}^{(2)}=\begin{pmatrix} \sigma_1 & a_{12}^{(2)} & a_{13}^{(3)} & \cdots & a_{1n}^{(3)} \\ 0 & \sigma_2 & a_{13}^{(3)} & \cdots & a_{2n}^{(3)} \\ 0 & 0 & a_{33}^{(3)} & \cdots & a_{3n}^{(3)} \\ \vdots & \vdots & \vdots & & \vdots \\ 0 & 0 & a_{n3}^{(3)} & \cdots & a_{nn}^{(3)} \end{pmatrix},$$

记 $\bar{\boldsymbol{a}}_3^{(3)}=(a_{33}^{(3)},a_{43}^{(3)},\cdots,a_{n3}^{(3)})^{\mathrm{T}}$ 为 $n-2$ 维非零向量, 重复上述做法.

经过 $n-1$ 步, 逐步求得豪斯霍尔德矩阵 $\boldsymbol{H}_1,\boldsymbol{H}_2,\cdots,\boldsymbol{H}_{n-1}$, 使得

$$\boldsymbol{A}^{(n)}=\boldsymbol{H}_{n-1}\boldsymbol{H}_{n-2}\cdots\boldsymbol{H}_2\boldsymbol{H}_1\boldsymbol{A}=\begin{pmatrix}\sigma_1 & a_{12}^{(2)} & a_{13}^{(3)} & \cdots & a_{1n}^{(n)}\\ 0 & \sigma_2 & a_{13}^{(3)} & \cdots & a_{2n}^{(n)}\\ 0 & 0 & \sigma_3 & \cdots & a_{3n}^{(n)}\\ \vdots & \vdots & & \vdots & \vdots\\ 0 & 0 & 0 & \cdots & \sigma_n\end{pmatrix}$$

为上三角矩阵, 记为 $\boldsymbol{R}$.

如果令 $\tilde{\boldsymbol{Q}}=\boldsymbol{H}_{n-1}\boldsymbol{H}_{n-2}\cdots\boldsymbol{H}_2\boldsymbol{H}_1$, 则 $\tilde{\boldsymbol{Q}}$ 为正交矩阵, 记 $\tilde{\boldsymbol{Q}}^{-1}$ 为 $\boldsymbol{Q}$, 则 $\boldsymbol{Q}$ 亦为正交矩阵, 即得 $\boldsymbol{A}=\boldsymbol{QR}$.

QR 分解算例

例 9.4 设有矩阵

$$\boldsymbol{A}=\begin{pmatrix}1 & -4 & 2\\ 2 & 2 & 2\\ -2 & 4 & 1\end{pmatrix},\quad \boldsymbol{B}=\begin{pmatrix}-1/3 & -2/3 & 2/3\\ -2/3 & 2/3 & 1/3\\ 2/3 & 1/3 & 2/3\end{pmatrix},\quad \boldsymbol{C}=\begin{pmatrix}-3 & 0 & 0\\ 0 & 6 & 0\\ 0 & 0 & 3\end{pmatrix}.$$

判断 $\boldsymbol{B},\boldsymbol{C}$ 是否是 $\boldsymbol{A}$ 的正交三角分解式.

解 显然 $\boldsymbol{C}$ 是上三角矩阵, $\boldsymbol{B}$ 是方阵, 且

$$\boldsymbol{B}^{\mathrm{T}}\boldsymbol{B}=\begin{pmatrix}1 & 0 & 0\\ 0 & 1 & 0\\ 0 & 0 & 1\end{pmatrix},$$

故 $\boldsymbol{B}$ 为正交矩阵. 经验算得 $\boldsymbol{A}=\boldsymbol{BC}$, 所以 $\boldsymbol{B},\boldsymbol{C}$ 是 $\boldsymbol{A}$ 的正交三角分解式.

9.4.3 QR 方法

计算矩阵特征值的 QR 方法, 就是利用矩阵 $\boldsymbol{A}$ 的 QR 分解, 构造一个矩阵迭代序列 $\boldsymbol{A}_1=\boldsymbol{A},\boldsymbol{A}_2,\cdots,\boldsymbol{A}_k,\cdots$, 使 $\boldsymbol{A}_k$ 与 $\boldsymbol{A}$ 保持相似且收敛于上三角矩阵或分块上三角矩阵, 从而求得其全部特征值. QR 方法的计算公式是

$$\boldsymbol{A}_k=\boldsymbol{Q}_k\boldsymbol{R}_k.$$

令 $\boldsymbol{R}_k\boldsymbol{Q}_k$ 为 $\boldsymbol{A}_{k+1}$, 再对 $\boldsymbol{A}_{k+1}$ 进行正交三角分解, 得

$$\boldsymbol{A}_{k+1}=\boldsymbol{Q}_{k+1}\boldsymbol{R}_{k+1},\quad k=1,2,\cdots, \tag{9.16}$$

即

$$\boldsymbol{A}_1=\boldsymbol{Q}_1\boldsymbol{R}_1,\quad \boldsymbol{A}_2=\boldsymbol{R}_1\boldsymbol{Q}_1=\boldsymbol{Q}_1^{\mathrm{T}}\boldsymbol{A}_1\boldsymbol{Q}_1,$$

$$\boldsymbol{A}_2=\boldsymbol{Q}_2\boldsymbol{R}_2,\quad \boldsymbol{A}_3=\boldsymbol{R}_2\boldsymbol{Q}_2=\boldsymbol{Q}_2^{\mathrm{T}}\boldsymbol{A}_2\boldsymbol{Q}_2,$$

$$\cdots\cdots$$

$$\boldsymbol{A}_k=\boldsymbol{Q}_k\boldsymbol{Q}_k,\quad \boldsymbol{A}_{k+1}=\boldsymbol{R}_k\boldsymbol{Q}_k=\boldsymbol{Q}_k^{\mathrm{T}}\boldsymbol{A}_k\boldsymbol{Q}_k,$$

且 $\boldsymbol{A}_1,\boldsymbol{A}_2,\cdots,\boldsymbol{A}_k,\cdots$ 均与 $\boldsymbol{A}$ 相似.

可以证明, 若 $\boldsymbol{A}$ 的特征值是两两不同的实数, 则在一定条件下, 当 $k\to\infty$ 时, $\boldsymbol{A}_k$ 的主对角线下方各元素收敛于零, 而主对角线元素收敛于 $\boldsymbol{A}$ 的特征值. 在实际计算中, 当 $\boldsymbol{A}_k$ 的主对角线下方各元素的绝对值足够小时停止迭代, 将 $\boldsymbol{A}_k$ 的对角线元素作为特征值的近似值.

当实矩阵 $\boldsymbol{A}$ 有复特征值时, 在一定条件下 $\boldsymbol{A}_k$ 收敛于分块上三角矩阵, 对角线上的子块是一阶或二阶的, 由每个二阶子块可以求出一对共轭的复特征值.

9.4.4　原点位移的 QR 方法

理论分析和实际计算均表明, QR 方法产生的矩阵序列 $\{\boldsymbol{A}_k\}$ 的右下角对角线元素 $a_{nn}^{(k)}$ 最先与 $\boldsymbol{A}$ 的特征值接近. 可以证明, 若 $\boldsymbol{A}$ 的特征值满足

$$|\lambda_1|\geqslant|\lambda_2|\geqslant\cdots\geqslant|\lambda_{n-1}|>|\lambda_n|,$$

则 $\{\boldsymbol{A}_k\}$ 的右下角对角线元素 $a_{nn}^{(k)}\to\lambda_n(k\to\infty)$, 且收敛是线性的, 收敛速度为 $|\lambda_n/\lambda_{n-1}|$. 为加速收敛, 考虑原点位移技巧来加快收敛速度, 即选取位移量 s_k, 使其满足

$$|\lambda_1-s_k|\geqslant|\lambda_2-s_k|\geqslant\cdots\geqslant|\lambda_{n-1}-s_k|>|\lambda_n-s_k|, \text{且}\left|\frac{\lambda_n-s_k}{\lambda_{n-1}-s_k}\right|\ll 1, \quad (9.17)$$

这样, 对 $(\boldsymbol{A}_k-s_k\boldsymbol{I})$ 使用 QR 方法就可以加快收敛速度, 这就是原点位移的 QR 方法.

其具体步骤是:

(1) 选取位移量 $s_k=a_{nn}^{(k)}$;

(2) 对 $\boldsymbol{A}_k-s_k\boldsymbol{I}$ 进行 QR 分解, 即 $\boldsymbol{A}_k-s_k\boldsymbol{I}=\boldsymbol{Q}_k\boldsymbol{R}_k$;

(3) 令 $\boldsymbol{A}_{k+1}=\boldsymbol{R}_k\boldsymbol{Q}_k+s_k\boldsymbol{I}(k=1,2,\cdots)$.

由 (2) 知 $\boldsymbol{R}_k=\boldsymbol{Q}_k^{\mathrm{T}}(\boldsymbol{A}_k-s_k\boldsymbol{I})$, 代入 (3) 可推得 $\boldsymbol{A}_{k+1}=\boldsymbol{Q}_k^{\mathrm{T}}\boldsymbol{A}_k\boldsymbol{Q}_k$, 所以 $\boldsymbol{A}_k$ 与 $\boldsymbol{A}_{k+1}$ 相似, 因而具有相同特征值, 达到了加速收敛.

9.5 小结与 MATLAB 应用

9.5.1 本章小结

本章回顾了矩阵特征值和特征向量的概念和有关定理, 重点学习了求一般矩阵按模最大的特征值和对应特征向量的幂法, 幂法特别适用于求大型稀疏矩阵按模最大的特征值和对应特征向量, 其收敛速度取决于比值 $|\lambda_2/\lambda_1|$, 但当其接近 1 时可采用原点位移的加速法. 当需要计算非奇异矩阵的按模最小的特征值及其特征向量时, 可采用反幂法. 9.3 节和 9.4 节介绍了通过正交相似变换方法, 求解与原矩阵相似矩阵的特征值及对应的特征向量, 而正交变换后的矩阵近似于对角矩阵. 雅可比方法是求实对称矩阵全部特征值与特征向量的稳定算法, 并且结果的精度一般都比较高, 缺点是当矩阵为稀疏矩阵时, 计算过程中不能保持原有的零元素分布特征, 因此, 这种方法一般用于矩阵的阶数不很高的“稠密”对称矩阵情形. QR 方法是求解一般实非奇异矩阵全部特征值的有效方法, 当 QR 方法的收敛速度不是很高时, 也可用相应的原点位移法加快收敛速度.

9.5.2 MATLAB 应用

关于 MATLAB 求矩阵的所有特征值和对应的特征向量, 这里给出具体命令和乘幂法的求解程序.

(1) [a,b]=eig(A)表示给出矩阵 $\boldsymbol{A}$ 的特征向量组成的矩阵和对应特征值组成的对角矩阵.

(2) 乘幂法求矩阵按模最大的特征值及对应的特征向量.

```
% 输入: A——要求的矩阵; u0——初始非零列向量; tol——精度;
% 输出: x——特征向量; lam——按模最大的特征值;
% M——最大迭代次数缺省值 500;
% 调用格式: [lam,x]=matrixpower(A,u0,1e-4)
function   [lam,x]=matrixpower(A,u0,tol)
u1=A*u0; u2=A*u1; sum=0;
M=500; p=0;
for  i=1:size(u1)
  if   u1(i) ~ =0
    sum=sum+u2(i)/u1(i);
    p=p+1;
  end
end
```

```
lam0=sum/p; iter=2; vk1=u2;
while   iter<M
  vk2=A*vk1;
  sum=0;
  p=0;
  for   i=1:size(vk1)
    if   vk1(i) ~ =0
      sum=sum+vk2(i)/vk1(i); p=p+1;
    end
  end
  lam=sum/p;
  if   abs(lam-lam0)<tol
    break;
  else
    lam0=lam; vk1=vk2;
  end
end
if   iter==M
  ss=['迭代',num2str(M), '次仍不成功, Sorry!'];
  fprintf(ss); lam=NaN;
else
  % x=vk2/norm(vk2,'inf'); % 无穷范数
  x=vk2/norm(vk2); % 2-范数
end
```

例如, 例 9.1 求矩阵 $\boldsymbol{A}=\begin{pmatrix}2 & -1 & 0\\ -1 & 2 & -1\\ 0 & -1 & 2\end{pmatrix}$, 按模最大的特征值及对应的特征向量 ($\boldsymbol{u}^{(0)}=(1,1,1)^{\mathrm{T}}, \varepsilon=10^{-3}$), 可以这样操作:

```
A=[2 -1 0;-1 2 -1;0 -1 2];    u0=[1 1 1]'
[lam,x]=eig(A)
```

即可求出 $\boldsymbol{A}$ 的所有特征值及对应的特征向量, 也可调用上面的乘幂法函数求解:

```
[lam,x]=matrixpower(A,u0,1e-3)
```

习　题　9

1. 用幂法求矩阵 $\boldsymbol{A}_1$, $\boldsymbol{A}_2$ 按模最大的特征值和对应的特征向量 ($\varepsilon=10^{-3}$), 其中

$$A_1 = \begin{pmatrix} 2 & 3 & 2 \\ 10 & 3 & 4 \\ 3 & 6 & 1 \end{pmatrix}, \quad A_2 = \begin{pmatrix} 6 & 2 & 1 \\ 2 & 3 & 1 \\ 1 & 1 & 1 \end{pmatrix}.$$

2. 用原点位移法求矩阵 $\boldsymbol{A}_1$, $\boldsymbol{A}_2$ 按模最大的特征值和对应的特征向量, 其中

$$A_1 = \begin{pmatrix} 2 & 1 & -1 \\ 1 & 4 & -2 \\ -3 & -3 & 5 \end{pmatrix}, \quad A_2 = \begin{pmatrix} -1 & 2 & 2 \\ 2 & -1 & -2 \\ 2 & -2 & -1 \end{pmatrix}.$$

3. 分别用幂法和反幂法求矩阵 $\boldsymbol{A} = \begin{pmatrix} 1 & -1 & 1 \\ 2 & 4 & -2 \\ -1 & -3 & 4 \end{pmatrix}$ 按模最大及最小的特征值和对应的特征向量 ($\varepsilon = 10^{-3}$).

4. 用反幂法求矩阵 $\boldsymbol{A}_1$, $\boldsymbol{A}_2$ 按模最小的特征值和对应的特征向量 ($\varepsilon = 10^{-3}$), 其中

$$A_1 = \begin{pmatrix} 2 & 3 & 2 \\ 10 & 3 & 4 \\ 3 & 6 & 1 \end{pmatrix}, \quad A_2 = \begin{pmatrix} 2 & 0 & 0 \\ 2 & 2 & 1 \\ 1 & 1 & 2 \end{pmatrix}.$$

5. 给定实对称矩阵 $\boldsymbol{A}_1$, $\boldsymbol{A}_2$, 试用雅可比方法求其特征值与对应的特征向量, 其中

$$A_1 = \begin{pmatrix} 1 & -2 & 2 \\ -2 & -2 & 4 \\ 2 & 4 & -2 \end{pmatrix}, \quad A_2 = \begin{pmatrix} -1 & 2 & 2 \\ 2 & -1 & -2 \\ 2 & -2 & -1 \end{pmatrix}.$$

6. 试用雅可比方法计算矩阵 $\begin{pmatrix} 2 & 2 & -2 \\ 2 & 5 & -4 \\ -2 & -4 & 5 \end{pmatrix}$ 的特征值和特征向量 ($\varepsilon = 10^{-4}$).

7. 给定向量 $\boldsymbol{x} = (3, 2, 1)^{\mathrm{T}}$, 求豪斯霍尔德矩阵 $\boldsymbol{H}$, 使得 $\boldsymbol{Hx} = \|\boldsymbol{x}\|_2 (1, 0, 0)^{\mathrm{T}}$.

8. 设 $\boldsymbol{A} = \begin{pmatrix} 1 & 2 & 2 \\ 2 & 2 & -1 \\ 2 & 1 & -1 \end{pmatrix}$, 试对其进行正交三角分解.

9. 已知 $\boldsymbol{A} = \begin{pmatrix} 1 & -1 & 1 \\ 2 & 4 & -2 \\ -3 & -3 & 5 \end{pmatrix}$, 用 QR 方法求其特征值 ($\varepsilon = 10^{-3}$).

10. 用原点位移的 QR 方法求矩阵 $\boldsymbol{A} = \begin{pmatrix} 3 & 1 & 0 \\ 1 & 2 & 1 \\ 0 & 1 & 1 \end{pmatrix}$ 的全部特征值.

参考文献

丁天彪, 白凤图, 向明森, 等. 2003. 数值计算方法. 郑州: 黄河水利出版社.

关治, 陆金甫. 1998. 数值分析基础. 北京: 高等教育出版社.

李清善, 宋士仓. 2007. 数值方法. 郑州: 郑州大学出版社.

李庆扬, 王能超, 易大义. 2008. 数值分析. 5 版. 北京: 清华大学出版社.

蔺小林. 2014. 现代数值分析方法. 北京: 科学出版社.

沈艳, 杨丽宏, 王立刚, 等. 2014. 高等数值计算. 北京: 清华大学出版社.

同济大学计算数学教研室. 1998. 数值分析基础. 上海: 同济大学出版社.

徐萃薇, 孙绳武. 2015. 计算方法引论. 4 版. 北京: 高等教育出版社.

颜庆津. 2012. 数值分析. 4 版. 北京: 北京航空航天大学出版社.

张韵华, 奚梅成, 陈效群, 等. 2016. 数值计算方法与算法. 3 版. 北京: 科学出版社.

电子科技大学应用数学学院, 钟尔杰, 黄廷祝. 2006. 数值分析. 北京: 高等教育出版社.

Sauer T. 2014. 数值分析. 2 版. 裴玉茹, 马赓宇, 译. 北京: 机械工业出版社.